JN172708

2025

大学入学共通テスト

実戦問題集

物理

駿台文庫編

は じ め に

「大学入学共通テスト」は，従来の大学入試センター試験に代わる新しい大学入学のための関門として，きわめて重要なテストといえます。共通テストでは，知識・技能のみならず，〈思考力・判断力・表現力〉も重視して評価するという出題の方針が示されており，今後も受験生にとって厳しい試練となるでしょう。しかし，出題範囲については，従来通り教科書の範囲から出題されるので，教科書の内容を正しく把握していれば問題はありません。

　本書は，**駿台オリジナルの実戦問題を 5 回分，共通テスト本試験を 3 回分**収録しており，共通テストの特徴や傾向を把握しながらより多くの演習を重ねることが可能です。そして，**わかりやすく，ポイントをついた解説によって学力を補強し，ゆるぎない自信をもって試験にのぞめる**ようサポートするものです。

　物理の内容は，おおまかに，
1．運動とエネルギー
2．熱
3．波動
4．電磁気
5．原子

の 5 分野に分けることができ，共通テストはこれらの範囲から出題されます。物理の全分野から出題されるため，どの分野も偏りなく練習することが大切です。また，苦手分野がある人は，その分野を早めに集中的に練習して苦手意識をなくすことが大切です。

　この『大学入学共通テスト実戦問題集』および姉妹編の『共通テスト実戦パッケージ問題』，『短期攻略 大学入学共通テスト 物理』を徹底的に学習することによって，みごと栄冠を勝ち取られることを祈ってやみません。

（本試解答執筆者・編集責任者）　溝口真己

本書の特長と利用法

●特　長

1　実物と同じ大きさの問題！

2　2025 年度入試対策が効率よく行える！

　　本書には，実戦問題5回分と共通テスト本試験3回分が収録されています。実戦問題は，実際の共通テストと遜色のないよう工夫した駿台オリジナル問題を掲載しました。また，「共通テスト攻略のポイント」では，共通テストに向けた学習のポイントをわかりやすく解説しました。

3　重要事項の総復習ができる！

　　別冊巻頭には，共通テストに必要な重要事項をまとめた「直前チェック総整理」を掲載しています。コンパクトにまとめてありますので，限られた時間で効率よく重要事項をチェックすることができます。

4　解説がわかりやすい！

　　解説は，ていねいでわかりやすいだけでなく，そのテーマの背景，周辺の重要事項まで解説してあります。また，正解となる選択肢だけでなく，間違っている選択肢についても解説を行いましたので，「なぜそれを選んではいけないのか？」までもわかります。

5　自分の偏差値がわかる！

　　共通テスト本試験の各回の解答のはじめに，大学入試センター公表の平均点と標準偏差をもとに作成した偏差値表を掲載しました。「自分の得点でどのくらいの偏差値になるのか」が一目でわかります。

●利用法

1　問題は，実際の試験にのぞむつもりで，必ずマークシート解答用紙を用いて，制限時間を設けて取り組んでください。

2　解答したあとは，自己採点（結果は解答ページの自己採点欄に記入しておく）を行い，ウイークポイントの発見に役立ててください。ウイークポイントがあったら，何度も同じ問題に挑戦し，次に同じ間違いを繰り返さないようにしましょう。

●マークシート解答用紙を利用するにあたって

1　氏名・フリガナ，受験番号・試験場コードを記入する

　　受験番号・試験場コード欄には，クラス番号などを記入して，練習用として使用してください。

2　解答科目欄に正しくマークする

　　共通テストでは，解答科目が無マークまたは複数マークの場合は，0点になりますので，注意しましょう。

2025年度 大学入学共通テスト 出題教科・科目

以下は，大学入試センターが公表している大学入学共通テストの出題教科・科目等の一覧表です。

最新の情報は，大学入試センター web サイト（http://www.dnc.ac.jp）でご確認ください。

不明点について個別に確認したい場合は，下記の電話番号へ，原則として志願者本人がお問い合わせください。

●問い合わせ先　大学入試センター　TEL　03-3465-8600　（土日祝日，5月2日，12月29日～1月3日を除く　9時30分～17時）

教科	グループ	出題科目	出題方法 （出題範囲，出題科目選択の方法等） 出題範囲について特記がない場合，出題科目名に含まれる学習指導要領の科目の内容を総合した出題範囲とする。	試験時間（配点）
国語		『国　語』	・「現代の国語」及び「言語文化」を出題範囲とし，近代以降の文章及び古典（古文，漢文）を出題する。	90分（200点）（注1）
地理歴史		『地理総合，地理探究』 『歴史総合，日本史探究』 『歴史総合，世界史探究』→(b) 『公共，倫理』 『公共，政治・経済』 『地理総合／歴史総合／公共』 →(a) ※(a)：必履修科目を組み合わせた出題科目 (b)：必履修科目と選択科目を組み合わせた出題科目	・左記出題科目の6科目のうちから最大2科目を選択し，解答する。 ・(a)の『地理総合／歴史総合／公共』は，「地理総合」，「歴史総合」及び「公共」の3つを出題範囲とし，そのうち2つを選択解答する（配点は各50点）。 ・2科目を選択する場合，以下の組合せを選択することはできない。 　(b)のうちから2科目を選択する場合 　　『公共，倫理』と『公共，政治・経済』の組合せを選択することはできない。 　(b)のうちから1科目及び(a)を選択する場合 　　(b)については，(a)で選択解答するものと同一名称を含む科目を選択することはできない。（注2） ・受験する科目数は出願時に申し出ること。	1科目選択 60分（100点） 2科目選択 130分（注3） （うち解答時間120分） （200点）
公民				
数学	①	『数学Ⅰ，数学A』 『数学Ⅰ』	・左記出題科目の2科目のうちから1科目を選択し，解答する。 ・「数学A」については，図形の性質，場合の数と確率の2項目に対応した出題とし，全てを解答する。	70分（100点）
	②	『数学Ⅱ，数学B，数学C』	・「数学B」及び「数学C」については，数列（数学B），統計的な推測（数学B），ベクトル（数学C）及び平面上の曲線と複素数平面（数学C）の4項目に対応した出題とし，4項目のうち3項目の内容の問題を選択解答する。	70分（100点）
理科		『物理基礎／化学基礎／ 生物基礎／地学基礎』 『物　理』 『化　学』 『生　物』 『地　学』	・左記出題科目の5科目のうちから最大2科目を選択し，解答する。 ・『物理基礎／化学基礎／生物基礎／地学基礎』は，「物理基礎」，「化学基礎」，「生物基礎」及び「地学基礎」の4つを出題範囲とし，そのうち2つを選択解答する（配点は各50点）。 ・受験する科目数は出願時に申し出ること。	1科目選択 60分（100点） 2科目選択 130分（注3） （うち解答時間120分） （200点）
外国語		『英　語』 『ドイツ語』 『フランス語』 『中国語』 『韓国語』	・左記出題科目の5科目のうちから1科目を選択し，解答する。 ・『英語』は「英語コミュニケーションⅠ」，「英語コミュニケーションⅡ」及び「論理・表現Ⅰ」を出題範囲とし，【リーディング】及び【リスニング】を出題する。受験者は，原則としてその両方を受験する。その他の科目については，『英語』に準じる出題範囲とし，【筆記】を出題する。 ・科目選択に当たり，『ドイツ語』，『フランス語』，『中国語』及び『韓国語』の問題冊子の配付を希望する場合は，出願時に申し出ること。	『英語』 【リーディング】 80分（100点） 【リスニング】 60分（注4） （うち解答時間 30分）（100点） 『ドイツ語』『フランス語』『中国語』『韓国語』 【筆記】 80分（200点）
情報		『情報Ⅰ』		60分（100点）

（備考）　『　』は大学入学共通テストにおける出題科目を表し，「　」は高等学校学習指導要領上設定されている科目を表す。

　　　また，『地理総合／歴史総合／公共』や『物理基礎／化学基礎／生物基礎／地学基礎』にある"／"は，一つの出題科目の中で複数の出題範囲を選択解答することを表す。

(注１）　『国語』の分野別の大問数及び配点は，近代以降の文章が３問110点，古典が２問90点（古文・漢文各45点）とする。

(注２）　地理歴史及び公民で２科目を選択する受験者が，(b)のうちから１科目及び(a)を選択する場合において，選択可能な組合せは以下のとおり。
・(b)のうちから『地理総合，地理探究』を選択する場合，(a)では「歴史総合」及び「公共」の組合せ
・(b)のうちから『歴史総合，日本史探究』又は『歴史総合，世界史探究』を選択する場合，(a)では「地理総合」及び「公共」の組合せ
・(b)のうちから『公共，倫理』又は『公共，政治・経済』を選択する場合，(a)では「地理総合」及び「歴史総合」の組合せ

[参考] 地理歴史及び公民において，(b)のうちから１科目及び(a)を選択する場合に選択可能な組合せについて

○：選択可能　　×：選択不可

		(a)		
		「地理総合」「歴史総合」	「地理総合」「公共」	「歴史総合」「公共」
(b)	『地理総合，地理探究』	×	×	○
	『歴史総合，日本史探究』	×	○	×
	『歴史総合，世界史探究』	×	○	×
	『公共，倫理』	○	×	×
	『公共，政治・経済』	○	×	×

(注３）　地理歴史及び公民並びに理科の試験時間において２科目を選択する場合は，解答順に第１解答科目及び第２解答科目に区分し各60分間で解答を行うが，第１解答科目及び第２解答科目の間に答案回収等を行うために必要な時間を加えた時間を試験時間とする。

(注４）　【リスニング】は，音声問題を用い30分間で解答を行うが，解答開始前に受験者に配付したICプレーヤーの作動確認・音量調節を受験者本人が行うために必要な時間を加えた時間を試験時間とする。
　なお，『英語』以外の外国語を受験した場合，【リスニング】を受験することはできない。

2019 ～ 2024年度　共通テスト・センター試験　受験者数・平均点の推移（大学入試センター公表）

センター試験←｜→共通テスト

科目名	2019年度		2020年度		2021年度第1日程		2022年度		2023年度		2024年度	
	受験者数	平均点	受験者数	平均点	受験者数	平均点	受験者数	平均点	受験者数	平均点	受験者数	平均点
英語 リーディング（筆記）	537,663	123.30	518,401	116.31	476,173	58.80	480,762	61.80	463,985	53.81	449,328	51.54
英語 リスニング	531,245	31.42	512,007	28.78	474,483	56.16	479,039	59.45	461,993	62.35	447,519	67.24
数学Ⅰ・数学A	392,486	59.68	382,151	51.88	356,492	57.68	357,357	37.96	346,628	55.65	339,152	51.38
数学Ⅱ・数学B	349,405	53.21	339,925	49.03	319,696	59.93	321,691	43.06	316,728	61.48	312,255	57.74
国 語	516,858	121.55	498,200	119.33	457,304	117.51	460,966	110.26	445,358	105.74	433,173	116.50
物理基礎	20,179	30.58	20,437	33.29	19,094	37.55	19,395	30.40	17,978	28.19	17,949	28.72
化学基礎	113,801	31.22	110,955	28.20	103,073	24.65	100,461	27.73	95,515	29.42	92,894	27.31
生物基礎	141,242	30.99	137,469	32.10	127,924	29.17	125,498	23.90	119,730	24.66	115,318	31.57
地学基礎	49,745	29.62	48,758	27.03	44,319	33.52	43,943	35.47	43,070	35.03	43,372	35.56
物 理	156,568	56.94	153,140	60.68	146,041	62.36	148,585	60.72	144,914	63.39	142,525	62.97
化 学	201,332	54.67	193,476	54.79	182,359	57.59	184,028	47.63	182,224	54.01	180,779	54.77
生 物	67,614	62.89	64,623	57.56	57,878	72.64	58,676	48.81	57,895	48.46	56,596	54.82
地 学	1,936	46.34	1,684	39.51	1,356	46.65	1,350	52.72	1,659	49.85	1,792	56.62
世界史B	93,230	65.36	91,609	62.97	85,689	63.49	82,985	65.83	78,185	58.43	75,866	60.28
日本史B	169,613	63.54	160,425	65.45	143,363	64.26	147,300	52.81	137,017	59.75	131,309	56.27
地理B	146,229	62.03	143,036	66.35	138,615	60.06	141,375	58.99	139,012	60.46	136,948	65.74
現代社会	75,824	56.76	73,276	57.30	68,983	58.40	63,604	60.84	64,676	59.46	71,988	55.94
倫 理	21,585	62.25	21,202	65.37	19,954	71.96	21,843	63.29	19,878	59.02	18,199	56.44
政治・経済	52,977	56.24	50,398	53.75	45,324	57.03	45,722	56.77	44,707	50.96	39,482	44.35
倫理，政治・経済	50,886	64.22	48,341	66.51	42,948	69.26	43,831	69.73	45,578	60.59	43,839	61.26

（注1）2020年度までのセンター試験『英語』は，筆記200点満点，リスニング50点満点である。

（注2）2021年度以降の共通テスト『英語』は，リーディング及びリスニングともに100点満点である。

（注3）2021年度第1日程及び2023年度の平均点は，得点調整後のものである。

2024年度　共通テスト本試「物理」
データネット（自己採点集計）による得点別人数

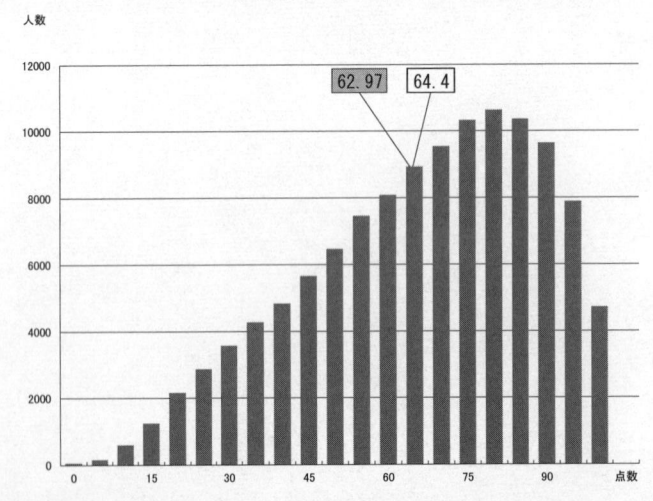

　上のグラフは，2024年度大学入学共通テストデータネット（自己採点集計）に参加した，物理基礎：119,481名の得点別人数をグラフ化したものです。

　2024年度データネット集計による平均点は 64.4 ，大学入試センター公表の2024年度本試平均点は 62.97 です。

共通テスト攻略のポイント

「出題分野」と「学習方法」

分野	内　　容	2024	2023	2022
		本	本	本
力と運動	剛体のつりあい	○	○	○
	運動の法則		○	○
	放物運動			
	仕事と力学的エネルギー	○	○	
	力積と運動量	○		○
	衝突・運動量保存			○
	円運動・単振動		○	○
	万有引力			○
熱	熱と温度	○		
	気体の法則・状態方程式			○
	気体の分子運動			
	熱力学第1法則		○	○
波動	波の性質	○		○
	音波・ドップラー効果		○	
	光の性質・光の屈折・レンズ	○		○
	光の回折・光の干渉			
電磁気	静電気・静電気力			○
	電場・電位	○		
	コンデンサー		○	
	直流回路・半導体			
	オームの法則	○		
	電流と磁場			○
	電磁誘導・交流・電磁波			○
	荷電粒子の運動	○	○	
原子	電子と光		○	
	原子と原子核	○		○

"本"は本試を示す。これらのテストに出題されている分野を○で上の表に示した。

● 「物理」各分野の攻略ポイント

力と運動

力学の問題は，運動の時間追跡をするものと保存則を用いるものに大きく分けることができる。前者は，運動方程式を用いて加速度を求め，等加速度運動の時間追跡をする問題が典型的である。また，単振動の時間追跡をグラフで示す問題も出題される。後者は，力学的エネルギー保存則，衝突における運動量保存則に関する問題が出題される。また，円運動，万有引力，剛体のつりあい，慣性力についても注意が必要である。

熱

気体分子運動論，気体の状態変化，熱力学第一法則を中心として気体の問題が出題される。気体の定積変化，定圧変化，等温変化，断熱変化について特徴をしっかり覚えておこう。熱サイクルについても熱効率の求め方も復習しておこう。

波動

波については，水面波，音波，光波，電波などの種類の違いはあっても，反射，屈折，干渉，回折などの現象については共通の関係式が成立することを頭において考えればよい。ドップラー効果は，単なる公式の暗記だけでなく式を導く過程も理解しておくとよい。

光の干渉については，ヤングの実験，回折格子，薄膜などが出題されやすい。また，反射鏡とレンズについては，作図も含めて一通りの学習を忘れないように。

電磁気

静電場については，電場，電位，電気力線，等電位線などの基本的な理解が必要である。また，コンデンサーの問題は頻出である。電流の問題では，直流回路について，キルヒホッフの法則，オームの法則，抵抗で発生するジュール熱，電力などが出題される。

磁場については，ローレンツ力，荷電粒子の運動，電流が作る磁場，電磁誘導，交流が重要である。

原子

光の2重性，物質波，ボーア模型，原子核の結合エネルギー，原子核の崩壊，放射線について，教科書にある一通りの知識が必要である。また，電磁場中の荷電粒子の運動にも注意が必要である。

● 共通テストの攻略ポイント

共通テストでは教科書の「探究活動」にあるような実験問題や，身近な物理現象を考察する問題が出題される。例えば，2024年度第2問のペットボトルロケット，2021年第1日程第3問のダイヤモンドの輝き，第2日程第2問の電磁力を用いた天秤の原理など，身近な現象をテーマにした問題が出題されている。興味がある身近な物理現象についてはインターネットなどで検索して知識を広げよう。

実験問題に関しては，数値データの処理，解析，考察などが問われる。例えば，2022年本試第2問の力学台車の実験問題は，速さの時間変化のグラフから運動量の時間変化を考察する問題である。また，2024年本試第3問は弦の固有振動の実験問題，2023年本試第2問は空気中の落体運動の抵抗力を考慮する実験問題である。実験問題は実験の経験があれば有利である。学校の授業で実験があれば積極的に参加して，数値データの解析のコツをつかむとよい。実験の機会がない場合は，教科書で扱われている実験の説明をよく読み，数値データの扱い方を理解しておこう。さらに，実験に関係する項目をインターネットで検索してみよう。実験の動画を公開しているサイトが見つかる場合がある。大いに参考になるはずだ。

文章中の空欄，会話文の空欄を埋める形式も出題される。このため，問題文が長くなり，読解力をつける必要がある。会話文については前後のつながりや整合性に注意して読解する必要がある。

読解力を付けるには，物理用語の正確な理解がまずは必要である。あいまいなものは教科書でしっかり復習すること。読解力を向上させるには，練習をして間違ってしまった問題を見直すときに，どのように問題文を読み誤まってしまったのかを丁寧に分析することである。さらに，練習した問題について先生や友人と議論してみよう。自分の説明を正確に理解してもらうには，まず自分がそれについて正確に理解していることが前提になるからだ。

第 1 回

（60分）

実 戦 問 題

―● 標 準 所 要 時 間 ●―

第1問	18分	第3問	12分
第2問	15分	第4問	15分

物　　　　　理

第1問　次の問い（問1〜5）に答えよ。（配点　28）

問1　次の文章中の空欄　ア　・　イ　に入れる式の組合せとして正しいもの
を，後の①〜⑥のうちから一つ選べ。　1

　図1のように，天井から長さ ℓ の軽い糸で質量 m の小球をつり下げた単振
り子がある。この単振り子の周期を T とする。振れ角が小さい単振り子の運
動は単振動として表すことができる。糸の長さを 2ℓ にした単振り子の周期は
　ア　である。また，糸の長さを ℓ に戻して質量 $2m$ の小球に取り換えた単
振り子の周期は　イ　である。

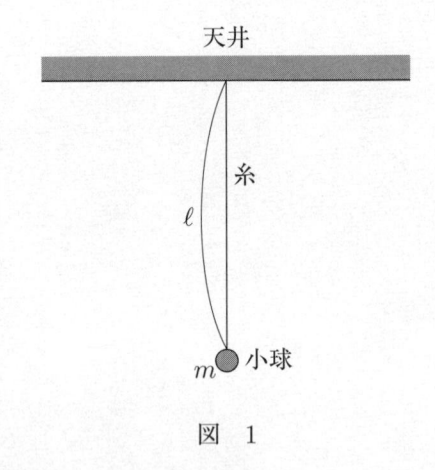

図　1

	ア	イ
①	$\dfrac{T}{\sqrt{2}}$	T
②	$\dfrac{T}{\sqrt{2}}$	$\sqrt{2}\,T$
③	T	T
④	T	$\sqrt{2}\,T$
⑤	$\sqrt{2}\,T$	T
⑥	$\sqrt{2}\,T$	$\sqrt{2}\,T$

問2 次の文章中の空欄 $\boxed{2}$ ・ $\boxed{3}$ に入れる式として最も適当なものを，それぞれの直後の{　}で囲んだ選択肢のうちから一つずつ選べ。

図2のように，座標軸と辺を共有する一辺の長さ L の立方体の容器中に質量 m の単原子の分子が N 個ある。このうち速度成分 $(v_x,\ v_y,\ v_z)$ をもつ分子が x 軸と垂直な壁 S_x と弾性衝突して $(-v_x,\ v_y,\ v_z)$ となるとき，この壁 S_x が

受ける力積の大きさは $\boxed{2}$ $\left\{\begin{array}{l} ① \quad \dfrac{1}{2}mv_x \\[2mm] ② \quad mv_x \\[2mm] ③ \quad 2mv_x \end{array}\right\}$ である。また，この分子が壁 S_x

と周期 $\dfrac{2L}{v_x}$ で衝突をくり返すので，この周期より十分に長い時間について，この分子が壁 S_x に与える力の大きさの時間平均値 $\overline{f}$ は，$\overline{f}=\boxed{2}\times\dfrac{v_x}{2L}$ となる。分子の速さを v と記すことにすると $v^2=v_x{}^2+v_y{}^2+v_z{}^2$ だから，容器内に

ある N 個の分子が及ぼす気体の圧力は $\boxed{3}$ $\left\{\begin{array}{l} ① \quad \dfrac{Nm\langle v^2\rangle}{3L^3} \\[2mm] ② \quad \dfrac{Nm\langle v^2\rangle}{2L^3} \\[2mm] ③ \quad \dfrac{Nm\langle v^2\rangle}{L^3} \end{array}\right\}$ となる。た

だし，$\langle\ \rangle$ は N 個の分子についての平均を表す。また分子の速度について $\langle v_x{}^2\rangle=\langle v_y{}^2\rangle=\langle v_z{}^2\rangle$ が成り立つものとする。

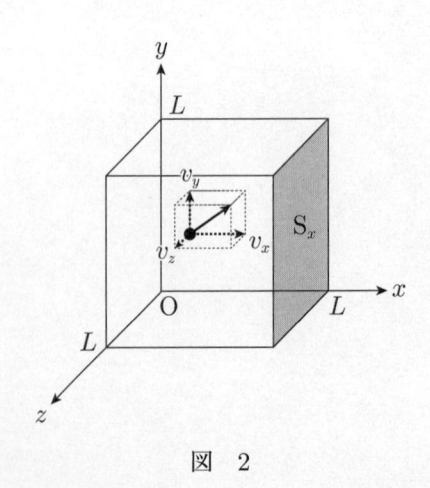

図　2

問3　図3のように，水平な床の上に台車があり，その上に辺の長さがaとbの長方形を断面とする一様な直方体が置かれている。直方体と台車の間の静止摩擦係数をμ，重力加速度の大きさをgとする。

　台車が右向きに大きさαの一定の加速度で運動するように，台車に取り付けられた糸を引く。このとき，台車から見た直方体の運動について述べた文章中の空欄 **4**・**5** に入れる式として最も適当なものを，後の選択肢のうちから一つずつ選べ。

　直方体が台車上をすべらない条件は **4** である。直方体にはたらく慣性力は直方体の重心に作用するとして，直方体が台車上で転倒する条件は **5** である。

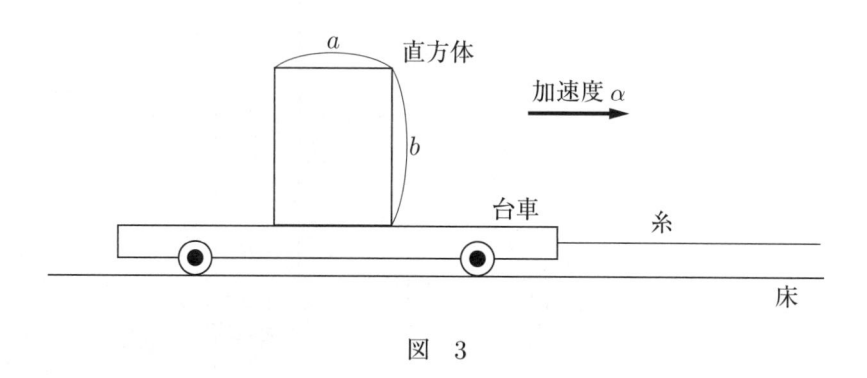

図　3

4 の選択肢

① $\mu \leqq \dfrac{\alpha}{g}$　　　　② $\mu \geqq \dfrac{\alpha}{g}$　　　　③ $\mu \leqq \dfrac{g}{\alpha}$　　　　④ $\mu \geqq \dfrac{g}{\alpha}$

5 の選択肢

① $\dfrac{b}{a} < \dfrac{\alpha}{g}$　　　② $\dfrac{b}{a} > \dfrac{\alpha}{g}$　　　③ $\dfrac{b}{a} < \dfrac{g}{\alpha}$　　　④ $\dfrac{b}{a} > \dfrac{g}{\alpha}$

問4 図4のように，下部にコイルが巻かれたアクリルパイプを鉛直に立て，パイプの上部から円柱状の磁石をN極を下に，S極を上にして落下させた。コイルは端子aから端子bへ上から見て反時計回りに巻かれていて，端子aとbの間には抵抗が接続されている。端子bを基準とした端子aの電位Vの時間変化を表す図として最も適当なものを，後の①〜④のうちから一つ選べ。ただし，選択肢の点Oは図4の点Pを磁石の下面が通過した時間とする。

6

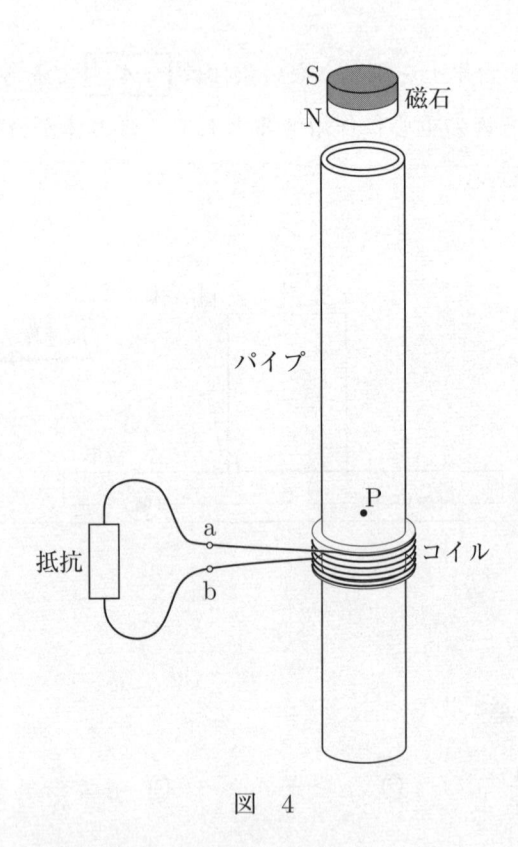

図 4

①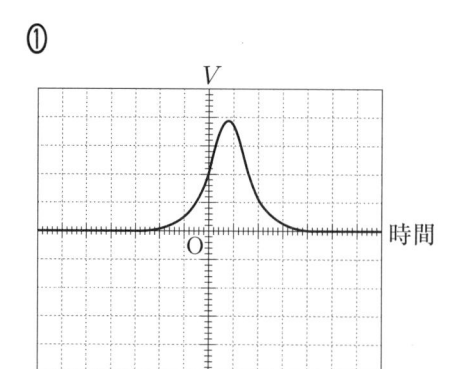

②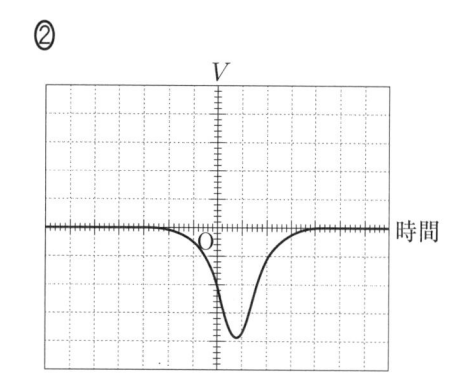

③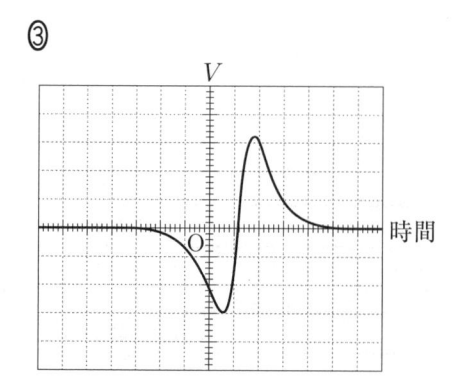

④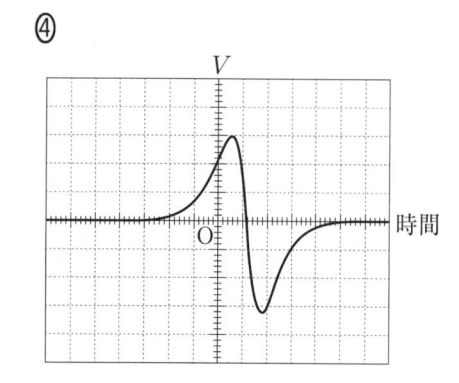

問5 次の文章中の空欄　7　・　8　に入れる数値として最も適当なものを，後の ① ～ ④ のうちから一つずつ選べ。ただし，同じものを繰り返し選んでもよい。

音波の振動数をいろいろな値に変化させることができる音源 S がある。図 5 のように，振動数が f_0 の音波を入射したときに基本振動の共鳴を起こす開管 A を音源 S の近くに固定する。この状態で，音源 S の振動数を 0 Hz から徐々に大きくして $3f_0$ まで変化させる間に，開管 A が共鳴を起こす回数は　7　回である。また，開管 A と同じ長さの閉管 B を使うと，音源 S の振動数を 0 Hz から $3f_0$ まで変化させる間に，閉管 B が共鳴を起こす回数は　8　回となる。ただし，開口端補正は無視する。

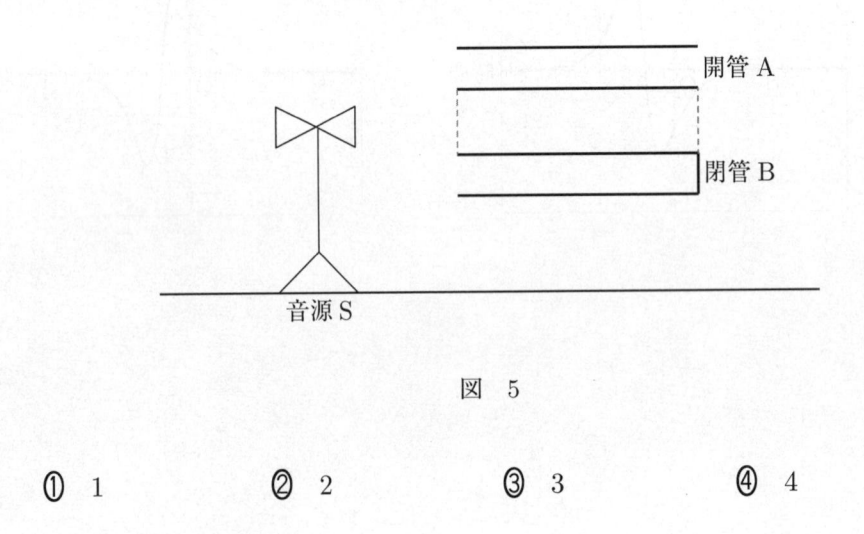

図　5

　① 1　　　　　② 2　　　　　③ 3　　　　　④ 4

（下 書 き 用 紙）

物理の試験問題は次に続く。

第2問 次の文章（**A・B**）を読み，後の問い（**問1～5**）に答えよ。
（配点 25）

A 生徒の A さんと先生が探究活動の実験をしている。図1のように，板を台の上に水平に置く。このときの，板の上面の高さを h とする。板にはピンがさしてあり，五円硬貨をつけた軽い輪ゴムをピンにひっかけたのち，輪ゴムの長さが ℓ となるまで引っ張ってから手を放すことで，五円硬貨は水平投射される。このときの飛距離 L を測定する。

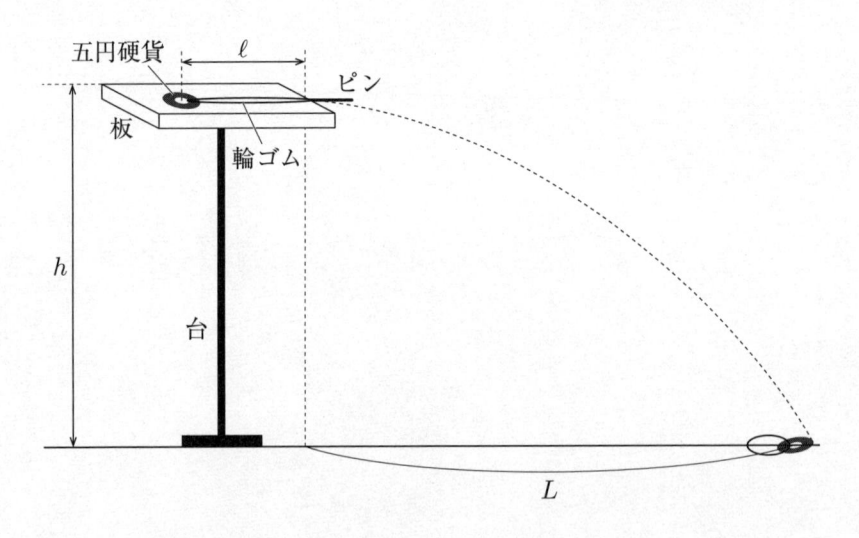

図　1

問 1　次の発言の内容が正しくなるように，次の文章中の空欄 ア ・ イ に入れる式の組合せとして最も適当なものを，後の ① ～ ⑧ のうちから一つ選べ。 9

先　生：まず，水平投射されたあとの五円硬貨の運動について計算してみましょう。五円硬貨の質量を m とします。空気抵抗を無視して，五円硬貨にはたらく重力だけを考えれば，水平方向には等速度の運動，鉛直方向には等加速度の運動となることが分かりますね。五円硬貨が高さ h の位置から地面に落下するのにかかる時間を t とすると，重力加速度の大きさ g を用いて $h =$ ア の関係が成り立ちます。また，五円硬貨の水平投射がはじまるときの初速を v_0 とすると，水平方向の変位は イ と書けます。これより，

$$L = v_0 \sqrt{\frac{2h}{g}} \qquad \cdots\cdots(1)$$

という関係が得られます。

	ア	イ
①	$\frac{1}{2}gt$	$\frac{1}{2}v_0 t$
②	$\frac{1}{2}gt$	$v_0 t$
③	gt	$\frac{1}{2}v_0 t$
④	gt	$v_0 t$
⑤	$\frac{1}{2}gt^2$	$\frac{1}{2}v_0 t$
⑥	$\frac{1}{2}gt^2$	$v_0 t$
⑦	gt^2	$\frac{1}{2}v_0 t$
⑧	gt^2	$v_0 t$

Aさんは，伸びた輪ゴムによる力の大きさを見積もるため，板を台からはずし，図2のように，輪ゴムに袋をつけて，輪ゴムが鉛直方向に伸びるようにしたのち，袋の中に7.0gのおもりを1つずつ加えていって，おもりの個数nと輪ゴムの長さℓの関係を測定し，表1にまとめた。なお，袋の質量は5.0gである。

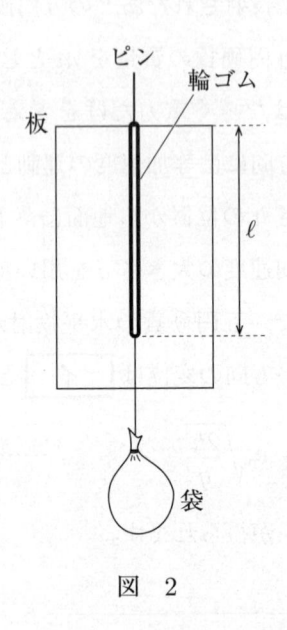

図　2

表　1

個数 n	1	2	3	4	5	6	7	8	9	10	11	12
長さ ℓ〔cm〕	5.1	5.3	5.5	5.7	5.9	6.2	6.5	6.7	7.0	7.4	7.7	8.0

問2　表1の測定結果から，輪ゴムの長さが8.0 cm になっているときに，輪ゴ
ムが袋を引く力の大きさ f の値として最も適当なものを，次の ① ～ ⑧ の
うちから一つ選べ。ただし，重力加速度の大きさ g の値を9.8 m/s² とする。

　10

①　4.9×10^{-1} N　　　②　8.7×10^{-1} N　　　③　4.9 N

④　8.7 N　　　⑤　4.9×10 N　　　⑥　8.7×10 N

⑦　4.9×10^{2} N　　　⑧　8.7×10^{2} N

問3 次の発言の内容が正しくなるように，次の文章中の空欄 ウ ・ エ に入れる式の組合せとして最も適当なものを，後の ① ～ ④ のうちから一つ選べ。 11

先　生：表1の結果を利用すれば，伸ばした輪ゴムがもとに戻る過程で五円硬貨にした仕事を求めることができそうですね。

Ａさん：表1をもとに，輪ゴムの長さ ℓ と，輪ゴムが五円硬貨を引く力の大きさ f の間の関係を，縦軸と横軸を入れ替えた以下の2つの図3(a)，図3(b)にまとめ，メモを書き入れました。これらを用いて，伸ばした輪ゴムが及ぼす力が五円硬貨にした仕事を求めてみようと思います。

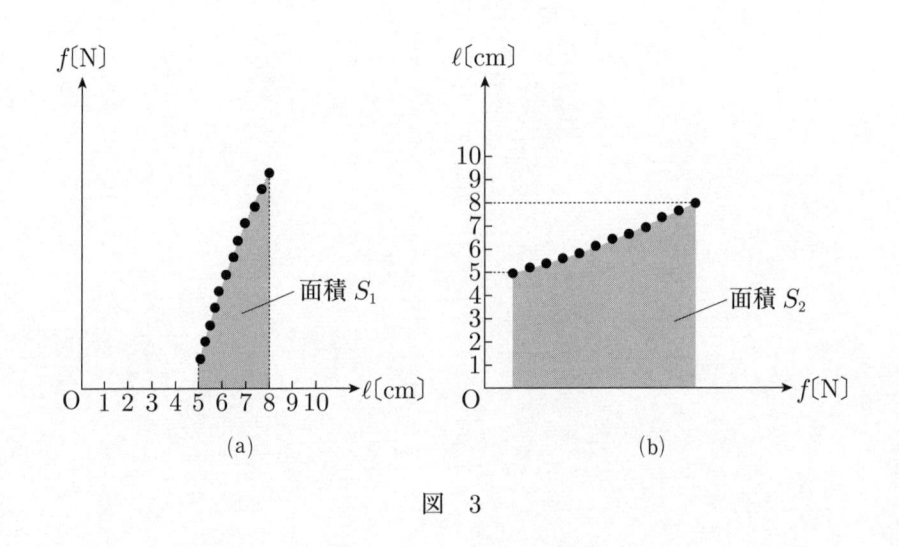

図　3

先　生：この方法で仕事を計算すると，輪ゴムの長さが 5.0 cm から 8.0 cm になるまで伸ばしたときでどのくらいになりましたか。

Ａさん：はい，輪ゴムが及ぼす力が五円硬貨にした仕事は，

ウ $\left\{\begin{array}{l}\text{(a)　図3(a)内の塗りつぶした面積 } S_1 \text{ の値}\\[4pt]\text{(b)　図3(b)内の塗りつぶした面積 } S_2 \text{ の値}\end{array}\right\}$ に等しく，

1.3×10^{-2} J と計算できました。

先　生：この仕事を W とし，これによって五円硬貨が運動エネルギーを得たと考えると，五円硬貨の初速 v_0 と W の間に，

$$\frac{1}{2}mv_0{}^2 = W \qquad\qquad \cdots\cdots(2)$$

の関係が成り立つことを用いて，v_0 が計算できますね。これと(1)を用いて，L と W の関係を計算することで，輪ゴムを 8.0 cm まで伸ばしてから五円硬貨を飛ばしたときの飛距離 L が計算できます。実験結果はあっていると言えますか。

A さん：$h = 16.7$ cm，$m = 3.75$ g であることを用いて，計算では $L = 48$ cm となります。しかし実験値は $L = 36$ cm でした。

先　生：この差の要因は，板から五円硬貨にはたらく摩擦力が考えられます。

A さん：この摩擦力がした仕事を計算すると，およそ

$$\boxed{\text{エ}}\left\{\begin{matrix}\text{(c)} & -\dfrac{1}{4}\\[2mm]\text{(d)} & -\dfrac{7}{16}\end{matrix}\right\} \times W になると考えられます。$$

	ウ	エ
①	(a)	(c)
②	(a)	(d)
③	(b)	(c)
④	(b)	(d)

B 図4のように, ばね定数 k の軽いばねの両端に質量 m の物体 A と質量 m の物体 B が取り付けられており, 物体 B が壁に接した状態でなめらかな水平面上に置かれている。なお, 物体の大きさおよび空気抵抗は無視できるものとする。

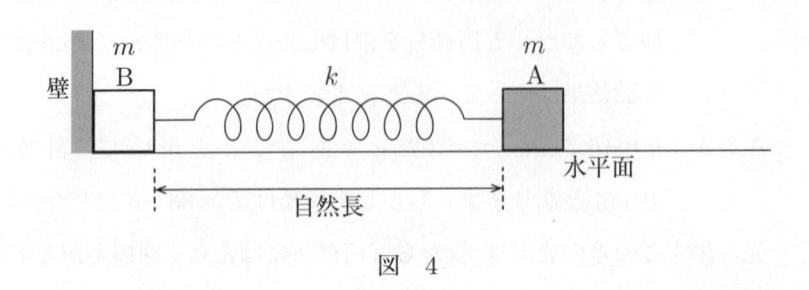

図 4

問4 次の文章中の空欄 オ ・ カ に入れる式の組合せとして最も適当なものを, 後の ① ～ ⑥ のうちから一つ選べ。 12

ばねが自然長で物体 A, B が静止している状態(図4)において, 物体 A に水平方向左向きに大きさ v_0 の速度を与えてばねを縮ませる。ばねが最も縮んだときの縮み d は, $d =$ オ と表される。その後, 物体 A は右向きに運動の向きを変えて, 再び自然長の位置まで戻る。物体 A に速度を与えてからこの瞬間までに要した時間 T は, $T =$ カ である。

	①	②	③	④	⑤	⑥
オ	$v_0\sqrt{\dfrac{m}{k}}$	$v_0\sqrt{\dfrac{m}{k}}$	$v_0\sqrt{\dfrac{m}{k}}$	$v_0\sqrt{\dfrac{2m}{k}}$	$v_0\sqrt{\dfrac{2m}{k}}$	$v_0\sqrt{\dfrac{2m}{k}}$
カ	$\dfrac{\pi}{2}\sqrt{\dfrac{m}{k}}$	$\pi\sqrt{\dfrac{m}{k}}$	$2\pi\sqrt{\dfrac{m}{k}}$	$\dfrac{\pi}{2}\sqrt{\dfrac{m}{k}}$	$\pi\sqrt{\dfrac{m}{k}}$	$2\pi\sqrt{\dfrac{m}{k}}$

問5　次の文章中の空欄 キ ・ ク に入れる式の組合せとして最も適当なものを，後の①〜⑥のうちから一つ選べ。 13

図5のように，物体Aをばねが自然長になる位置から左へ動かし，**問4**で求めた d と同じだけばねを縮めた位置で静止させる。ここで，質量 m の物体Cを，ばねが自然長になる位置で物体Aと衝突するように水平面上に置く。この状態から物体Aを静かに放すと，しばらくして物体Aと物体Cは瞬間的に衝突し，その後，それらは一体となって運動を続けた。衝突直前の物体Aの速さは v_0 であり，衝突直後の一体となった物体Aと物体Cの速度の大きさは キ である。物体Aと物体Cが衝突した後，ばねが伸び縮みしながら物体系全体は水平方向右向きに移動していく。物体Bが壁から離れた後，物体A，B，Cの重心の速度の大きさは ク となる。

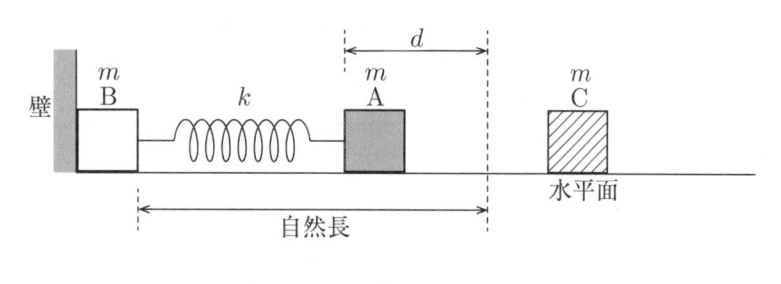

図　5

	①	②	③	④	⑤	⑥
キ	$\dfrac{1}{2}v_0$	$\dfrac{1}{2}v_0$	$\dfrac{1}{2}v_0$	$\dfrac{1}{\sqrt{2}}v_0$	$\dfrac{1}{\sqrt{2}}v_0$	$\dfrac{1}{\sqrt{2}}v_0$
ク	$\dfrac{1}{3}v_0$	$\dfrac{1}{2}v_0$	v_0	$\dfrac{1}{3}v_0$	$\dfrac{1}{2}v_0$	v_0

第3問 次の文章（**A・B**）を読み，後の問い（**問1〜4**）に答えよ。（配点　21）

A ピストンが付いたシリンダーに物質量 n の単原子分子理想気体を封入し，図1のように，気体の圧力 p と体積 V を変化させた。状態1から状態2の変化は定積変化，状態2から状態3の変化は断熱変化，状態3から状態1の変化は定圧変化である。状態1，2，3の気体の絶対温度を，それぞれ T_1, T_2, T_3 とする。ただし，気体定数を R とする。

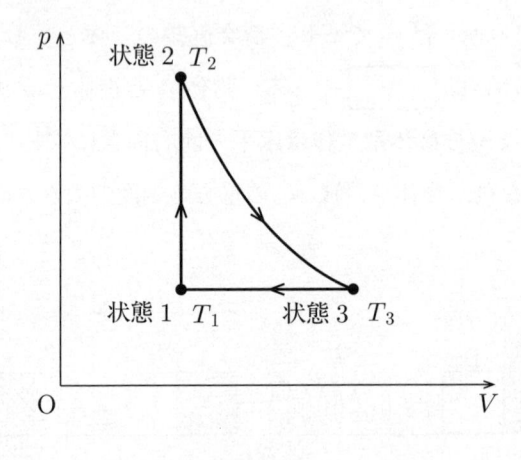

図　1

状態 1 から状態 2 の変化で気体が吸収した熱量を Q_1 とする。

問 1　Q_1 を表す式として正しいものを，次の ① 〜 ④ のうちから一つ選べ。

$Q_1 = $ | 14 |

① $nR(T_2 - T_1)$　　　　　　　② $\dfrac{3}{2}nR(T_2 - T_1)$

③ $2nR(T_2 - T_1)$　　　　　　④ $\dfrac{5}{2}nR(T_2 - T_1)$

問 2　次の文章中の空欄 | 15 |・| 16 | に入れる式として正しいものを，後の選択肢のうちから一つずつ選べ。

　　状態 2 から状態 3 の変化で気体がする仕事 W_2 は，$W_2 = $ | 15 | である。ここで，状態 1 →状態 2 →状態 3 →状態 1 の変化を 1 サイクルとする熱機関を考える。状態 3 から状態 1 の変化で気体が放出した熱量を Q_2 $(Q_2 > 0)$ とすると，熱サイクルの熱効率 e は，$e = $ | 16 | となる。

| 15 | の選択肢

① $nR(T_2 - T_3)$　　　　　　　② $\dfrac{3}{2}nR(T_2 - T_3)$

③ $nR(T_3 - T_2)$　　　　　　　④ $\dfrac{3}{2}nR(T_3 - T_2)$

| 16 | の選択肢

① $\dfrac{Q_2}{Q_1}$　　　② $\dfrac{Q_1}{Q_2}$　　　③ $1 - \dfrac{Q_2}{Q_1}$　　　④ $1 - \dfrac{Q_1}{Q_2}$

B タマムシの体は非常に美しい色合いをしているが，その理由について考えてみよう。タマムシの体の表層部分には，2種類の材質が何層も重なった多層膜構造があり，複雑な多層膜干渉を生じる。そのため，可視光の中でも特定の波長の光が強く反射されて美しい色合いが出る。ここでは単純なモデルとして，図2のように，屈折率が5で厚みが60 nmの媒質（A層）と厚みが300 nmの空気層（B層）を交互に重ねて多層膜をつくり，膜に対して垂直に可視光を入射させて反射光の強度を調べてみた。光が最初に入射するA層の上下の境界面を境界面1，2として，それらの境界面で反射した光を重ね合わせたものを光12と表す。同様に図2において，境界面jと境界面kで反射した光を重ね合わせたものを光jkと表すことにする。反射光の強度測定の結果，波長400 nmの光が強く反射されていることがわかった。光が，屈折率の小さい媒質から入射し，屈折率が大きい媒質との境界面で反射する場合に位相がπだけずれ，屈折率の大きい媒質から入射し，屈折率が小さい媒質との境界面で反射する場合には位相は変化しない。ただし，空気の屈折率を1とする。

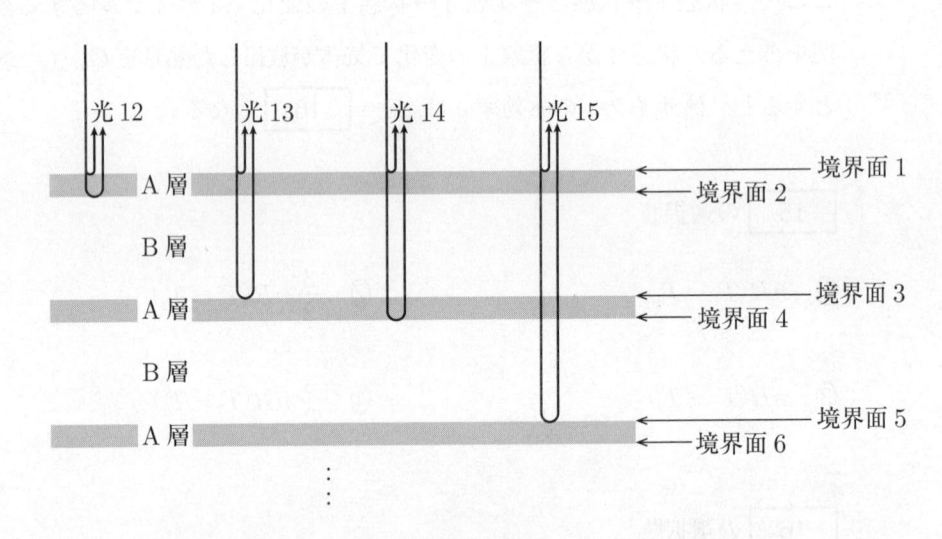

図　2

問3　次の文章中の空欄　ア　・　イ　に入れる数値と語句の組合せとして最も適当なものを，後の①〜④のうちから一つ選べ。ただし，真空中での光の波長を λ とする。　17

　光12の光路差（光学距離の差）は，A層の厚みが60 nm，屈折率が5であることから，　ア　nm である。反射による位相のずれの影響を考えると，光12の光路差が $\frac{\lambda}{2}$ の　イ　倍に一致するとき，光12は強め合う。光がどの境界面で反射するか，また，反射の回数は様々であるが，この実験で用いた多層膜の場合はどの境界面を選んでも，光路差は必ず　ア　nm の整数倍となる。

	ア	イ
①	300	偶　数
②	300	奇　数
③	600	偶　数
④	600	奇　数

問4　次の文章中の空欄　18　に入れる語句として正しいものを，後の①〜⑥のうちから一つ選べ。

　波長400 nm の光が強く反射される理由を，計算によって確かめてみよう。光12，光13，光14，光15について干渉条件を計算してみると，波長400 nm の光については，すべて強め合うことがわかる。また，波長600 nm の光で干渉条件を計算してみると，　18　については強め合うが，それ以外では弱め合うことがわかる。このように，多層膜干渉では特定の波長の光が強く反射されることが確認できる。ただし，ここでの光の波長は真空中での波長である。

①　光12と光13　　②　光12と光14　　③　光12と光15
④　光13と光14　　⑤　光13と光15　　⑥　光14と光15

第4問 次の文章を読み，後の問い（**問1〜5**）に答えよ。（配点 26）

　亜鉛やナトリウムといった金属に，ある条件を満たす光を照射すると，金属から電子（光電子）が飛び出してくる現象は，光電効果とよばれ，光が波としての性質だけでなく，粒子（光子）としての性質を有していることにより説明される。光電効果について調べるために，図1のような実験装置を用いる。金属陰極 K に光を照射し，陽極 P との間の電圧を変化させたときに流れる電流の値を電流計で測定する。ただし，光速を c，プランク定数を h とする。

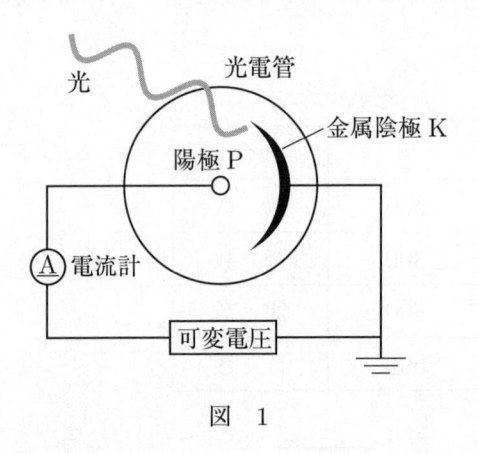

図　1

問1 光の波長を λ，振動数を ν とすると，光子の運動量 p とエネルギー E はそれぞれいくらか。正しいものを，次の **①〜⑥** のうちから一つずつ選べ。ただし，同じものを繰り返し選んでもよい。

$p =$ ⬚ 19 ，$E =$ ⬚ 20

① $h\lambda$ ② $\dfrac{h}{\lambda}$ ③ $h\nu$ ④ $\dfrac{h}{\nu}$ ⑤ hc ⑥ $\dfrac{h}{c}$

可変電圧の値をいろいろと変えて電流を測定したところ，図2のような結果が得られた。ここで，横軸の電圧はKに対するPの電位を表す。

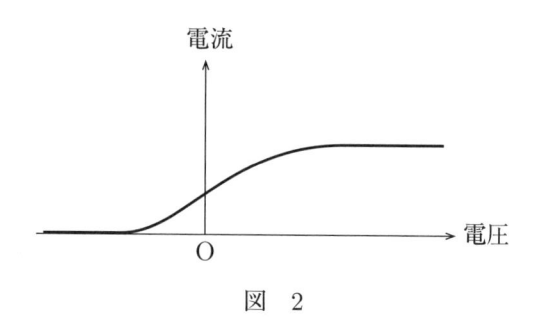

図　2

問2　次に，照射する光の強度を変えずに，波長を短いものに変えて，再び実験を行う。この実験の結果を示すグラフとして最も適当なものを，次の①〜④のうちから一つ選べ。ただし，光の強度は光子1個のエネルギーと単位時間あたりKに入射する光子の数の積である。なお，グラフには，図2のグラフが破線で示されている。　21

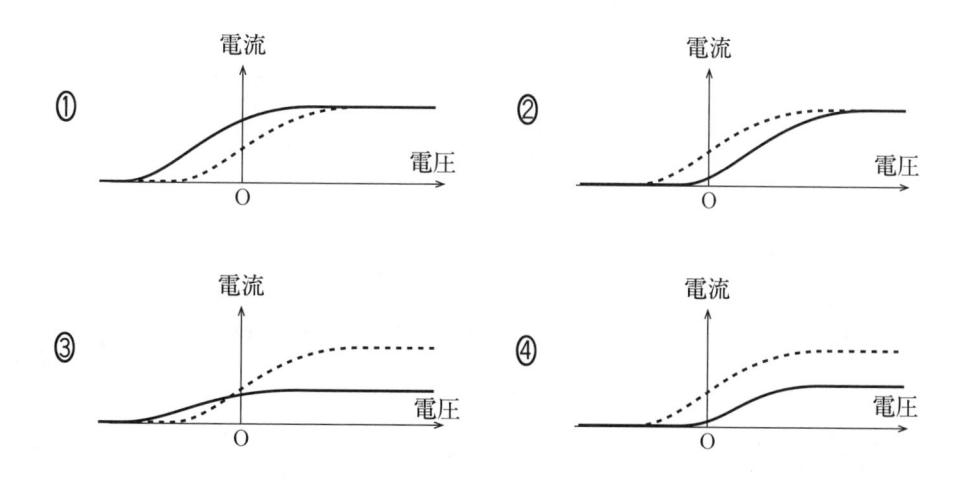

問3　仕事関数 $2.4\,\mathrm{eV}$ であるナトリウム金属を陰極金属として用いた場合，光電効果が起きる限界の波長は $5.3 \times 10^{-7}\,\mathrm{m}$ である。また，陰極金属として亜鉛を用いた場合の限界の波長は $3.0 \times 10^{-7}\,\mathrm{m}$ である。亜鉛の仕事関数はいくらか。最も適当な数値を，次の①〜⑤のうちから一つ選べ。　22　eV

①　1.4　　　　②　2.8　　　　③　4.2　　　　④　5.6　　　　⑤　7.0

X線は可視光線や紫外線に比べ，波長が短い電磁波である。X線の粒子性を示すコンプトン効果について考える。

物質に波長 λ_0 の X 線を照射し，散乱 X 線の強度分布を観測すると，波長 λ_0 と，それよりも少し長い波長 $\lambda_0 + \Delta\lambda$ において強度のピークが現れる。散乱 X 線の波長 λ_0 については，電磁波としての X 線の振る舞いとして説明できる。しかし，波長 $\lambda_0 + \Delta\lambda$ については，X 線を「エネルギーと運動量をもつ光子」とみなし，これが物質中の電子を弾き飛ばすような弾性衝突をしたと解釈しなければ説明がつかない。図 3 は散乱角 θ で散乱された X 線の強度分布，図 4 は電子との衝突により散乱される X 線の様子を模式的に表したものである。

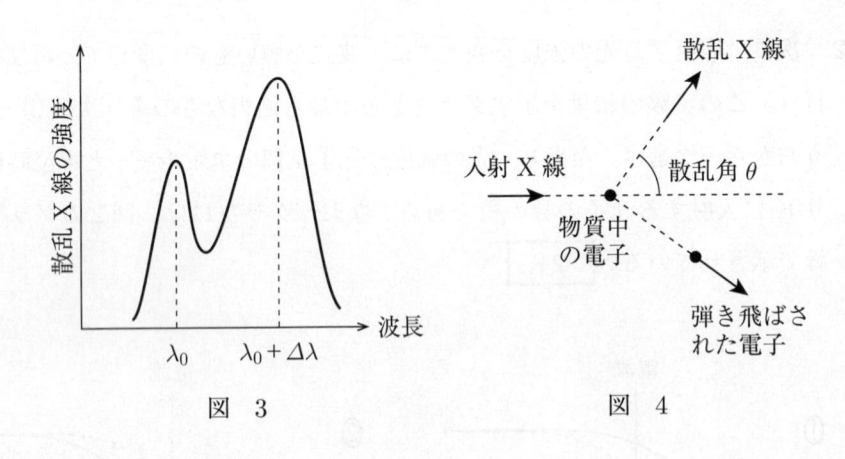

図 3　　　　　　　　　　　　　　図 4

問4　散乱によって波長が長くなった X 線光子についての記述として正しいもの
を，次の ① 〜 ⑥ のうちから一つ選べ。 23

　① 運動量の大きさもエネルギーも増加した。

　② 運動量の大きさは増加し，エネルギーは減少した。

　③ 運動量の大きさは変化せず，エネルギーは増加した。

　④ 運動量の大きさは変化せず，エネルギーは減少した。

　⑤ 運動量の大きさは減少し，エネルギーは増加した。

　⑥ 運動量の大きさもエネルギーも減少した。

問5　散乱角が $\theta = 180°$（入射 X 線の向きと反対向き）で散乱 X 線を観測すると，
$\Delta\lambda = \dfrac{\lambda_0}{10}$ であった。このとき，散乱された電子の運動量の大きさ P_e は，入射
X 線の運動量の大きさの何倍か。正しい数値を，次の ① 〜 ⑥ のうちから一つ
選べ。 24 倍

　① $\dfrac{19}{11}$ 　　　　② $\dfrac{20}{11}$ 　　　　③ $\dfrac{21}{11}$

　④ $\dfrac{19}{10}$ 　　　　⑤ 2 　　　　⑥ $\dfrac{21}{10}$

第 2 回

（60分）

実　戦　問　題

──●　標 準 所 要 時 間　●──

第1問	17分	第3問	14分
第2問	15分	第4問	14分

物　　　　理

第1問　次の問い（問1～5）に答えよ。（配点　25）

問1　次の文章中の空欄　| 1 |・| 2 |　に入れる単位と数値として最も適当なものを，それぞれの直後の{　　}で囲んだ選択肢のうちから一つずつ選べ。

　物理量を表すには単位が必要である。国際単位系(SI)では，基本単位として，質量の単位は kg（キログラム），長さの単位は m（メートル），時間の単位は s（秒）である。この単位系で大きさ 1 N（ニュートン）の力は，

$$1\,\text{N} = 1\; \boxed{1} \quad \left\{ \begin{array}{ll} ① & \text{kg·m/s} \\ ② & \text{kg·m}^2\text{/s} \\ ③ & \text{kg·m/s}^2 \end{array} \right\} \quad \text{である。また，cgs 単位系では，基本単位}$$

として，質量の単位は g（グラム），長さの単位は cm（センチメートル），時間の単位は s（秒）である。この単位系では力の単位は dyn（ダイン）であり，

$$1\,\text{N} = \boxed{2} \quad \left\{ \begin{array}{ll} ① & 10 \\ ② & 10^3 \\ ③ & 10^5 \end{array} \right\} \quad \text{dyn となる。ただし，1 dyn は質量 1 g の物体に}$$

大きさ $1\,\text{cm/s}^2$ の加速度を生じさせる力の大きさである。

問2　次の文章中の空欄 3 ・ 4 に入れる式と数値として正しいものを，

それぞれの直後の{　　}で囲んだ選択肢のうちから一つずつ選べ。

図1のように，中心 O のまわりで半径 r の等速円運動をする物体がある。

この物体の円運動の周期を T とすると，物体の速さは 3
$$\left\{ \begin{array}{ll} ① & \dfrac{\pi r}{T} \\ ② & \dfrac{2\pi r}{T} \\ ③ & \dfrac{\pi r^2}{T} \\ ④ & \dfrac{2\pi r^2}{T} \end{array} \right\}$$

である。半径は一定のまま円運動の周期を2倍にすると，物体の加速度の大き

さは 4
$$\left\{ \begin{array}{ll} ① & \dfrac{1}{4} \\ ② & \dfrac{1}{2} \\ ③ & 2 \\ ④ & 4 \end{array} \right\}$$
倍になる。

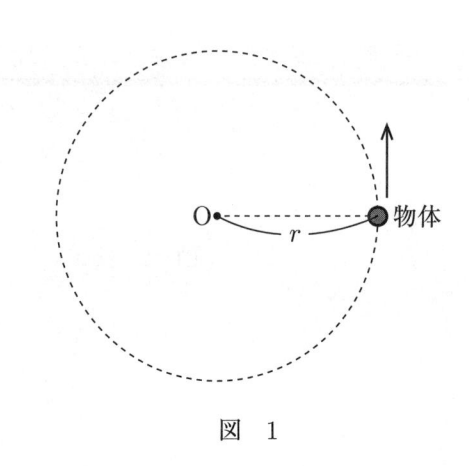

図　1

— 3 —

問3 次の文章中の空欄 $\boxed{5}$・$\boxed{6}$ に入れる式とグラフとして最も適当なものを，次ページの選択肢のうちからそれぞれ一つずつ選べ。

図2のように，摩擦力がはたらく水平面上に質量 m の物体を置き，ゴムひもを取り付ける。物体と水平面の間の静止摩擦係数を μ_0，動摩擦係数を μ とする。ゴムひもの弾性力は，ゴムひもが自然の長さから伸びた場合のみはたらくものとして，弾性力の大きさは自然の長さからの伸びに比例し，その比例定数を k とする。ただし，空気抵抗やゴムひもの質量は無視できるものとし，ゴムひもは常に水平になっているものとする。また，重力加速度の大きさを g とする。

ゴムひもの端をゆっくりと手で水平方向に引き，物体が動き出したところで手を止めた。物体が動き出すときのゴムひもの自然の長さからの伸び d は，$d = \boxed{5}$ である。物体は動き出してから時間 T_0 経過したときに静止した。静止したときにゴムひもが自然の長さとなっていたとすると，物体の速さの時間変化を表すグラフは $\boxed{6}$ のようになる。

図　2

5 の選択肢

① $\dfrac{\mu_0 mg}{2k}$　　　② $\dfrac{\mu_0 mg}{k}$　　　③ $\dfrac{2\mu_0 mg}{k}$

④ $\dfrac{\mu mg}{2k}$　　　⑤ $\dfrac{\mu mg}{k}$　　　⑥ $\dfrac{2\mu mg}{k}$

6 の選択肢

①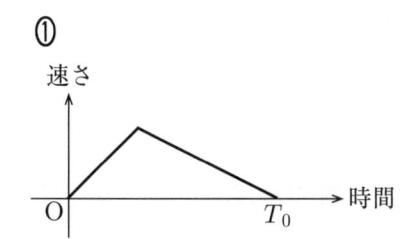

②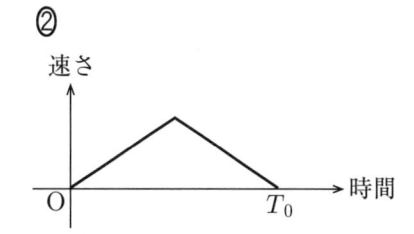

③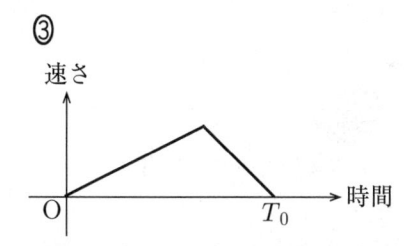

④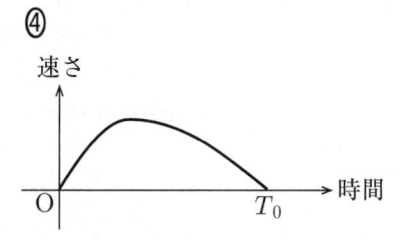

⑤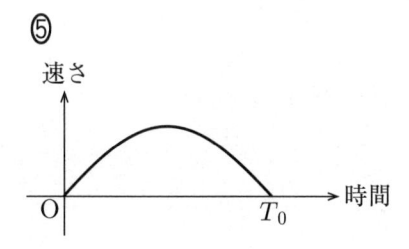

⑥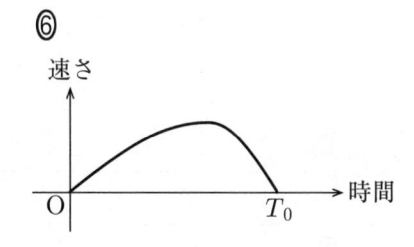

問4 次の文章中の空欄 ア ・ イ に入れる語句の組合せとして最も適当なものを，後の ① 〜 ④ のうちから一つ選べ。 7

　図3のように，アルミ箔を丸めた物体を絶縁体の糸でつるし，この物体に負に帯電させた塩化ビニル棒をゆっくり近づけた。このとき，物体の塩化ビニル棒に近い側の面に分布する電荷の符号は ア であり，塩化ビニル棒と物体の間にはたらく静電気力は イ である。

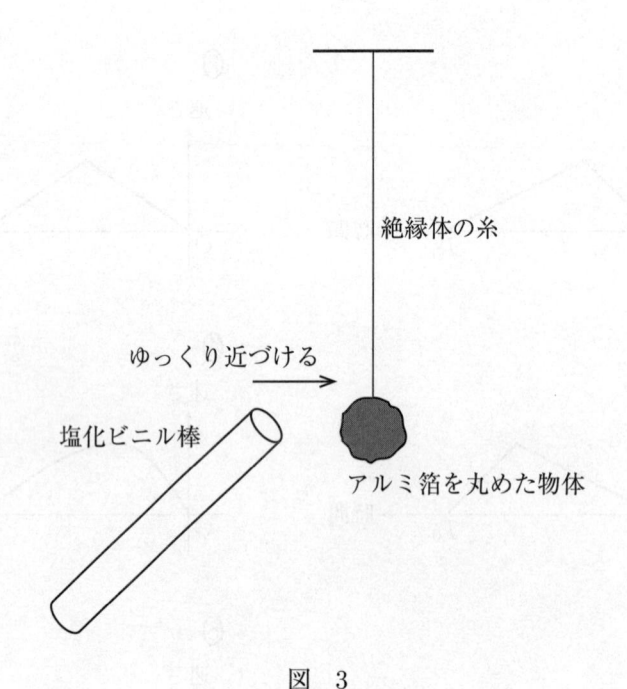

図　3

	ア	イ
①	負	引 力
②	負	斥 力
③	正	引 力
④	正	斥 力

問5　図4のように，抵抗が無視できる導線を用いて，材質は同じで断面積と長さが異なる二つのニクロム線aとbを直列につなぎ，それを電圧が5.0Vの電源に接続したところ，aの両端電圧は3.0Vになった。aの断面積を $2.0\,\mathrm{mm}^2$，長さを30cm，bの断面積を $1.0\,\mathrm{mm}^2$ とする。このときのbの長さとして最も適当な数値を，後の ① ～ ⑤ のうちから一つ選べ。ただし，図4のaとbの大きさの比は実際の大きさの比を表しているものではない。　8　cm

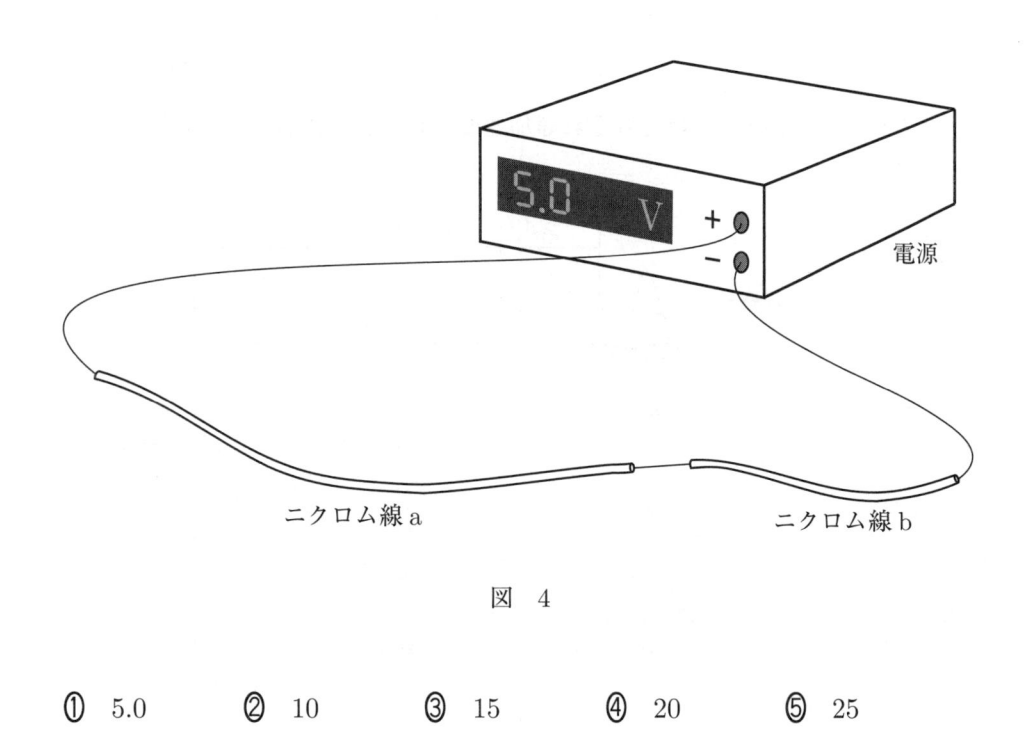

図　4

①　5.0　　　　②　10　　　　③　15　　　　④　20　　　　⑤　25

次の文章（**A・B**）を読み，後の問い（**問1～5**）に答えよ。（配点　25）

A 図1のように，水平な氷面上に，氷上を進むことができる質量 m のヨット A と質量 $2m$ のヨット B が並んでいる。ヨットは帆が風から受ける力を推進力にして進む。ヨットが風から受ける力は一定であるとし，二つのヨットの帆は同じ形状のため，どちらも同じ大きさで一定の推進力 F を受けて直進するものとする。ヨットにブレーキをかけない限り，氷面とヨットの間の摩擦は無視できるものとする。はじめ静止していたヨット A とヨット B は，同時に動き始め，推進力 F によって距離 l だけそれぞれ等加速度運動をし，終着点を通過した。

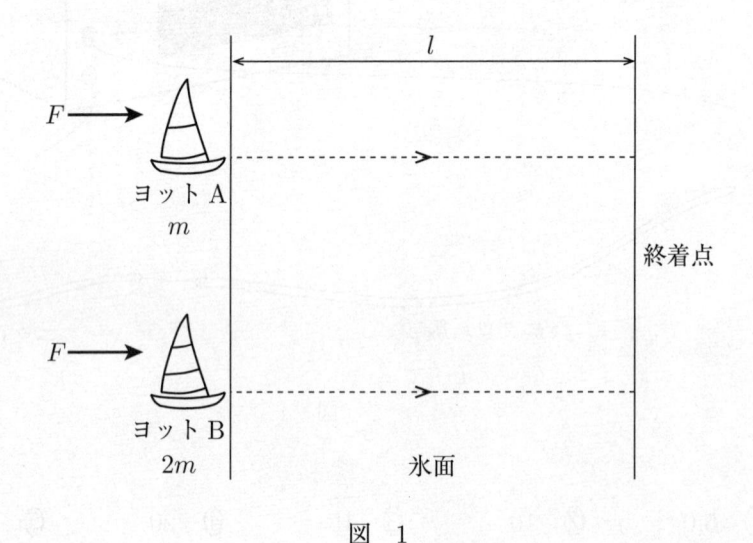

図　1

（下 書 き 用 紙）

物理の試験問題は次に続く。

問1 ヨットの運動について，以下のCさん，Dさん，Eさんの会話の内容が正しくなるように，次の文章中の空欄 ア ・ イ に入れる語句の組合せとして最も適当なものを，後の選択肢のうちから一つ選べ。また，空欄 ウ ・ エ に入れる語句の組合せとして最も適当なものを，次ページの選択肢のうちから一つ選べ。 9 10

Cさん：二つのヨットが同じ力を受けて運動するなら，どちらのヨットが先に終着点に着くのだろうか？

Dさん：運動方程式によると，物体にはたらく力が一定のとき，物体の質量が小さいほど単位時間あたりの速度の変化の大きさが ア よ。

Eさん：すると，どちらのヨットも初速度0で同時に動き始めたから， イ の方が先に着くことになるね。

Cさん：物体の運動に関する量として，運動エネルギーと運動量があることを授業で習ったけど，終着点を通過するときのヨットのこれらの値は，二つのヨットでどう違うのかな？

Dさん：運動エネルギーはされた仕事によって変化するから， ウ といえるね。

Eさん：運動量は受けた力積によって変化するから，その大きさは エ といえるよ。

9 の選択肢

	ア	イ
①	大きい	ヨットA
②	大きい	ヨットB
③	小さい	ヨットA
④	小さい	ヨットB

10 の選択肢

	ウ	エ
①	ヨット A の方が大きい	ヨット A の方が大きい
②	ヨット A の方が大きい	ヨット B の方が大きい
③	ヨット A の方が大きい	どちらも同じである
④	ヨット B の方が大きい	ヨット A の方が大きい
⑤	ヨット B の方が大きい	ヨット B の方が大きい
⑥	ヨット B の方が大きい	どちらも同じである
⑦	どちらも同じである	ヨット A の方が大きい
⑧	どちらも同じである	ヨット B の方が大きい
⑨	どちらも同じである	どちらも同じである

　ヨット A が終着点を通過した瞬間に，ヨット A にブレーキをかけて減速させると，しばらくしてヨット A は静止した。終着点を通過してから静止するまでの間は，風から受ける力は小さく無視できるものとし，ヨット A は氷面から動摩擦力を受けて等加速度運動をするものとする。

問2　ヨット A と氷面の間の動摩擦係数を μ，ヨット A が終着点を通過したときの速さを v とする。終着点を通過してから静止するまでの間に，ヨット A が動いた距離を L，かかった時間を T とする。L と T を表す式として正しいものを，次の ① ～ ⑥ のうちからそれぞれ一つずつ選べ。ただし，重力加速度の大きさを g とする。同じものを繰り返し選んでもよい。

$L =$ 11 ，$T =$ 12

① $\dfrac{v}{2\mu g}$ 　　　　② $\dfrac{v}{\mu g}$ 　　　　③ $\dfrac{2v}{\mu g}$

④ $\dfrac{v^2}{2\mu g}$ 　　　　⑤ $\dfrac{v^2}{\mu g}$ 　　　　⑥ $\dfrac{2v^2}{\mu g}$

B テニスボールがラケットに衝突してはね返るときのテニスボールの運動を考えよう。図2のように，ラケットを手で持ち，ラケットの面に対して垂直な方向から，質量 m のテニスボールを床に対する速さ v でラケットに衝突させた。衝突は一直線上で起こるものとし，テニスボールはラケットの面に対して垂直な方向にはね返るとする。テニスボールとラケットの衝突は弾性衝突であるとし，重力による力積は無視できるものとする。

図　2

問3　ラケットを手で支えて動かないように固定し，ラケットが床に対して常に静止したままである場合を考える。衝突時に，テニスボールがラケットから受けた力の大きさの時間平均値を表す式として正しいものを，次の①〜⑥のうちから一つ選べ。ただし，テニスボールとラケットが接触した時間を Δt とする。　13

① $\dfrac{mv}{2\Delta t}$ 　　　　② $\dfrac{mv}{\Delta t}$ 　　　　③ $\dfrac{2mv}{\Delta t}$

④ $\dfrac{mv^2}{2\Delta t}$ 　　　　⑤ $\dfrac{mv^2}{\Delta t}$ 　　　　⑥ $\dfrac{2mv^2}{\Delta t}$

　　図 3 のように，ラケットを床に対して一定の速さ u でテニスボールに近づく向きに動かしながら，テニスボールを床に対する速さ v でラケットに衝突させた場合を考える。ラケットの面はテニスボールの運動方向に対して常に垂直であり，ラケットの速度は床に対して常に一定であるものとする。

図　3

　　衝突後のテニスボールの床に対する速さを v' とする。

問4　はねかえり係数が 1 であることから，v' を表す式として正しいものを，次の ① 〜 ⑤ のうちから一つ選べ。$v' = \boxed{14}$

① $v + \dfrac{1}{4}u$　　② $v + \dfrac{1}{2}u$　　③ $v + u$　　　④ $v + 2u$　　⑤ $v + 4u$

問5　$m = 50\,\mathrm{g}$, $v = 20\,\mathrm{m/s}$, $u = 10\,\mathrm{m/s}$ とする。衝突の前後で，ラケットがテニスボールにした仕事を有効数字 2 桁で求めるとどうなるか。次の式中の空欄 $\boxed{15}$ 〜 $\boxed{17}$ に入れる数字として最も適当なものを，後の ① 〜 ⓪ のうちから一つずつ選べ。ただし，同じものを繰り返し選んでもよい。

$\boxed{15} . \boxed{16} \times 10^{\boxed{17}}$ J

① 1　　　　② 2　　　　③ 3　　　　④ 4　　　　⑤ 5

⑥ 6　　　　⑦ 7　　　　⑧ 8　　　　⑨ 9　　　　⓪ 0

第3問 次の文章を読み，後の問い（問1～5）に答えよ。（配点 25）

水圧，浮力，気体の圧力について考える。

図1のように，大気圧 p_0 の大気中に水の入った容器が水平な台の上に置かれている。ただし，水の密度を ρ，重力加速度の大きさを g とする。

問1 水圧について述べた次の文章中の空欄 $\boxed{18}$・$\boxed{19}$ に入れる式として最も適当なものを，それぞれの直後の{ }で囲んだ選択肢のうちから一つずつ選べ。

図1の容器内の水面から深さ h の位置における水中の圧力を p とする。圧力 p を求めるために，水面を上端とする断面積 S，高さ h の水柱を考える。この水柱にはたらく鉛直方向の力のつりあいは，

$$\boxed{18} \quad \begin{cases} ① & pS + p_0S - \rho Shg = 0 \\ ② & pS - p_0S - \rho Shg = 0 \\ ③ & pS - p_0S + \rho Shg = 0 \end{cases}$$

となる。これにより p を求めると，

$$p = \boxed{19} \quad \begin{cases} ① & p_0 - \rho hg \\ ② & p_0 + \rho hg \\ ③ & \rho hg - p_0 \end{cases}$$

となる。

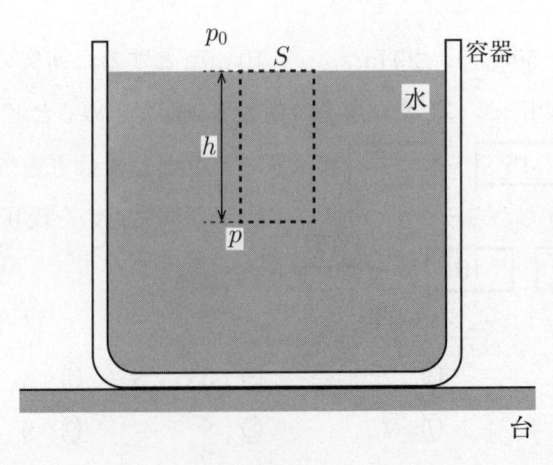

図 1

問2　図2のように，一辺の長さ L の立方体が容器内の水中に沈められている。
この立方体に水からはたらく浮力の大きさを表す式として正しいものを，後の
①〜⑥のうちから一つ選べ。 20

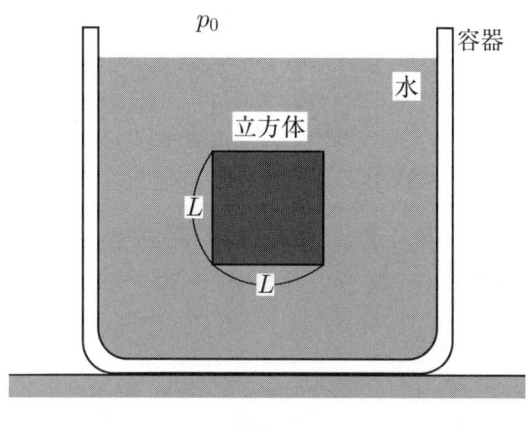

図　2

①　$\rho L^2 g - p_0 L^2$　　　　②　$\rho L^2 g$　　　　③　$\rho L^2 g + p_0 L^2$

④　$\rho L^3 g - p_0 L^2$　　　　⑤　$\rho L^3 g$　　　　⑥　$\rho L^3 g + p_0 L^2$

問3 ピストン付きのシリンダーに封入した気体の圧力，体積，温度(絶対温度)の関係について述べた次の文章中の空欄 ア ・ イ に入れる語句と式の組合せとして最も適当なものを，後の ① 〜 ④ のうちから一つ選べ。 21

図3は，封入した気体の温度を一定に保ち，気体の圧力と体積の関係を測定し，その結果(・)をグラフにしたものである。この結果から気体の温度が一定のとき，気体の圧力は体積に ア する。

図4は，封入した気体の圧力を一定に保ち，気体の体積と温度の関係を測定し，その結果(・)をグラフにしたものである。これらの結果から一定量の気体について，気体の圧力を P，体積を V，温度を T とすると， イ は定数であるといえる。

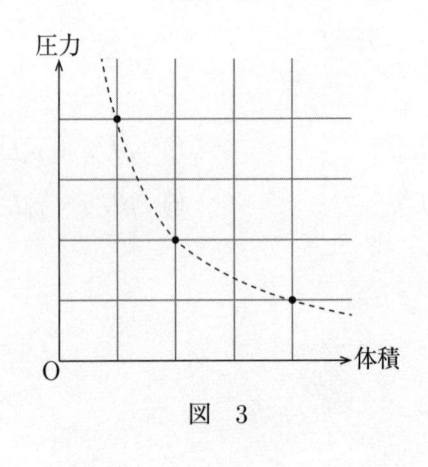
図 3

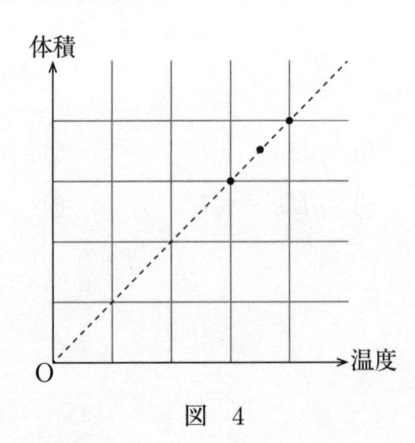
図 4

	ア	イ
①	比　例	$\dfrac{PT}{V}$
②	比　例	$\dfrac{PV}{T}$
③	反比例	$\dfrac{PT}{V}$
④	反比例	$\dfrac{PV}{T}$

　次に，図5のように，断面積 A，質量 m の一方の口が開いたシリンダーを，口を下にして容器内の水面に浮かべた。シリンダーの内部には体積 V_0，温度 T_0 の気体が入っており，容器内の水面とシリンダー内の水面の高さの差は l である。ただし，この気体の質量とシリンダーの厚みは無視できるものとし，水の蒸発や気体の水への溶解は無視する。また，この気体は理想気体とみなすことができる。

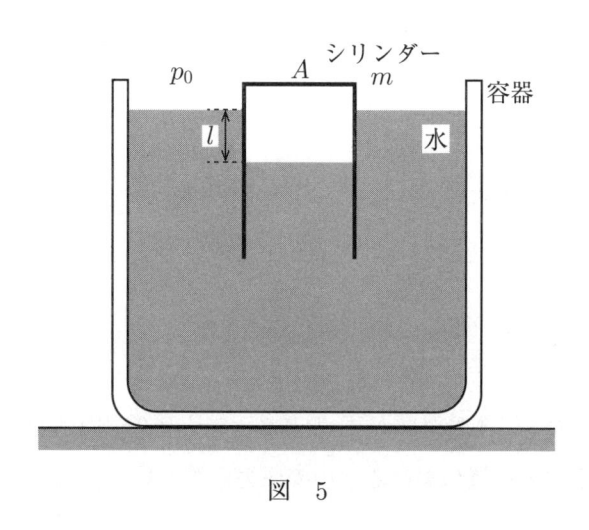

図　5

問4　シリンダー内部の気体の圧力を表す式として正しいものを，次の $①$ ～ $⑥$ のうちから一つ選べ。 $\boxed{22}$

$①\quad p_0 - \dfrac{mg}{A}$　　　　　$②\quad p_0$　　　　　$③\quad p_0 + \dfrac{mg}{A}$

$④\quad p_0 A - mg$　　　　　$⑤\quad p_0 A$　　　　　$⑥\quad p_0 A + mg$

シリンダー内部の気体の温度をゆっくり T_1 まで下げた。このとき，シリンダーは容器内の水面に浮かんでいた。

問5　次の文章中の空欄 23 ・ 24 に入れる式と語句として最も適当なものを，それぞれの直後の {　} で囲んだ選択肢のうちから一つずつ選べ。

シリンダー内部の気体の温度が T_1 のときの気体の体積は，

$$23 \quad \begin{cases} ① & \dfrac{T_1}{T_0}V_0 \\[2mm] ② & \dfrac{T_0}{T_1}V_0 \\[2mm] ③ & \dfrac{T_0-T_1}{T_0}V_0 \\[2mm] ④ & \dfrac{T_0-T_1}{T_1}V_0 \end{cases}$$

である。また，気体の温度が T_1 のとき，シリンダー内部の気体の圧力とシリンダー内の水面の位置における水中の圧力が等しいことに注意すると，容器内の水面とシリンダー内の水面の高さの差は， 24

$$\begin{cases} ① & l\,より小さくなる \\ ② & l\,に等しい \\ ③ & l\,より大きくなる \end{cases}$$

といえる。

（下 書 き 用 紙）

物理の試験問題は次に続く。

第4問 次の文章（**A・B**）を読み，後の問い（問1～5）に答えよ。（配点 25）

A 正弦波とその反射について考える。

図1のように，x軸の負の向きに振幅Aの正弦波が進行している。この波は位置$x = L$の点Pの媒質を時刻$t = 0$から$t = T$まで振動させることで発生したものである。図1は時刻$t = t_0$における位置xと媒質の変位yの関係を表しており，ちょうどこの瞬間に波の先頭が原点Oに到達した様子を表している。このとき波は，$0 \leqq x \leqq \lambda$の範囲に伝わっている。ただし，$\lambda < L$である。点Oは固定端になっており，時刻$t = t_0$以降，x軸の正の向きに進行する反射波が発生する。

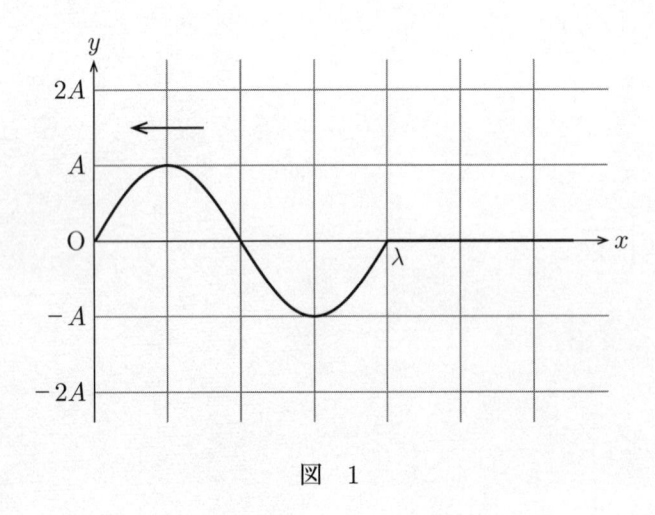

図 1

問1　波を発生させるもととなった点Pの媒質の振動の変位 y_P と時刻 t の関係を表すグラフとして最も適当なものを，次の①～④のうちから一つ選べ。
　　　25

①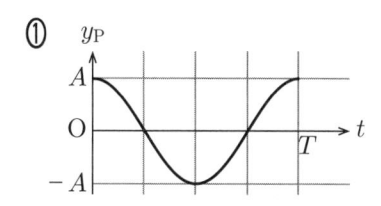

②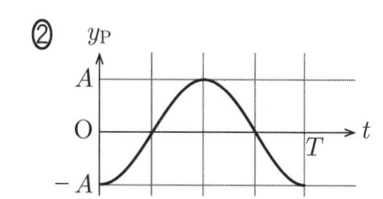

③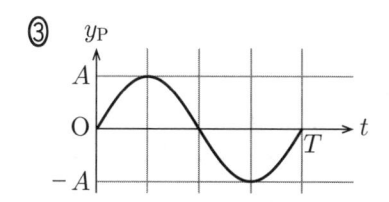

④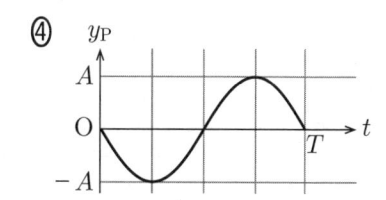

問2　L を表す式として正しいものを，次の①～④のうちから一つ選べ。
　　　$L =$ 26

①　$\dfrac{\lambda}{t_0}T$　　　　②　$\dfrac{\lambda}{T}t_0$　　　　③　$\dfrac{\lambda}{t_0}(t_0 - T)$　　　④　$\dfrac{\lambda}{T}(t_0 - T)$

問3　入射した波と点Oで反射した波が重なり合成波が生じる。時刻 $t = t_0 + \dfrac{T}{2}$ における媒質の変位 y と位置 x の関係を表すグラフとして最も適当なものを，次の ① ～ ⑥ のうちから一つ選べ。 27

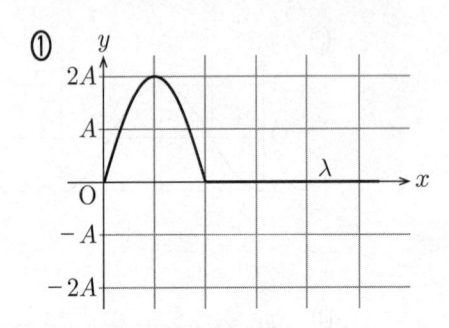
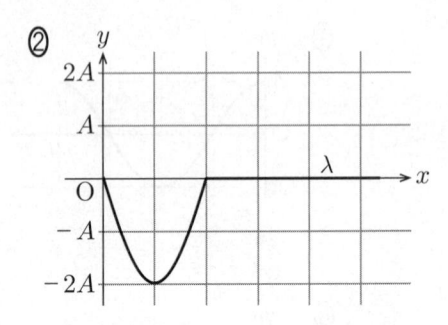

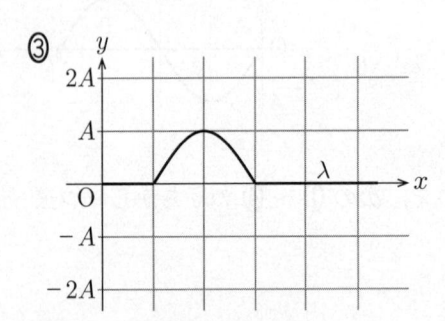
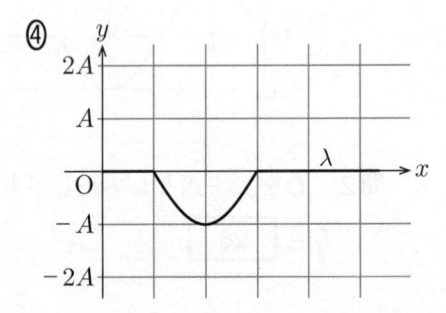

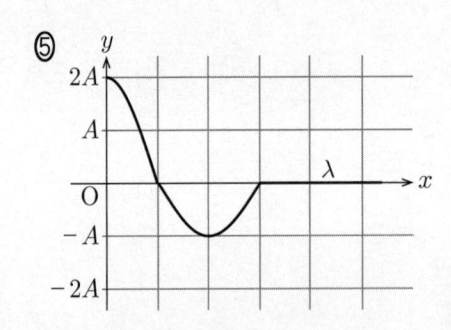
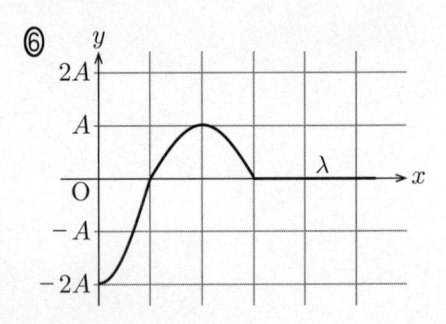

（下 書 き 用 紙）

物理の試験問題は次に続く。

B 水波投影装置を使った実験について考える。水波投影装置とは，水を張った水槽を光源で照らして，水面波の伝わる様子をスクリーンに映し出す装置である。

　図2のように，水面上の点Oに置いた小球を一定の周期Tで上下に振動させることで水面に円形波を生じさせ，スクリーンに投影された映像を動画として録画した。スクリーンには水面波の山が白線で表示されており，一定間隔の補助線（方眼）を入れてある。ただし，水面波の伝わる速さは一定であるものとする。

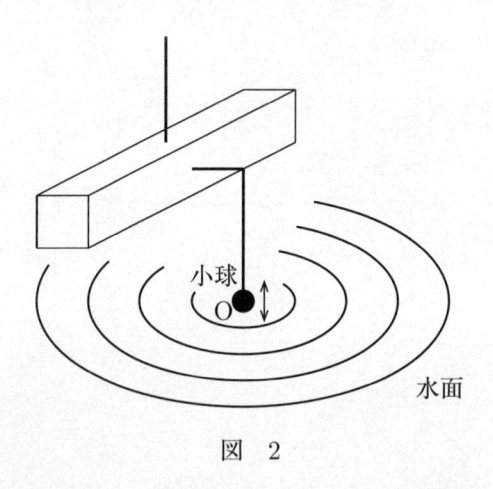

図　2

　はじめに，小球を点 O から動かさずに振動させることで生じた水面波の様子を録画した。図 3 はそのうちのある 1 コマの映像である。

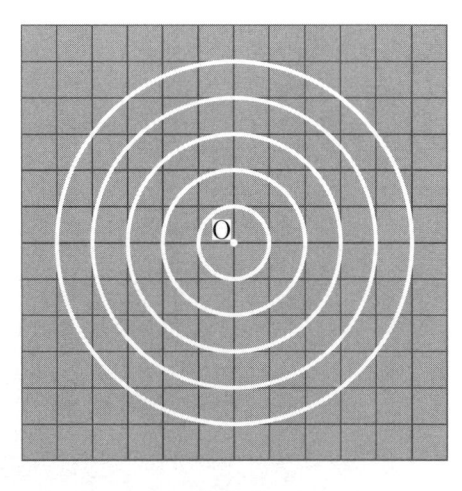

図　3

問 4　図 3 の映像は，点 O から最初の山が出てから時間が 2.0 秒経過したときのものである。小球の振動数は何 Hz か。最も適当な数値を，次の ① 〜 ⑥ のうちから一つ選べ。　 **28** 　Hz

① 0.40　　② 0.80　　③ 2.0　　④ 2.5　　⑤ 4.0　　⑥ 5.0

次に，小球を点 O で振動させ，点 O から最初の山が出ると同時に，小球を一定の速度で移動させることで生じた水面波の様子を録画した。図 4 はそのうちのある 1 コマの映像である。

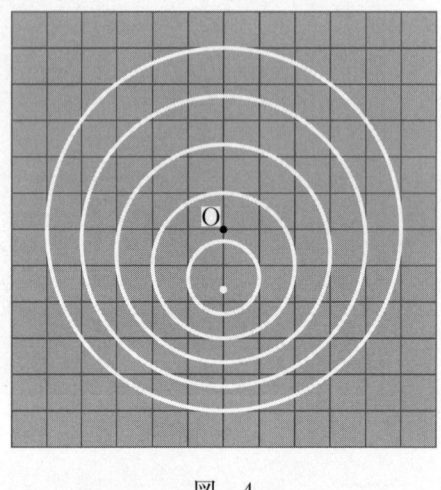

図　4

問5　この実験について説明した次の文章中の空欄 29 ・ 30 に入れる数値と語句として最も適当なものを，それぞれの直後の{　　}で囲んだ選択肢のうちから一つずつ選べ。

小球の移動する速さは水面波の伝わる速さの 29 $\left\{\begin{array}{ll}① & \dfrac{1}{4} \\ ② & \dfrac{1}{3} \\ ③ & \dfrac{1}{2}\end{array}\right\}$ 倍である。小球が移動する前方に伝わる波の周期は， 30 $\left\{\begin{array}{ll}① & T \text{より短い} \\ ② & T \text{に等しい} \\ ③ & T \text{より長い}\end{array}\right\}$。

第 3 回

(60分)

実 戦 問 題

● 標 準 所 要 時 間 ●

第1問	18分	第3問	14分
第2問	13分	第4問	15分

物 理

（解答番号 $\boxed{1}$ ～ $\boxed{32}$）

第1問 次の問い（問1～5）に答えよ。（配点 30）

問1 次の文章中の空欄 $\boxed{1}$・$\boxed{2}$ に入れる式として正しいものを，後の
①～④のうちから一つずつ選べ。ただし，同じものを繰り返し選んでもよい。

図1のように，伸び縮みしない軽い糸の両端におもり1とおもり2を取り
付けて，糸を軽い滑車にかけた。滑車はなめらかに回転し，天井に固定されて
いる。おもり1の質量を m，重力加速度の大きさを g とする。

おもり2の質量をいろいろ変えて，おもり1とおもり2を同時に静かに放
した。おもり2の質量を m とすると，おもり1が糸から受ける張力の大きさ
は $\boxed{1}$ となる。また，おもり2の質量を m に比べて十分に大きくすると，
おもり1とおもり2の加速度の大きさは g に近づく。このとき，おもり1が
糸から受ける張力の大きさは $\boxed{2}$ に近づく。ただし，空気抵抗は無視でき
るものとする。

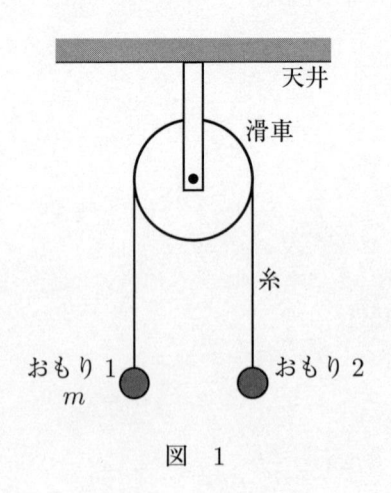

図 1

①　$\dfrac{1}{2}mg$　　　②　mg　　　③　$2mg$　　　④　$4mg$

問2　次の文章中の空欄　3　・　4　に入れる数値と語句として最も適当な
ものを，それぞれの直後の{　　}で囲んだ選択肢のうちから一つずつ選べ。
ただし，空気抵抗は無視する。

　　図2のように，ばね定数 k の軽いばねの端に質量 m のおもりを取り付け，
ばねの他端を天井に固定した。このばね振り子の周期を T とする。おもりの

質量を $4m$ にすると，ばね振り子の周期は　3　$\left\{\begin{array}{ll}① & \dfrac{1}{4} \\ ② & \dfrac{1}{2} \\ ③ & 2 \\ ④ & 4\end{array}\right\} \times T$ になる。

　　質量 m のおもりを取り付けたばね振り子を月面で振動させると，ばね振り

子の周期は　4　$\left\{\begin{array}{ll}① & T \text{より短くなる} \\ ② & T \text{に等しい} \\ ③ & T \text{より長くなる}\end{array}\right\}$ 。

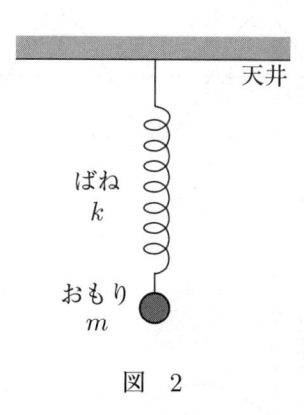

図　2

問3 次の文章中の空欄 | 5 | ・ | 6 | に入れる語句と数値として最も適当な ものを，それぞれの直後の｛　　｝で囲んだ選択肢のうちから一つずつ選べ。

　図3は，x軸に沿って伝わる振幅Aの正弦波の時刻$t=0\,\text{s}$における波形を，縦軸に変位yをとって示したものである。図4は，位置$x=0\,\text{m}$における変位yの時間変化を示したものである。この正弦波の進む向きは，

x軸の | 5 | $\left\{\begin{array}{l}① \quad \text{正の向き} \\ ② \quad \text{負の向き}\end{array}\right\}$ である。また，正弦波の伝わる速さは，

| 6 | $\left\{\begin{array}{ll}① & 0.50 \\ ② & 1.0 \\ ③ & 1.5 \\ ④ & 2.0\end{array}\right\}$ m/s である。

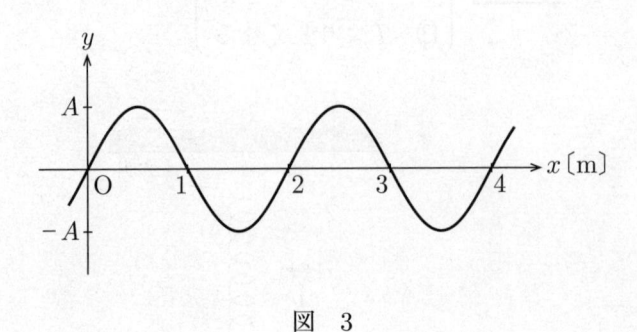

図　3

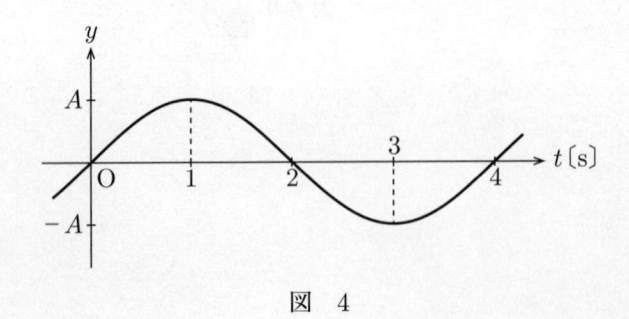

図　4

— 4 —

問4　図5のように，断熱容器に水を入れて熱をよく通す仕切り板で左右に分けた。仕切り板の左側の水の質量は100gであり，右側の水の質量は200gである。時刻 $t = 0$ s における左側の水の温度は30℃，右側の水の温度は15℃であった。このとき，左側の水の温度の時間変化を表すグラフとして最も適当なものを，後の ① ～ ④ のうちから一つ選べ。ただし，左右の水の温度は各時刻においてそれぞれ一様であるものとする。また，仕切り板と断熱容器の熱容量は無視できるものとする。 7

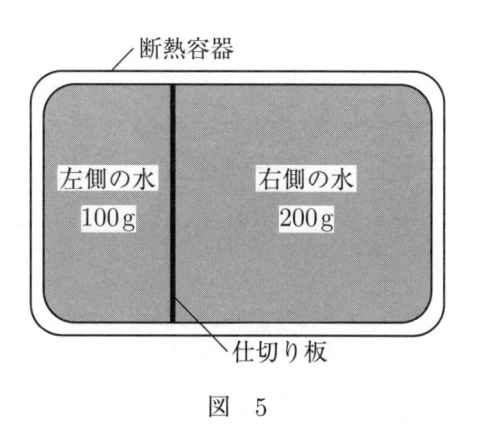

図　5

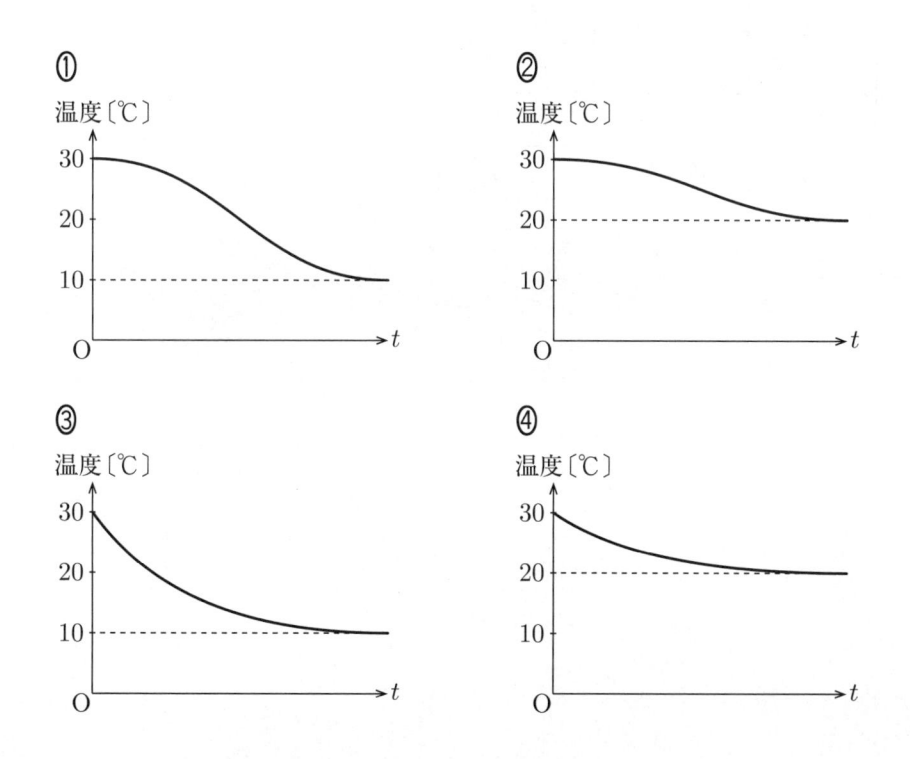

問5 次の文章中の空欄 ア ・ イ に入れる語句の組合せとして最も適当なものを，後の ① ～ ④ のうちから一つ選べ。 8

　図6のように，抵抗値がともに R の二つの抵抗を直列に接続したものと，並列に接続したものがある。それぞれの両端に電圧 V をかけたとき，両端を流れる電流の大きさは ア に接続した方が大きい。また，二つの抵抗で消費される電力の合計は イ に接続した方が大きい。

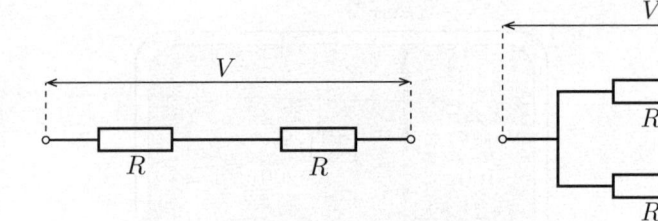

図　6

	ア	イ
①	直　列	直　列
②	直　列	並　列
③	並　列	直　列
④	並　列	並　列

（下 書 き 用 紙）

物理の試験問題は次に続く。

第2問 物体の運動に関する探究活動について，後の問い(**問1〜4**)に答えよ。
(配点 20)

　AさんとBさんは，糸につないだ小球の衝突の実験を探究活動として行った。

　図1のように，長さが等しい2本の軽い糸の先端に質量が等しい小球1と小球2をそれぞれつなぎ，糸の他端をそれぞれ支点 O_1，O_2 に取り付けてつるす。このとき，小球1と小球2の最下点が同じ高さになるようにして，最下点で接触するようにする。背後に立つ鉛直な壁に，最下点を基準とした水平な線を2cm間隔で引き，小球の高さを測る。糸がたるまないように，小球1を最下点からの高さが18cmの位置まで持ち上げ，静かに放して小球2と衝突させる。ただし，空気抵抗や摩擦は無視でき，糸がたるむことはないものとする。

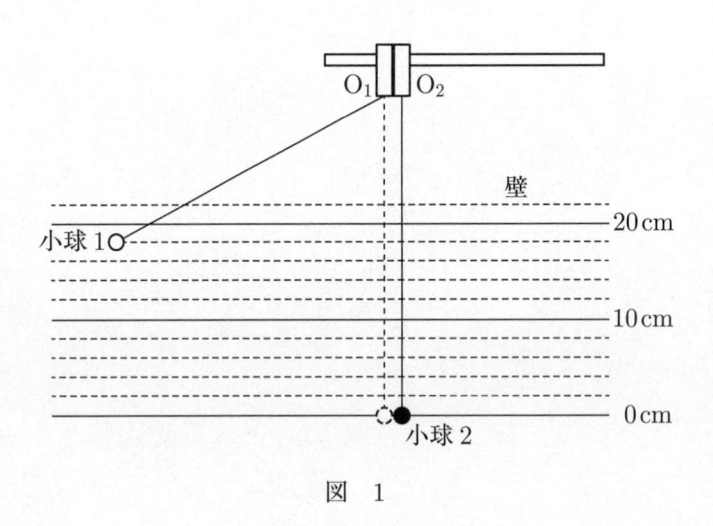

図　1

　小球1が小球2に衝突する直前の小球1の速さを v_0，その瞬間に小球1が糸から受ける張力の大きさを S_0 とする。

問 1　v_0 を表す数値として最も適当なものを，次の ① ～ ④ のうちから一つ選べ。ただし，重力加速度の大きさを $10 \, \text{m/s}^2$ とする。$v_0 = \boxed{9} \, \text{m/s}$

① 　0.19　　　　② 　0.36　　　　③ 　1.9　　　　④ 　3.6

問 2　小球の質量を m，糸の長さを l とする。S_0 を表す式として正しいものを，次の ① ～ ④ のうちから一つ選べ。ただし，重力加速度の大きさを g とする。$S_0 = \boxed{10}$

① 　$mlv_0^2 - mg$　　② 　$mlv_0^2 + mg$　　③ 　$m\dfrac{v_0^2}{l} - mg$　　④ 　$m\dfrac{v_0^2}{l} + mg$

　実験前，A さんは，衝突後に小球 1 は静止し，小球 2 は高さ 18 cm の位置まで上がると予想した。しかし，2 人が実験を行った結果，小球 1 は高さ 2.0 cm，小球 2 は高さ 8.0 cm の位置まで上がった。

問 3　実験の結果が A さんの予想通りにならなかった理由として最も適当なものを，次の ① ～ ④ のうちから一つ選べ。$\boxed{11}$

① 　予想では，衝突前後で，運動量の和，運動エネルギーの和がそれぞれ保存するとしたが，実際には，運動量の和は保存しなかった。
② 　予想では，衝突前後で，運動量の和，運動エネルギーの和がそれぞれ保存するとしたが，実際には，運動エネルギーの和は保存しなかった。
③ 　予想では，衝突前後で，運動量の和が保存し，運動エネルギーの和は保存しないとしたが，実際には，運動量の和，運動エネルギーの和はそれぞれ保存しなかった。
④ 　予想では，衝突前後で，運動量の和が保存し，運動エネルギーの和は保存しないとしたが，実際には，運動量の和，運動エネルギーの和はそれぞれ保存した。

問4 この実験に関して述べた次の文章中の空欄 | 12 | ～ | 15 | に入れる数値と語句として最も適当なものを，それぞれの直後の{　　}で囲んだ選択肢のうちから一つずつ選べ。

小球1と小球2が衝突した後，最下点から最高点に達するまでの間でそれぞれの力学的エネルギーは保存する。これにより，衝突直後の小球1の速さは

| 12 | {① $\frac{1}{9}$ ② $\frac{1}{3}$ ③ $\frac{4}{9}$ ④ $\frac{2}{3}$ } $\times v_0$，小球2の速さは | 13 | {① $\frac{1}{9}$ ② $\frac{1}{3}$ ③ $\frac{4}{9}$ ④ $\frac{2}{3}$ } $\times v_0$ である。

衝突直前の小球1の速度の向きは水平右向きである。また，衝突直後の小球2の速度の向きは水平右向き，小球1の速度の向きは

| 14 | {① 水平右向き ② 水平左向き} である。以上により，小球1と小球2の間のはね

かえり係数(反発係数)は | 15 | {① $\frac{1}{3}$ ② $\frac{2}{3}$ ③ 1} となる。

— 10 —

（下 書 き 用 紙）

物理の試験問題は次に続く。

第3問 音波に関する探究活動について，後の問い（**問1～5**）に答えよ。

（配点 25）

　図1のように，スピーカーの前にマイクを固定し，スピーカー側からみてマイクの後方に水平面上で移動できる可動式の反射板を置く。反射板は二つのストッパーの間を移動させることができる。スピーカーから一定の振動数の正弦波の音波を発生させた。このとき，スピーカーから直接届く音波と反射板から届く音波が重なることにより起こる干渉とうなりについて，音の大きさをマイクで調べた。マイクは交流電圧計に接続されている。

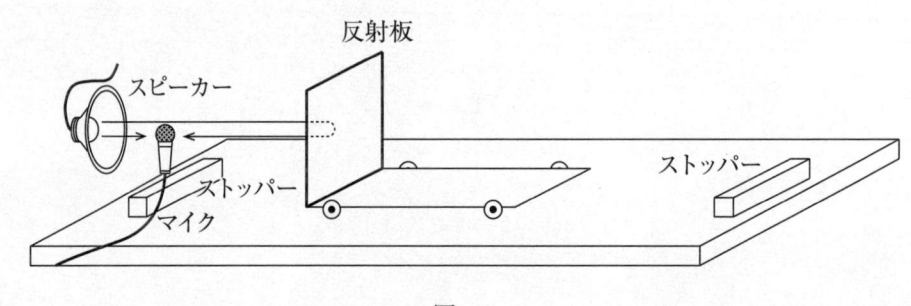

図　1

問 1　音波について述べた次の文章中の空欄　16　・　17　に入れる語句と数値として最も適当なものを，それぞれの直後の{　　}で囲んだ選択肢のうちから一つずつ選べ。

空気中を伝わる音波は　16　{ ① 横波 / ② 縦波 }である。この波は疎密波である。音波が空気中を伝わる速さ（音速）は，20℃の気温では，およそ

17　{ ① 34 / ② 340 / ③ 3400 } m/s である。

まず，干渉について調べた。図1の二つのストッパーの間で，反射板の位置を十分にゆっくりと少しずつ変えながら交流電圧計でマイクの電圧（実効値）を測定したところ，図2のような結果が得られた。横軸は反射板とマイクの間の距離，縦軸は電圧である。ここで，電圧が大きいほど音の大きさは大きい。

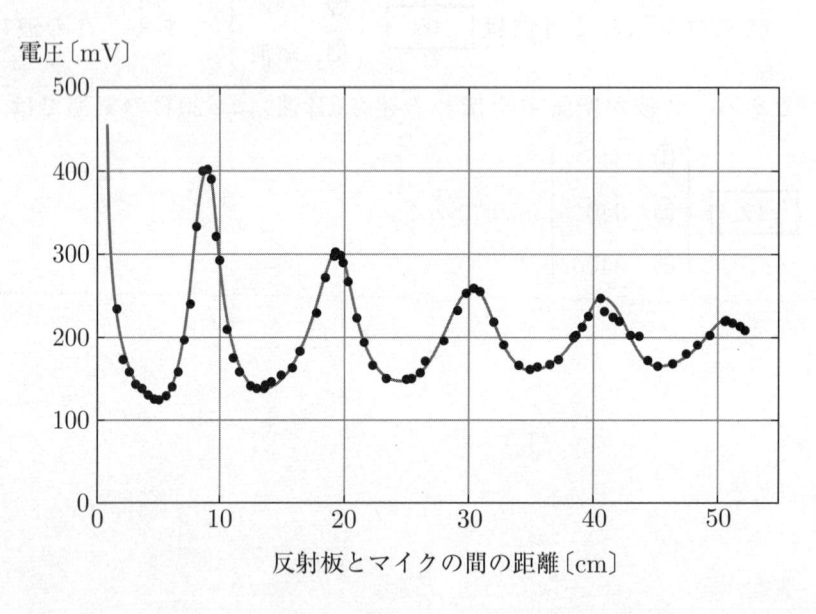

図　2

問2　次の文章中の空欄　18　・　19　に入れる語句として最も適当なものを，それぞれの直後の{　　}で囲んだ選択肢のうちから一つずつ選べ。

　　反射板の位置では，音波は固定端反射をする。反射板とマイクの間の距離が0になる図2の横軸の左端に相当する位置では，マイクの電圧が大きくなっていることから，空気の　18　{① 変位　② 密度変化}の振幅が大きいところではマイクの電圧が大きいことがわかる。

　　また，図2からは，反射板とマイクの間の距離が大きくなると，電圧の極大値は小さくなり，極小値は大きくなることが読み取れる。これはスピーカーから発せられた音波の伝わる距離が大きくなると，音波の振幅が減衰し，反射板で反射してマイクに届く音波の振幅が，スピーカーから直接マイクに届く音波の振幅　19　{① より小さい　② と変わらない　③ より大きい}ため，二つの音波が同位相で重なる場所の振幅と逆位相で重なる場所の振幅の差が小さくなるからである。

問3　図2から読み取れる音波の波長を，有効数字1桁で求めるとどうなるか。最も適当な数値を，次の①～④のうちから一つ選べ。　20　m

　① 0.2　　　　② 0.3　　　　③ 0.4　　　　④ 0.5

次に，うなりについて調べた。スピーカーから発生させる音波の振動数は図2のときのままにして，二つのストッパーの間で反射板をスピーカーから遠ざかる向きに，音速より十分に小さい一定の速さで移動させて同様な測定を行ったところ，マイクの電圧の時間変化として図3のような結果が得られた。はじめ，反射板はマイクに近いストッパーの位置で静止していて，図3の点Pの時刻から反射板は動き始めた。

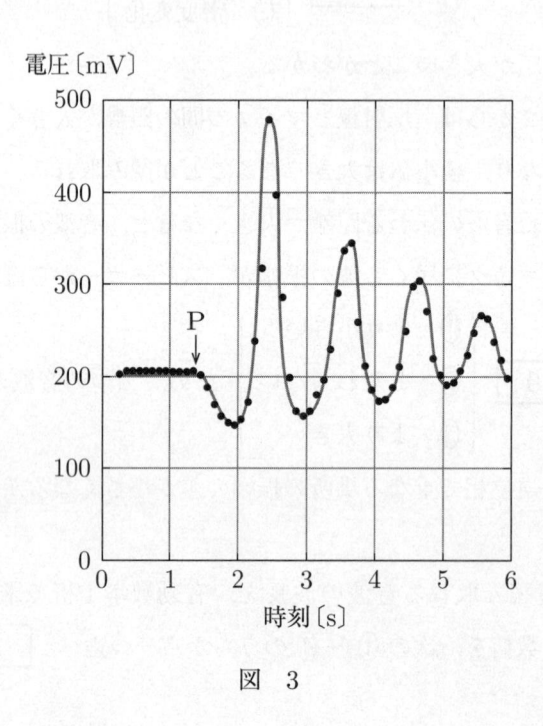

図　3

　反射板が移動している間に，スピーカーから直接マイクに届く音波の振動数を f_0，スピーカーから反射板に届く音波の振動数を f_1，反射板からマイクに届く音波の振動数を f_2 とする。

問4　f_0, f_1, f_2 の大小関係を表す式として最も適当なものを，次の① ～ ⑥ のうちから一つ選べ。　21

① $f_0 < f_1 < f_2$　　　② $f_0 < f_2 < f_1$　　　③ $f_1 < f_0 < f_2$

④ $f_1 < f_2 < f_0$　　　⑤ $f_2 < f_0 < f_1$　　　⑥ $f_2 < f_1 < f_0$

問5　次の文章中の空欄　22　・　23　に入れる数値と式として最も適当なものを，それぞれの直後の {　　} で囲んだ選択肢のうちから一つずつ選べ。

反射板が移動している間に電圧が周期的に極大になるのは，スピーカーから直接マイクに届く音波の振動数と反射板からマイクに届く音波の振動数がわずかに異なるため，うなりが生じていたからである。図3から読み取れるうなりの周期は，およそ　22　$\left\{\begin{array}{ll}① & 0.5 \\ ② & 1 \\ ③ & 2 \\ ④ & 4\end{array}\right\}$ s である。また，このうなりの周期は

23　$\left\{\begin{array}{ll}① & |f_0 - f_2| \\ ② & f_0 + f_2 \\ ③ & \dfrac{1}{|f_0 - f_2|} \\ ④ & \dfrac{1}{f_0 + f_2}\end{array}\right\}$ のように表すことができる。

第4問 次の文章を読み，後の問い（**問1～5**）に答えよ。（配点　25）

　加速された荷電粒子は，物理の研究をはじめ，電子工学，医療など様々な分野で応用されている。荷電粒子を大きな速度まで加速させるには，高電圧が必要であり，様々な装置が発明されてきた。その中で，高電圧を比較的容易に得られる装置としてバンデグラフがある。

　図1はバンデグラフの内部を模式的に示したものである。図1のように，上下二つのローラーにゴムなどでつくられたベルトを掛け，ローラーをモーターで回転させる。そして，ベルトと下部ローラーとの摩擦で生じた電荷をベルトによって運び，上部集電板を通して導体殻でつくられた電極を帯電させることにより高電圧をつくり出している。なお，電極は絶縁体の円筒により支えられている。

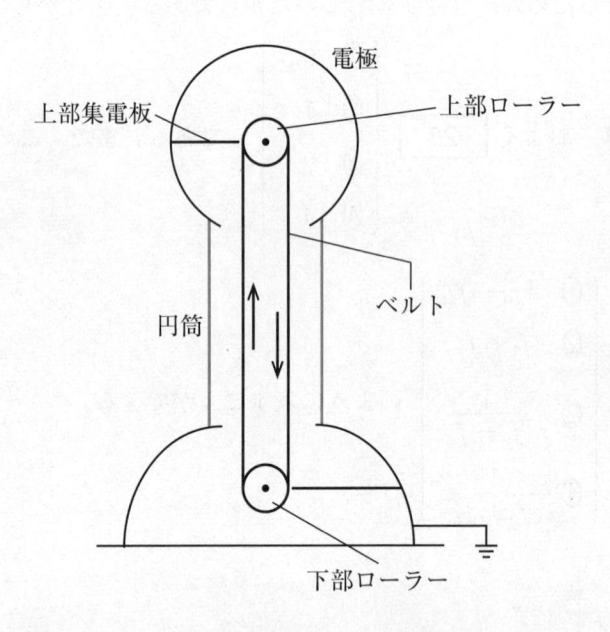

図　1

問 1　次の文章中の空欄　ア ・ イ　に入れる語句の組合せとして最も適当なものを，後の ① ～ ④ のうちから一つ選べ。 24

　種類の異なる 2 物体を擦り合わせたり，接触させたりした後に離すと，一方の物体から他方の物体へ　ア　が移り，物体が正と負に帯電することがある。バンデグラフではこのことを用いて電荷を集めて，高電圧をつくり出している。図 1 のベルトが下部ローラーと接触した後に離れるときに摩擦によって帯電し，その電荷がベルトによって運ばれて，上部集電板によって電極に集められる。どのように帯電するかは，帯電列という表に示されていて，表 1 にその一部を示した。ゴム製のベルトを用いたとき，下部ローラーの材質として　イ　を用いると，ベルトは正に帯電する。

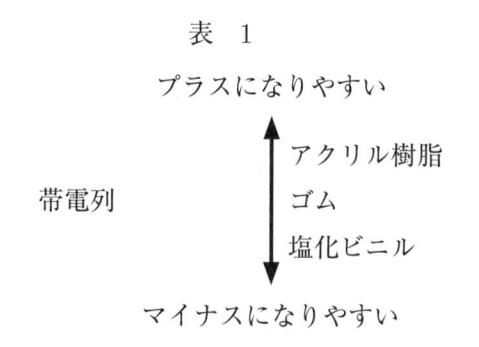

表　1

プラスになりやすい

帯電列

アクリル樹脂
ゴム
塩化ビニル

マイナスになりやすい

	ア	イ
①	電　子	アクリル樹脂
②	電　子	塩化ビニル
③	陽　子	アクリル樹脂
④	陽　子	塩化ビニル

問2 上部集電板を通して電極に移動する電荷は，電流として表すと 9.0×10^{-8} A で一定であった。最初，電極に電荷は蓄えられておらず，電極に移動する電荷は全て電極に蓄えられるものとする。このとき，電極が帯電し始めてから 5.0 秒後に，電極に蓄えられた電荷の電気量の大きさを有効数字 2 桁で表すとどうなるか。次の式中の空欄 25 ～ 27 に入れる数字として最も適当なものを，後の①～⓪のうちから一つずつ選べ。ただし，同じものを繰り返し選んでもよい。

$$\boxed{25} \cdot \boxed{26} \times 10^{-\boxed{27}} \text{ C}$$

① 1　　② 2　　③ 3　　④ 4　　⑤ 5

⑥ 6　　⑦ 7　　⑧ 8　　⑨ 9　　⓪ 0

問3　次の文章中の空欄 | 28 |・| 29 | に入れる式と数値として最も適当なものを，それぞれの直後の{　　}で囲んだ選択肢のうちから一つずつ選べ。ただし，球形の導体殻に電荷が一様に帯電した場合，導体殻の外側の電場は，導体殻の中心に全電荷が集中したとして考えたクーロンの法則による電場と等しく，導体殻の内部には電場が存在しない。クーロンの法則の比例定数を k_0 とする。

　図2のように，半径 a の球形の導体殻の表面に正の電荷が一様に分布している。この電気量を Q とすると，導体殻の表面のすぐ外側における電位 V と電場の大きさ E は，

| 28 | $$\left\{\begin{array}{l} ① \quad V = k_0 \dfrac{Q}{a^2}, \quad E = k_0 \dfrac{Q}{a} \\[2ex] ② \quad V = k_0 \dfrac{Q}{a}, \quad E = k_0 \dfrac{Q}{a^2} \\[2ex] ③ \quad V = k_0 \dfrac{Q}{\sqrt{a}}, \quad E = k_0 \dfrac{Q}{a} \end{array}\right.$$ |

である。ただし，無限遠方を電位の基準とする。これより，$a = 0.20 \ \text{m}$，$V = 1.0 \times 10^4 \ \text{V}$ のとき，

$$E = \boxed{29} \left\{\begin{array}{l} ① \quad 2.0 \times 10^2 \\ ② \quad 2.0 \times 10^3 \\ ③ \quad 5.0 \times 10^3 \\ ④ \quad 5.0 \times 10^4 \end{array}\right\} \ \text{V/m}$$

となる。

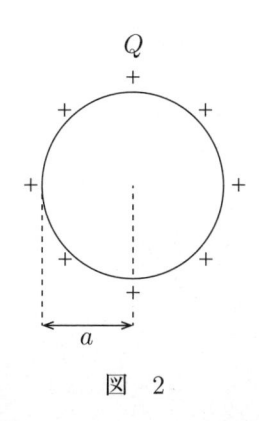

図　2

問4 図2の導体殻によって周囲につくられた電場を用いて荷電粒子を加速することを考える。次の文章中の空欄 $\boxed{\text{30}}$ に入れるグラフの概形として最も適当なものを，次ページの ① ～ ③ のうちから一つ選び，空欄 $\boxed{\text{31}}$ に入れる式として正しいものを，直後の{ }で囲んだ選択肢のうちから一つ選べ。ただし，無限遠方を電位の基準とする。

導体殻の中心 O からの距離を x としたとき，電位を表すグラフとして最も適当なものは，$\boxed{\text{30}}$ である。図3のように，導体殻の中心 O から距離 r $(r > a)$ だけ離れた点 X に質量 m，正の電気量 q の荷電粒子を静かに置いたところ，荷電粒子は動き出し，十分に離れた点 Y において，等速直線運動を行なった。点 X における電位を V_X とすると，点 Y における荷電粒子の速さは，

$\boxed{\text{31}}$
$\left\{
\begin{array}{l}
① \quad \dfrac{qV_X}{m} \\[2ex]
② \quad \dfrac{2qV_X}{m} \\[2ex]
③ \quad \sqrt{\dfrac{qV_X}{m}} \\[2ex]
④ \quad \sqrt{\dfrac{2qV_X}{m}}
\end{array}
\right\}$
である。ただし，荷電粒子は導体殻によって周囲に

つくられた電場からのみ力を受けるものとする。

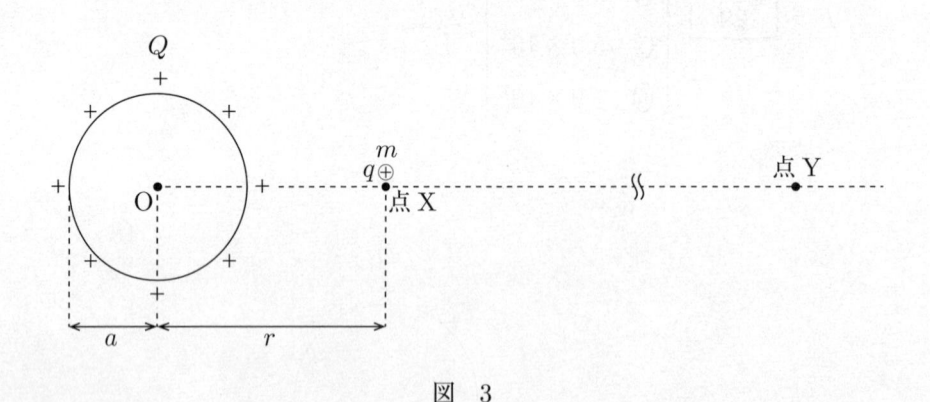

図　3

30 の選択肢

①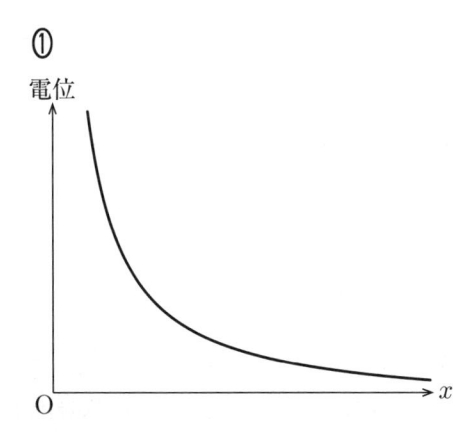

②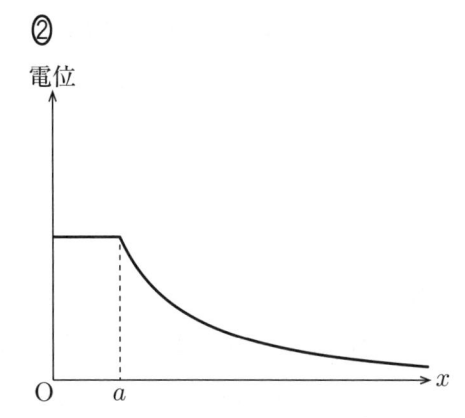

③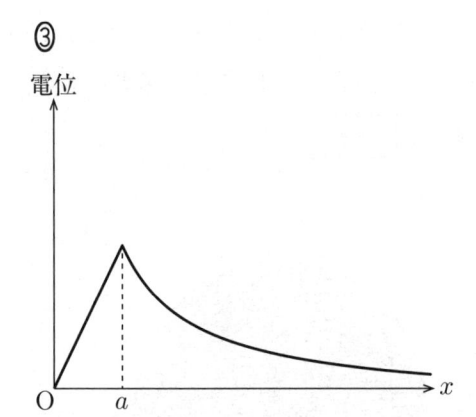

電荷を与えた導体殻のように，導体の表面に電荷が分布した場合，その周りには電場がつくられる。人間の体も導体であるので，人間の体に電荷がたまると，その周囲には電場がつくられ，放電が起きることもある。これは空気が乾燥した冬場に起きやすい，痛みを伴う静電気の放電現象である。放電のしやすさには，その導体の形状や大きさも関係している。これを球形の導体殻を用いたモデルで考えてみよう。

問5　図4のように，半径 a の球形の導体殻1と半径 $10a$ の球形の導体殻2を十分に長くて細い導線で結び，電荷を与えたところ，導体殻1と導体殻2の表面には，それぞれ正の電気量 Q_1，Q_2 の電荷が現れた。二つの導体殻は十分に離れているので，それぞれの表面には電荷が一様に分布しているものとする。また，導線部分に分布した電荷は無視できるものとする。次の文章中の空欄 ウ ・ エ に入れる数値と語句の組合せとして最も適当なものを，次ページの ① ～ ④ のうちから一つ選べ。 32

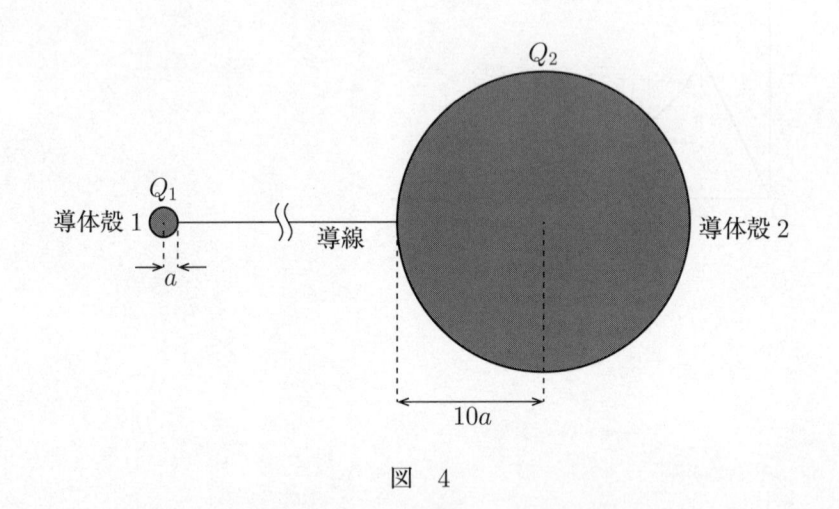

図　4

　二つの導体殻は導線でつながれているので，その表面は等電位となる。このことから $Q_2 =$ ウ Q_1 の関係があることがわかる。したがって，導体殻1と導体殻2の表面のすぐ外側における電場の大きさは エ の方が大きくなる。

	ウ	エ
①	$\dfrac{1}{10}$	導体殻 1
②	$\dfrac{1}{10}$	導体殻 2
③	10	導体殻 1
④	10	導体殻 2

第 4 回

(60分)

実 戦 問 題

第4回 実戦問題

物　　　　　理

$$\left(\text{解答番号}\ \boxed{1}\ \sim\ \boxed{28}\ \right)$$

第 1 問　次の問い（問 1 〜 5）に答えよ。（配点　25）

問 1　広い校庭を，A さんは北東向きに速さ 1.5 m/s で移動していて，B さんは北西向きに速さ 1.5 m/s で移動している。このとき，A さんから見た B さんの速度（A さんに対する B さんの相対速度）の向きと速さとして最も適当なものを，次の ① 〜 ⑥ のうちから一つ選べ。ただし，必要であれば，$\sqrt{2} = 1.4$ を用いよ。　$\boxed{1}$

① 北向きで速さは 1.5 m/s
② 北向きで速さは 2.1 m/s
③ 東向きで速さは 1.5 m/s
④ 東向きで速さは 2.1 m/s
⑤ 西向きで速さは 1.5 m/s
⑥ 西向きで速さは 2.1 m/s

問２　水平面と $30°$ の角度をなすなめらかな斜面がある。図１のように，斜面の上方のある位置から小球を鉛直下向きに落下させると，小球は斜面に衝突し，水平方向にはね返った。このときの小球と斜面の間の反発係数(はね返り係数)として最も適当なものを，後の ① ～ ④ のうちから一つ選べ。ただし，図２のように，斜面との衝突の直前と直後において，小球の速度の斜面に平行な方向の成分は変化しないものとする。　| 2 |

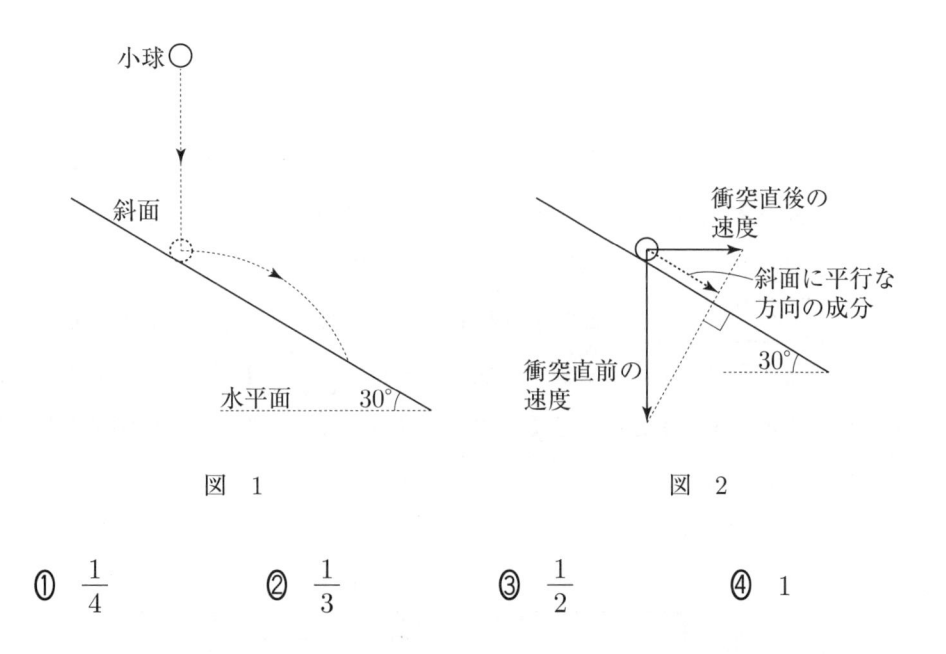

図　１　　　　　　　　　　　図　２

① $\dfrac{1}{4}$　　　　② $\dfrac{1}{3}$　　　　③ $\dfrac{1}{2}$　　　　④ 1

問3 次の文章中の空欄 　ア 　・ 　イ 　に入れる数値の組合せとして最も適当なものを，次ページの ① 〜 ⑥ のうちから一つ選べ。 　3

　図3のように，水槽に水を入れ，左右の2個のおもりを同時にゆっくりと落下させて水槽内の羽根車を回し，水をかき混ぜて水温を上昇させる実験を行った。水槽は断熱材で囲まれており，周囲との熱の出入りは無視できるものとする。

　おもり1個の質量は2.5 kgで，おもりはともに1回で1.0 mだけ鉛直方向に落下する。また，水槽内の水は600 gで，水の比熱（比熱容量）を4.2 J/(g·K)とする。いま，2個のおもりを繰り返し20回落下させたところ，温度計の目盛りが0.35 K上昇した。ただし，重力加速度の大きさを9.8 m/s²とする。

　2個のおもりが20回落下する間に，重力が2個のおもりにした仕事の総和は 　ア 　Jであり，この仕事が水と水槽と羽根車に与えられた熱量に等しいものとすると，水槽と羽根車の熱容量の和は 　イ 　J/Kとなる。ただし，温度計の熱容量は十分に小さく，水の温度変化と水槽と羽根車の温度変化は等しいものとする。

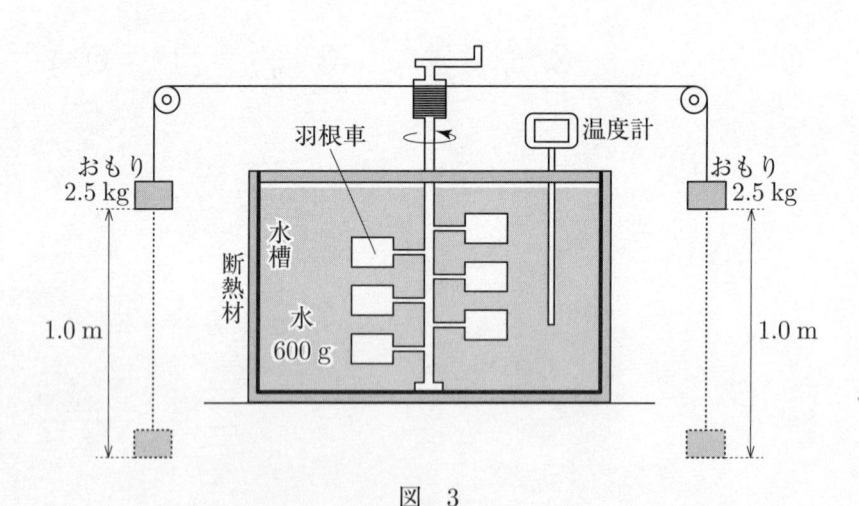

図　3

	ア	イ
①	4.9×10^2	1×10^2
②	4.9×10^2	3×10^2
③	4.9×10^2	3×10^3
④	9.8×10^2	1×10^2
⑤	9.8×10^2	3×10^2
⑥	9.8×10^2	3×10^3

問4 空気より屈折率が大きく,直方体で透明な物質を水平な机面上に立てて置き,入射角を変えながら側面 A または上面にレーザーポインターでレーザー光を当てる実験を行った。図4および図5は,そのようすを真横から見たものである。次の**実験 I** および**実験 II** について,それぞれの説明文中にある下線部に関連の深い波動の現象の組合せとして最も適当なものを,後の ① ~ ④ のうちから一つ選べ。ただし,物質は鉛直方向に十分な長さをもち,物質中を進んだレーザー光がはじめに到達する面は壁面と向かい合う物質の側面 B とする。また,レーザー光は同一鉛直面内を進み,図中の破線は,レーザーポインターから出たレーザー光の経路を延長したものである。 | 4 |

実験 I 物質の側面 A に,ある入射角でレーザー光を当てたとき,物質の後方にある鉛直な壁面にレーザー光による輝点が生じた。この輝点は,図4のように<u>入射光の延長線上からずれた位置に生じた</u>。

実験 II 物質の上面にレーザー光を当てて入射角を小さくしていくと,ある角度より小さくなると,図5のように<u>物質の後方にある鉛直な壁面にも,側面 B と壁面の間の机面にも,輝点が生じなくなった</u>。

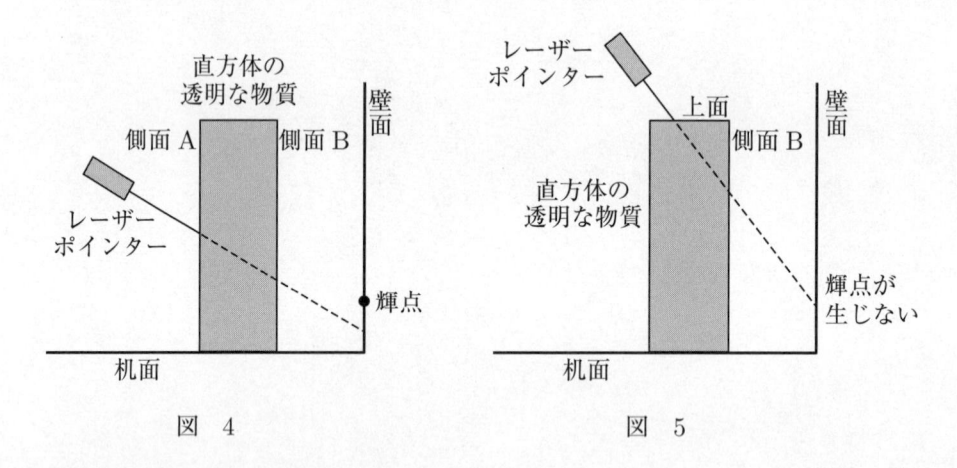

図 4　　　　　　　　　　　　図 5

	実験 I	**実験 II**
①	屈　折	偏　光
②	屈　折	全反射
③	分　散	偏　光
④	分　散	全反射

問5　図６のように，２枚の広い極板 A，B を間隔 d にして向かい合わせた平行板コンデンサーがある。B を接地して A に正電荷を与えると，図６中に示す破線部分の等電位線のようすは図７のようになった。次に，図８のように，厚さ $\frac{1}{3}d$ で帯電していない金属板を，AB 間において極板 B に接する位置に挿入した。このときの破線部分の等電位線のようすとして最も適当なものを，後の ① ～ ⑥ のうちから一つ選べ。ただし，金属板の挿入の前後で，極板 A の電荷は変わらないものとする。また，等電位線は一定の電位差ごとに示しているものとする。　5

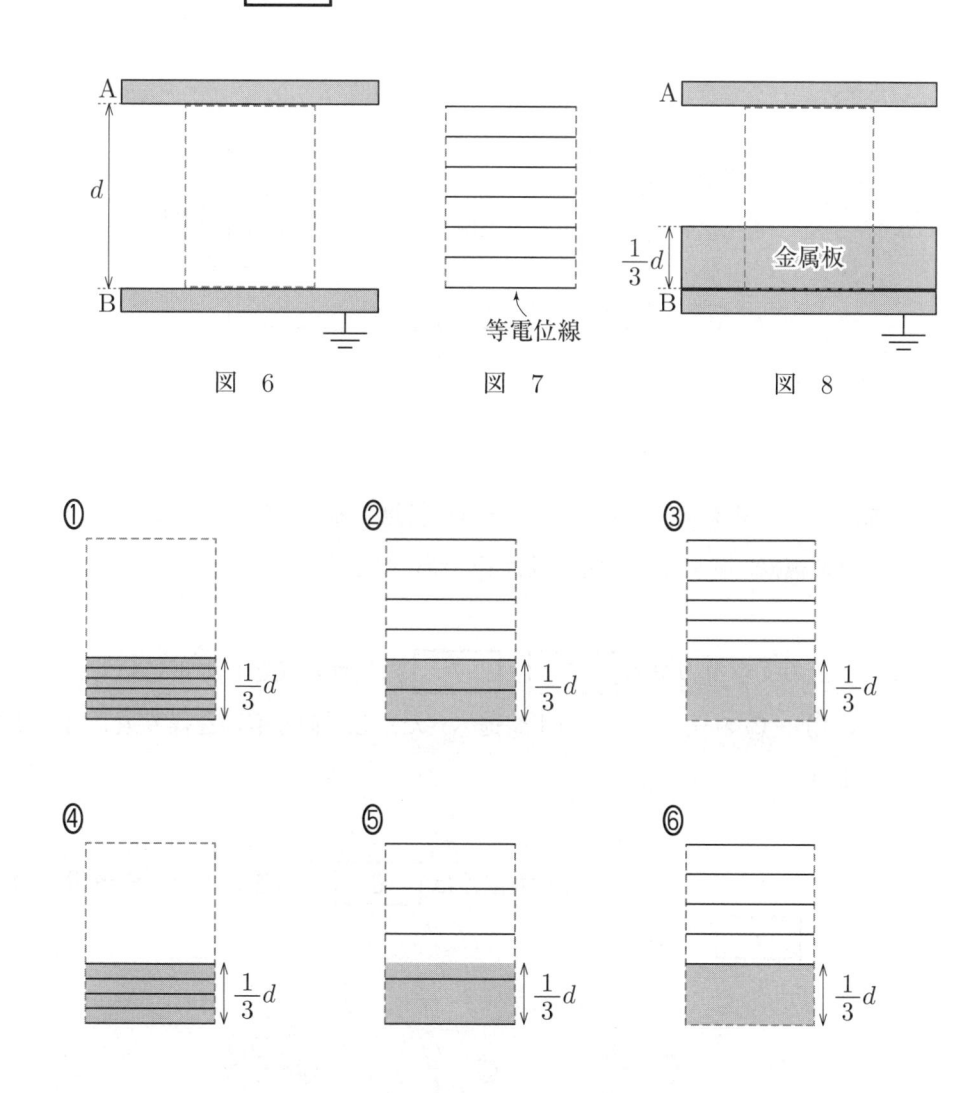

第2問 次の文章(**A・B**)を読み，後の問い(**問1〜6**)に答えよ。(配点 25)

A 図1のように，電気容量 C のコンデンサー C_1，電気容量 $2C$ のコンデンサー C_2，平行板コンデンサーの極板間に比誘電率3の誘電体をすき間なく挿入して電気容量 $3C$ となったコンデンサー C_3，スイッチ S_1，S_2 および直流電源からなる回路がある。はじめ，S_1 および S_2 は開いており，三つのコンデンサーは帯電していないものとする。また，空気の比誘電率を1とする。

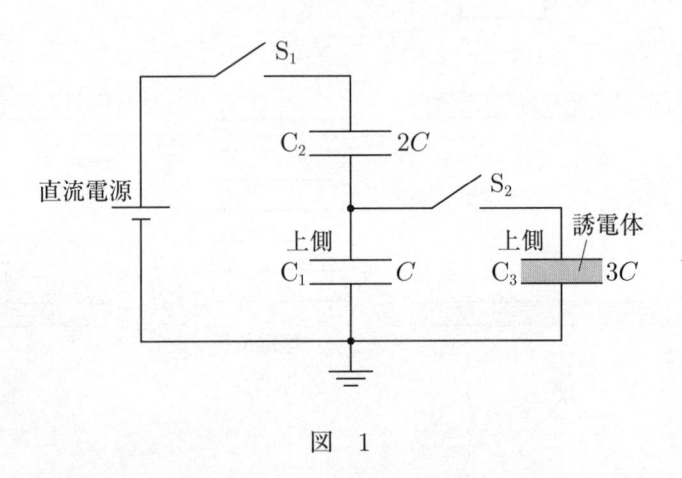

図 1

まず，S_1 のみを閉じた。十分に時間が経過すると，C_1 と C_2 が充電され，C_1 の上側の極板に蓄えられた電気量は Q であった。

問1 次の文章中の空欄 | 6 | ・ | 7 | に入れる式として正しいものを，後の ① 〜 ⑤ のうちから一つずつ選べ。ただし，同じものを繰り返し選んでもよい。

このとき，C_1 の極板間の電位差は | 6 | である。また，直流電源の電圧は | 7 | である。

① $\dfrac{Q}{2C}$ ② $\dfrac{2Q}{3C}$ ③ $\dfrac{Q}{C}$ ④ $\dfrac{3Q}{2C}$ ⑤ $\dfrac{2Q}{C}$

次に，S_1 を開いてから，S_2 を閉じて十分に時間が経過した。

問2　このとき，C_3 の上側の極板に蓄えられている電気量を表す式として正しいものを，次の①～④のうちから一つ選べ。 | 8 |

①　$\dfrac{1}{4}Q$　　　　②　$\dfrac{1}{2}Q$　　　　③　$\dfrac{3}{4}Q$　　　　④　Q

問3　次の文章中の空欄 | 9 |・| 10 | に入れる数値と式として最も適当なものを，後の選択肢のうちからそれぞれ一つずつ選べ。

　　問2までの操作の後に，S_2 を開いてから，C_3 の極板間の誘電体に外力を加えてゆっくりと誘電体を極板間から抜き去ると，C_3 の極板間の電位差は誘電体を抜き去る前の | 9 | 倍になった。この間に，静電気力に逆らって誘電体を抜く外力がした仕事は | 10 | である。ただし，誘電体を抜き去るときに誘電体はなめらかに移動できるものとし，また，極板の電荷は変化しないものとする。

| 9 | の選択肢

①　$\dfrac{1}{4}$　　②　$\dfrac{1}{3}$　　③　$\dfrac{1}{2}$　　④　2　　⑤　3　　⑥　4

| 10 | の選択肢

①　$\dfrac{Q^2}{16C}$　　　　②　$\dfrac{Q^2}{8C}$　　　　③　$\dfrac{3Q^2}{16C}$

④　$-\dfrac{Q^2}{16C}$　　　　⑤　$-\dfrac{Q^2}{8C}$　　　　⑥　$-\dfrac{3Q^2}{16C}$

B 図2のように，抵抗値が 10.0 Ω と 20.0 Ω の抵抗，抵抗値を自由に変えられる可変抵抗 R，温度が上昇すると抵抗値が増加する抵抗 R_X，検流計，スイッチ S_1，S_2 および直流電源からなる回路がある。R_X は電気を通さない液体に浸してあり，その液体を加熱装置を用いてゆっくりと加熱していく。液体の温度を 0℃ から 50℃ まで 10℃ ずつ上昇させ，それぞれの温度で，S_1 と S_2 を閉じても検流計に電流が流れなくなるように R の抵抗値を調整したとき，液体の温度と R の抵抗値との関係は表1のようになった。ただし，温度計で測った液体の温度と R_X の温度は等しいものとする。

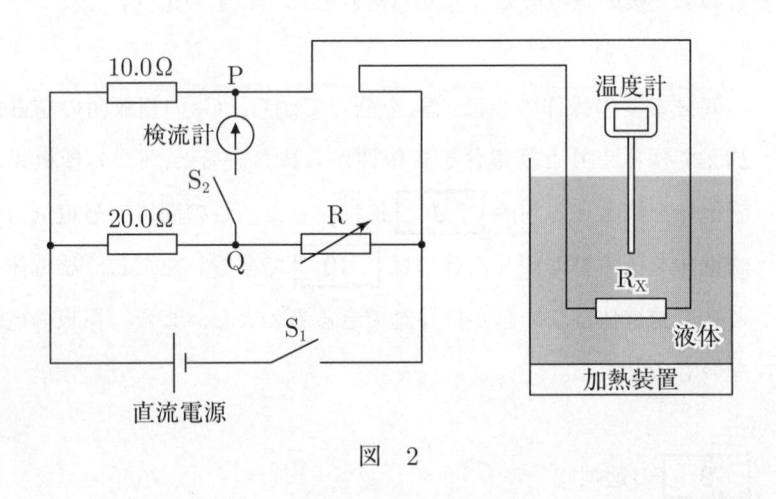

図 2

表 1

液体の温度〔℃〕	0	10	20	30	40	50
Rの抵抗値〔Ω〕	80.0	83.4	86.7	90.1	93.4	96.8

問4 液体の温度が 0℃ のときの R_X の抵抗値として最も適当な値を，次の ①〜⑥ のうちから一つ選べ。 | 11 | Ω

① 10.0　　② 20.0　　③ 30.0　　④ 40.0　　⑤ 50.0　　⑥ 80.0

問5　次の文章中の空欄 | 12 |・| 13 | に入れる語句として最も適当なもの
を，それぞれの直後の{　}で囲んだ選択肢のうちから一つずつ選べ。

S_1 を閉じて，S_2 を開いておき，R の抵抗値を 80.0 Ω に保ったままで，R_X
の温度を 0℃ からわずかに上昇させた。その後，S_2 を閉じた。S_2 を閉じた

直後の検流計には，| 12 |
$\left\{\begin{array}{l} ① \quad 点 P から点 Q の向きに電流が流れる。\\ ② \quad 点 Q から点 P の向きに電流が流れる。\\ ③ \quad 電流は流れない。\end{array}\right\}$

これは，R_X の温度を上昇させて，S_2 がまだ開いているときの R_X の両端
の電位差が，R_X の温度を 0℃ のままにしていたときの R_X の両端の電位差と

比べて | 13 |
$\left\{\begin{array}{l} ① \quad 小さくなる\\ ② \quad 大きくなる\\ ③ \quad 変わらない\end{array}\right\}$ ことから説明できる。

問6　温度が変化すると抵抗値が変化する導体の電気抵抗について，温度 t〔℃〕
のときの抵抗値 r〔Ω〕は，次式で与えられるものとする。

$\quad\quad r = r_0(1 + \alpha t)$

$\quad\quad\quad r_0$〔Ω〕：0℃ のときの抵抗値

$\quad\quad\quad \alpha$〔1/K〕：温度係数

R_X の抵抗値をこの式で表すとき，R_X の温度係数 α はいくらか。最も適
当な値を，後の ① ～ ⑥ のうちから一つ選べ。

$\quad\quad \alpha$〔1/K〕＝ | 14 | $\times 10^{-3}$ /K

① 1.4　　② 2.8　　③ 3.5　　④ 4.2　　⑤ 4.9　　⑥ 5.6

第3問　次の文章(**A・B**)を読み，後の問い(**問1～6**)に答えよ。(配点　25)

A　野球などで使われているスピード測定器は，測定する物体に向けて電波を発射し，物体による反射波を受信して，発射した電波と反射した電波によって生じるうなりを測定することで，物体の速さを算出するものである。電波のドップラー効果を音波のドップラー効果と同様に取り扱えるものとして，その仕組みを考えてみよう。

　図1のように，静止したスピード測定器Aに速さ v でまっすぐに接近している野球のボールBに向かって，Aから振動数(周波数) f の電波を発射する。電波の伝わる速さを c とし，$c > v$ とする。

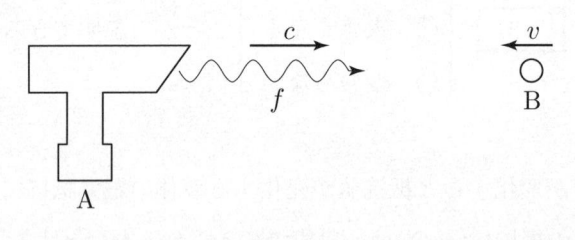

図　1

問1　Aから発射する電波の波長 λ を表す式として正しいものを，次の① ～ ④ のうちから一つ選べ。$\lambda = \boxed{15}$

① $\dfrac{f}{c}$ 　　　　② $\dfrac{c}{f}$ 　　　　③ $\dfrac{1}{cf}$ 　　　　④ cf

問2　A から発射された電波を B が単位時間あたりに受け取る波の数 f_1（1 波長を一つと数える），および B によって反射されて A に戻ってきたときの電波の振動数 f_2 を表す式の組合せとして正しいものを，次の ① ～ ④ のうちから一つ選べ。　16

	f_1	f_2
①	$\dfrac{c-v}{c}f$	$\dfrac{c-v}{c+v}f$
②	$\dfrac{c-v}{c}f$	$\dfrac{c+v}{c-v}f$
③	$\dfrac{c+v}{c}f$	$\dfrac{c-v}{c+v}f$
④	$\dfrac{c+v}{c}f$	$\dfrac{c+v}{c-v}f$

問3　v は c に比べて十分に小さいものとする。このとき，A から発射された電波と B で反射された電波によって生じるうなりの単位時間あたりの回数 Δf も，f に比べて十分に小さくなる。$c = 3.0 \times 10^8$ m/s，$f = 1.0 \times 10^{10}$ Hz，$\Delta f = 2.0 \times 10^3$ 回/s のとき，B の速さ v として最も適当なものを，次の ① ～ ⑥ のうちから一つ選べ。$v =$ 　17　m/s

① 10　　　② 15　　　③ 30　　　④ 40　　　⑤ 45　　　⑥ 60

B 空気中で波長が λ のレーザー光を回折格子に垂直に当てた。図2は，その実験のようすを撮影したものである。また，図3は，回折光が強め合う方向を模式的に示したものである。回折格子から距離 L だけ離れたスクリーン上には，明点が観測された。スクリーンは回折格子に平行であり，スクリーン上に現れた0次の明点(中央の明点)と1次の明点(0次の隣の明点)の間隔を a とする。

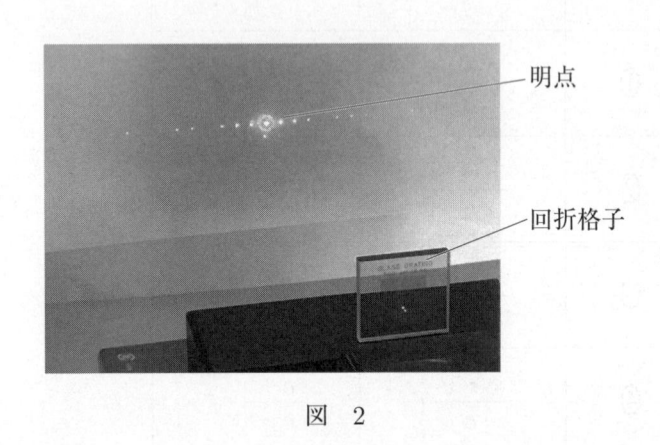

図 2

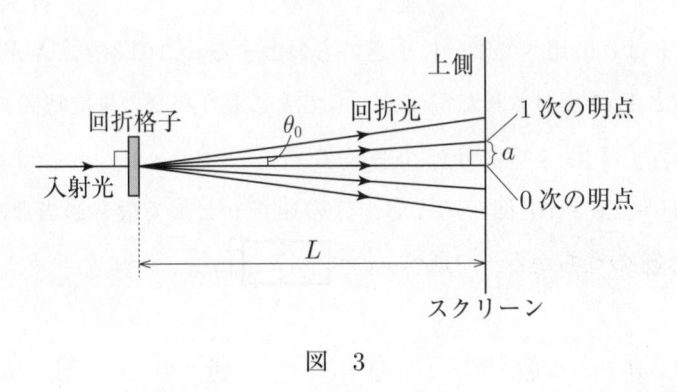

図 3

問4 回折格子には平行で等間隔の筋が刻まれている。この回折格子の格子定数(隣り合う筋と筋の間隔)を表す式として最も適当なものを，次の ① ～ ④ のうちから一つ選べ。ただし，図3において，0次の明点の方向と1次の明点の方向のなす角度を θ_0 $(\theta_0 > 0)$ とすると，θ_0 は十分に小さいので，$\sin\theta_0 \fallingdotseq \tan\theta_0 = \dfrac{a}{L}$ が成り立つものとする。 $\boxed{18}$

① $\dfrac{L\lambda}{a}$ ② $\dfrac{2L\lambda}{a}$ ③ $\dfrac{La}{\lambda}$ ④ $\dfrac{2La}{\lambda}$

$L = 30$ cm にして，$\lambda = 6.3 \times 10^{-7}$ m のレーザー光で実験を行うと，$a = 1.9$ cm であった。

問5　L はそのままで，別の波長のレーザー光で上と同様の実験を行うと，$a = 1.6$ cm になった。このレーザー光の色として最も適当なものを，後の①〜⑥のうちから一つ選べ。ただし，可視光線の色と波長の範囲は，表１のようになっている。 <u>19</u>

表　1

可視光線の色	紫	青	緑	黄	橙	赤
可視光線の波長 〔$\times 10^{-7}$ m〕	3.8　4.3		4.9	5.5	5.9　6.4	7.7

① 紫　　② 青　　③ 緑　　④ 黄　　⑤ 橙　　⑥ 赤

L はそのままで，再び波長が $\lambda = 6.3 \times 10^{-7}$ m のレーザー光で実験を行った。

問6　入射光と回折光のなす角度を θ とするとき，$30° \leqq \theta \leqq 45°$ の範囲内において回折光が強め合う方向の数（スクリーン上の明点の数）として最も適当なものを，次の①〜④のうちから一つ選べ。ただし，図３で中央の０次の明点より上側のみを考えるものとし，レーザー光は減衰しないものとする。また，必要であれば，$\sqrt{2} = 1.4$ を用いよ。 <u>20</u> 個

① 1　　　　② 2　　　　③ 4　　　　④ 6

第4問 次の文章($\mathbf{A} \cdot \mathbf{B}$)を読み，後の問い(**問1〜5**)に答えよ。(配点　25)

$\mathbf{A}$　地球を周回する人工衛星について考えよう。

　図1のように，質量 m の人工衛星が地球を中心として半径 r の円軌道を描いて運動している。この人工衛星は，地球からの万有引力だけを受けて等速円運動をしているものとする。ただし，地球の質量を M，万有引力定数を G とし，人工衛星の等速円運動の速さを v とする。

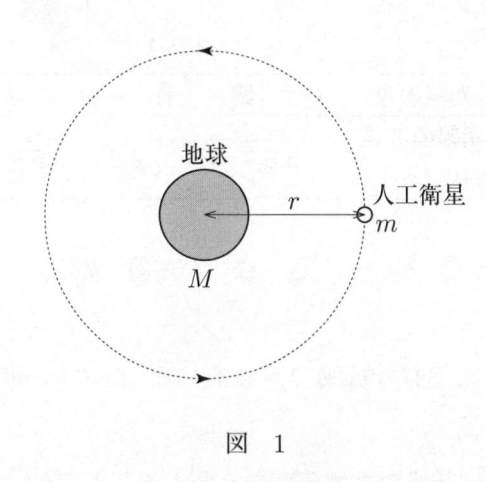

図　1

問1　人工衛星の，円運動の中心方向の運動方程式を表す式として正しいものを，次の①〜④のうちから一つ選べ。　21

①　$mrv^2 = G\dfrac{Mm}{r}$　　　　　　　　　②　$mrv^2 = G\dfrac{Mm}{r^2}$

③　$m\dfrac{v^2}{r} = G\dfrac{Mm}{r}$　　　　　　　　④　$m\dfrac{v^2}{r} = G\dfrac{Mm}{r^2}$

問2　人工衛星の周期 T の2乗を表す式として正しいものを，次の①〜⑥のうちから一つ選べ。$T^2 =$　22

①　$\dfrac{2\pi}{\sqrt{GM}}r^{\frac{2}{3}}$　　　　　②　$\dfrac{2\pi}{\sqrt{GM}}r^2$　　　　　③　$\dfrac{2\pi}{\sqrt{GM}}r^3$

④　$\dfrac{4\pi^2}{GM}r^{\frac{2}{3}}$　　　　　⑤　$\dfrac{4\pi^2}{GM}r^2$　　　　　⑥　$\dfrac{4\pi^2}{GM}r^3$

問3　人工衛星にはいろいろな高度のものがある。A さんと B さんの会話が科学的に正しい考察となるように，次の文章中の空欄 　23　 ・ 　24　 に入れる数値と文として最も適当なものを，後の選択肢のうちからそれぞれ一つずつ選べ。

A：国際宇宙ステーションの地表からの高度は 400 km ほどだね。

B：地球の半径が約 6400 km で，これに比べると 400 km は小さいなあ。

A：国際宇宙ステーションの高度を無視して，その軌道半径を地球の半径と等しいと考えると，第 1 宇宙速度で飛んでいることになるから，その周期は約 84 分になるね。

B：この周期はおよそ $\sqrt{2}$ 時間だよ。

A：静止衛星は，地上の人から見ると，いつも静止して見える衛星のことなんだよね。国際宇宙ステーションと静止衛星の軌道半径と周期に，それぞれケプラーの第 3 法則を適用して，赤道上空の軌道を飛んでいる静止衛星の地表からの高度を計算してみようか。

B：$36^{\frac{1}{3}} = 3.3$ とすると，静止衛星の地表からの高度は地球の半径のおよそ 　23　 倍になるね。

A：気象衛星のひまわりは日本が打ち上げた静止衛星だけど，赤道上空の軌道を飛んでいるよ。

B：静止衛星は地球の中心方向に地球から万有引力を受けているから，運動方程式をもとに考えると，静止衛星は 　24　 。

　23　 の選択肢

① 3.6 　　　　② 4.6 　　　　③ 5.6 　　　　④ 6.6

　24　 の選択肢

① 赤道上空の軌道の高度と同じ高度で，日本の真上の上空を通る円軌道も飛ぶことができるね

② 赤道上空の軌道の高度とは違う高度なら，日本の真上の上空を通る円軌道も飛ぶことができるね

③ 円軌道を楕円軌道に変えると，日本の真上の上空を通る軌道も飛ぶことができるね

④ どんな高度でも，日本の真上の上空を通る円軌道を飛ぶことはできないね

B 　自転車のタイヤに空気入れを使って空気を入れると，空気入れの筒の部分が熱くなる。これは，筒の内部の空気が仕事をされることで空気の温度が上昇し，その結果，筒の部分が熱くなったと考えられる。これについて，図2のような空気入れをピストン付きのシリンダーとして考えてみよう。なお，シリンダーに封入する気体は単原子分子理想気体とし，その気体の物質量は常に一定とする。また，ピストンとシリンダーを通して移動する熱を無視し，封入された気体は断熱変化をするものとする。

　図3は，ピストンをゆっくりと動かし，シリンダーに封入した気体の体積を $2.0 \times 10^{-4} \, \mathrm{m^3}$ から $1.0 \times 10^{-4} \, \mathrm{m^3}$ まで減少させたとき，気体の圧力の変化をグラフに示したものである。気体の体積が $2.0 \times 10^{-4} \, \mathrm{m^3}$ のときの気体の温度は 27 ℃ で，この状態を状態 A とする。また，気体の体積が $1.0 \times 10^{-4} \, \mathrm{m^3}$ のときの状態を状態 B とする。

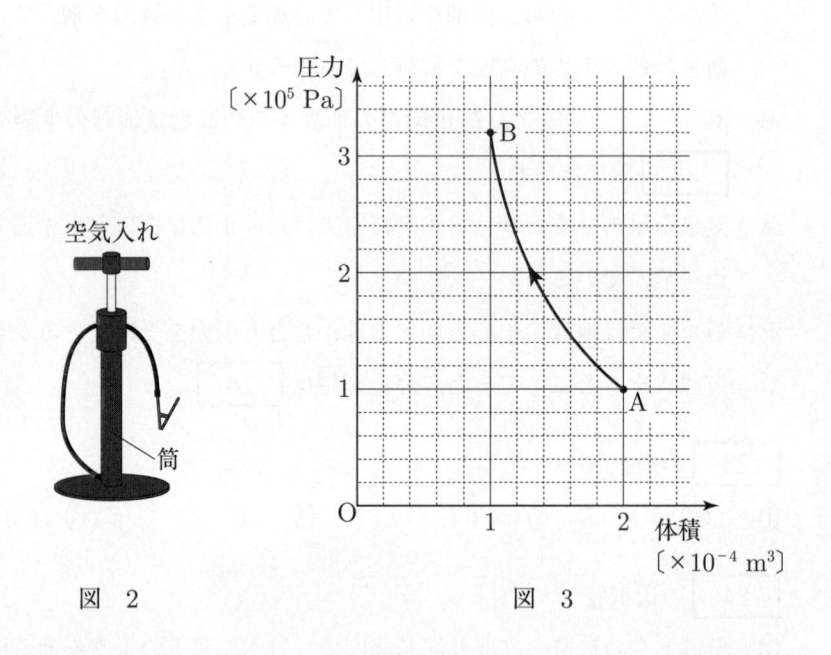

図　2　　　　　　　　　　　　　図　3

問4　状態 B になったときの気体の温度〔℃〕を有効数字 2 桁で表すと，どのようになるか。次の式中の空欄　25 ～ 27 に入れる数字として最も適当なものを，後の ① ～ ⓪ のうちから一つずつ選べ。ただし，同じものを繰り返し選んでもよい。

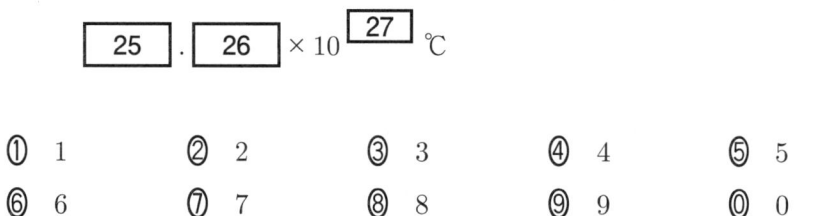

$$\boxed{25}.\boxed{26} \times 10^{\boxed{27}} \text{ ℃}$$

① 1　　　② 2　　　③ 3　　　④ 4　　　⑤ 5
⑥ 6　　　⑦ 7　　　⑧ 8　　　⑨ 9　　　⓪ 0

問5　状態 A から状態 B に気体の状態が変化するとき，気体がされた仕事として最も適当な値を，次の ① ～ ④ のうちから一つ選べ。　28 J

① 1　　　　② 2　　　　③ 10　　　　④ 18

第 5 回
(60分)

実 戦 問 題

● 標 準 所 要 時 間 ●

| 第 1 問 | 18 分 | 第 3 問 | 15 分 |
| 第 2 問 | 15 分 | 第 4 問 | 12 分 |

物　　　　　理

（解答番号 　1　 ～ 　27　 ）

第1問 次の問い（問1〜5）に答えよ。（配点　30）

問1　次の文章中の空欄 　1　 ・ 　2　 に入れる式と語句として最も適当なものを，それぞれの直後の { 　　 } で囲んだ選択肢のうちから一つずつ選べ。

図1のように，なめらかな水平面上で静止している質量 m の物体1に物体2が衝突した。衝突後，二つの物体は一体となって水平面上を運動した。衝突後の一体となった物体の速さが，衝突前の物体2の速さの $\frac{1}{2}$ 倍であるとき，

物体2の質量は 　1　 $\left\{\begin{array}{ll}① & \frac{1}{2}m \\ ② & m \\ ③ & 2m\end{array}\right\}$ である。この衝突では，物体1と物体

2の運動エネルギーの和は 　2　 $\left\{\begin{array}{ll}① & 減少する \\ ② & 変化しない \\ ③ & 増加する\end{array}\right\}$ 。

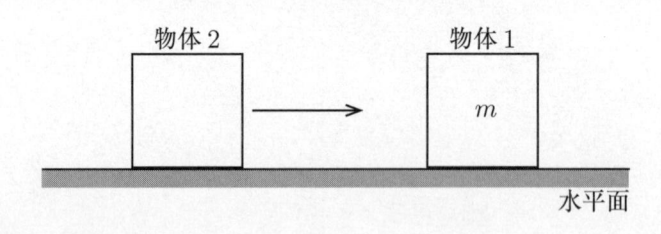

図　1

— 2 —

問2 次の文章中の空欄 3 ・ 4 に入れる式として正しいものを，それぞれの直後の{ }で囲んだ選択肢のうちから一つずつ選べ。ただし，重力加速度の大きさを g とする。

図2のように，軽い糸の一端を天井に固定し，その他端に質量 m の小球を取り付けて等速円運動をさせた。このとき，糸の鉛直線からの傾きは30°であり，等速円運動の半径は r であった。小球の速さを v，糸の張力の大きさを S とすると，円運動の中心方向の運動方程式は，

3 $\left\{ \begin{array}{l} ① \quad mrv^2 = \dfrac{1}{2}S \\[2ex] ② \quad mrv^2 = \dfrac{\sqrt{3}}{2}S \\[2ex] ③ \quad m\dfrac{v^2}{r} = \dfrac{1}{2}S \\[2ex] ④ \quad m\dfrac{v^2}{r} = \dfrac{\sqrt{3}}{2}S \end{array} \right\}$

である。また，小球にはたらく力のつりあいにより，

$S = $ 4 $\left\{ \begin{array}{l} ① \quad \dfrac{1}{2}mg \\[2ex] ② \quad \dfrac{\sqrt{3}}{2}mg \\[2ex] ③ \quad \dfrac{2}{\sqrt{3}}mg \\[2ex] ④ \quad 2mg \end{array} \right\}$

である。

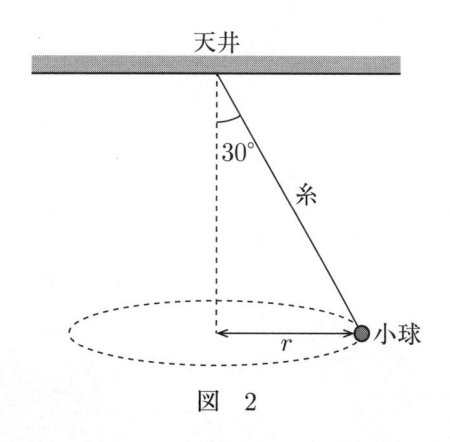

図 2

問3 次の文章中の空欄 $\boxed{5}$・$\boxed{6}$ に入れる数値と語句として最も適当なものを，それぞれの直後の { } で囲んだ選択肢のうちから一つずつ選べ。

図3のように，x軸に沿って伝わる正弦波1（実線）と正弦波2（破線）がある。正弦波1はx軸の正の向きに，正弦波2はx軸の負の向きに伝わり，これらの正弦波の振幅，波長，周期は等しい。正弦波1と正弦波2が重なり定在波（定常波）が生じるとき，隣り合う定在波の節の間隔は $\boxed{5}$ $\left\{\begin{array}{ll}① & 1.0 \\ ② & 2.0 \\ ③ & 4.0\end{array}\right\}$ m である。また，位置 $x = 2.0\,\mathrm{m}$ には定在波の $\boxed{6}$ $\left\{\begin{array}{ll}① & 腹 \\ ② & 節\end{array}\right\}$ が生じる。

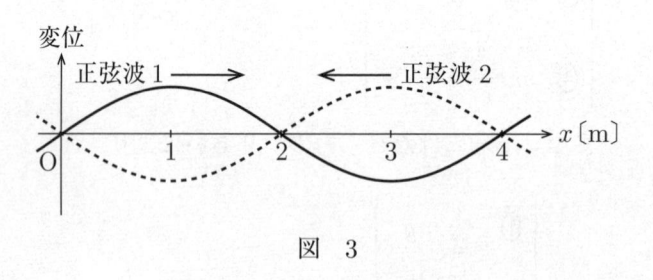

図　3

問4　次の文章中の空欄 7 ・ 8 に入れる式として正しいものを，それ
ぞれの直後の{　　}で囲んだ選択肢のうちから一つずつ選べ。

　　図4のように，容器1と容器2をコックが付いた細い管で連結し，容器1
と容器2に同じ種類の単原子分子理想気体を封入した。はじめコックは閉じ
ており，容器1の気体の物質量は n，絶対温度は T，容器2の気体の物質量は
$2n$，絶対温度は $2T$であった。気体定数を Rとすると，容器1の気体の内部

エネルギーは 7 $\left\{\begin{array}{ll} ① & \dfrac{1}{2}nRT \\[2mm] ② & \dfrac{3}{2}nRT \\[2mm] ③ & \dfrac{5}{2}nRT \end{array}\right\}$ である。コックを開いて十分に時間が

経過したとき，二つの容器内の気体の温度は一様になった。このときの気体の

絶対温度は 8 $\left\{\begin{array}{ll} ① & \dfrac{4}{3}T \\[2mm] ② & \dfrac{5}{3}T \\[2mm] ③ & 2T \end{array}\right\}$ となる。ただし，二つの容器と細い管は断

熱材でできていて，細い管の容積は無視できるものとする。

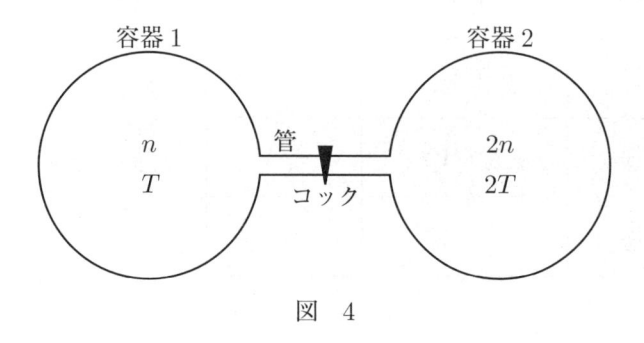

図　4

問5 次の文章中の空欄 ア ・ イ に入れる式の組合せとして正しいもの を, 後の①〜④のうちから一つ選べ。 9

　図5のように, 電荷を蓄えていない電気容量 C のコンデンサーに起電力 V の電池とスイッチを接続した。コンデンサーの極板間は真空である。スイッチ を閉じて十分に時間が経過したとき, コンデンサーに蓄えられた静電エネル ギーは ア である。続いてスイッチを開いてから, 比誘電率が2の誘電体 をコンデンサーの極板の間に満たすと, コンデンサーの電圧は イ になる。

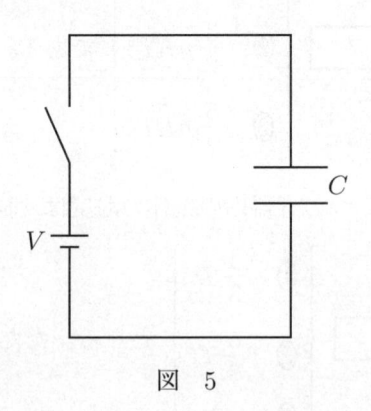

図　5

	ア	イ
①	CV	$\dfrac{1}{2}V$
②	CV	$2V$
③	$\dfrac{1}{2}CV^2$	$\dfrac{1}{2}V$
④	$\dfrac{1}{2}CV^2$	$2V$

（下 書 き 用 紙）

物理の試験問題は次に続く。

第2問 冬季オリンピック種目でもあるスキージャンプに関する次の文章を読み，後の問い(**問1～5**)に答えよ。(配点 25)

　スキージャンプの選手は，ジャンプ台の斜面を初速ゼロですべり始めてジャンプ台の端から飛び出す。その後，雪面の斜面に向かって運動をする。

　この運動を考察するために，図1のような装置を作った。なめらかな水平面上で質量 m の小物体に水平方向の初速 v_0 を与える。点Oから右側は $45°$ の角度の斜面であり，点Oから飛び出した小球の斜面上の着地点を点Pとする。点Oを原点として，水平方向右向きに x 軸，鉛直方向上向きに y 軸をとる。点Oを通過した瞬間を時刻 $t=0$ とし，小物体が斜面に着地するまでの運動を考える。ただし，小物体の大きさ，および空気抵抗は無視できるものとする。重力加速度の大きさを g とする。

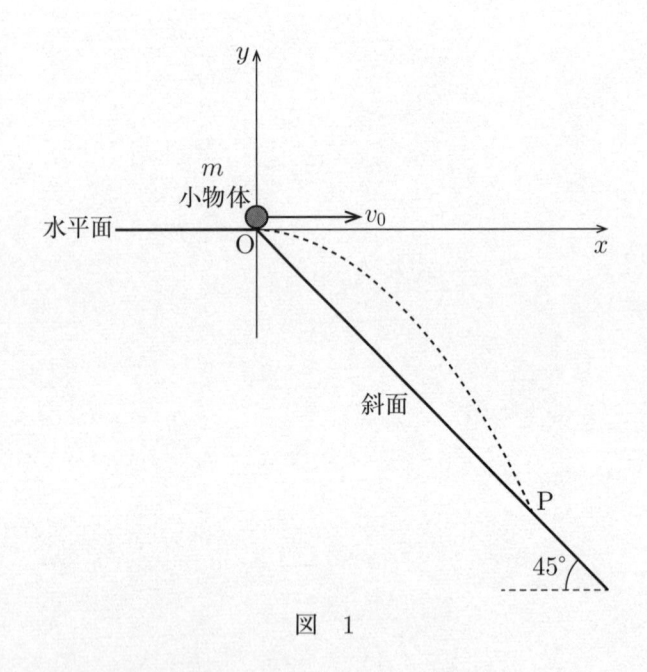

図　1

問 1 図 1 での小物体の運動について，A さんと B さんが話し合っている。次の
会話中の空欄 10 ・ 11 に入れる式として正しいものを，それぞれの
直後の｛ ｝で囲んだ選択肢のうちから一つずつ選べ。

A さん：小物体は点 O から水平投射されることになるね。

B さん：斜面に着地するまでの小物体の時刻 t における位置座標を (x, y) と

おくと， 10
① $x = \dfrac{1}{2}v_0 t,\ \ y = -\dfrac{1}{2}gt^2$
② $x = \dfrac{1}{2}v_0 t,\ \ y = \dfrac{1}{2}gt^2$
③ $x = v_0 t,\ \ y = -\dfrac{1}{2}gt^2$
④ $x = v_0 t,\ \ y = \dfrac{1}{2}gt^2$
となるから，x と

y の間に成り立つ関係式は，$y = -\dfrac{g}{2v_0{}^2}x^2$ と表されるわね。

A さん：斜面に着地するときは，$y = -x$ が成り立つから，点 P の座標を求め

ることができるし，OP 間の距離 L が，$L =$ 11
① $\dfrac{v_0{}^2}{\sqrt{2}\,g}$
② $\dfrac{v_0{}^2}{g}$
③ $\dfrac{\sqrt{2}\,v_0{}^2}{g}$
④ $\dfrac{2\sqrt{2}\,v_0{}^2}{g}$

で表されることがわかるよ。

B さん：さらに，点 O から点 P までにかかる時間も求められるわね。

問2　小物体が点 P に着地する直前の運動エネルギーを K とする。K を表す式として正しいものを，次の ① ～ ④ のうちから一つ選べ。ただし，OP 間の距離を L とする。$K = \boxed{12}$

① $\dfrac{1}{2}mv_0^2 - mgL$

② $\dfrac{1}{2}mv_0^2 - \dfrac{1}{\sqrt{2}}mgL$

③ $\dfrac{1}{2}mv_0^2 + \dfrac{1}{\sqrt{2}}mgL$

④ $\dfrac{1}{2}mv_0^2 + mgL$

　A さんと B さんは，実際のスキージャンプの様子を考慮して，さらに次のようなことを考えた。

A さん：スキージャンプの選手は，ジャンプ台の端でしゃがんだ状態から勢いよく上体を持ち上げて飛び出しているよね。これは，ジャンプ台の面を足で強く踏み込むことで自分に鉛直上向きの力積を得ているんだ。

B さん：図2のように，水平面上で小物体に x 軸の正の向きの初速を与えて，点 O を速さ v_0 で通過するときに，衝突板を使って瞬間的に y 軸の正の向きの力積を与えてみたら，同じ状況がつくれると思うわ。

A さん：その力積を y 軸の正の向きに I とおけば，点 O から飛び出した後の放物運動はどうなるだろう？

B さん：図1と同じように，斜面上の点 Q に着地するまでの小物体の運動を考えてみましょう。

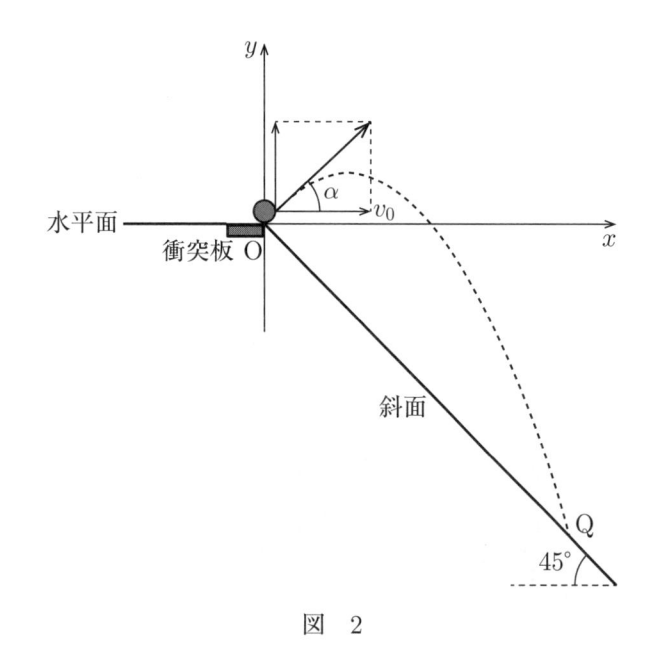

図 2

問3 図 2 における点 O での仰角（小物体が飛び出す方向と水平方向のなす角）を α とする。$\tan\alpha$ を表す式として正しいものを，次の ① 〜 ④ のうちから一つ選べ。ただし，衝突板は点 O で瞬間的に力積を与えるので，重力による力積は無視できるものとする。$\tan\alpha = $ ┃ 13 ┃

① $\dfrac{mv_0}{2I}$ ② $\dfrac{mv_0}{I}$ ③ $\dfrac{I}{mv_0}$ ④ $\dfrac{2I}{mv_0}$

問4 OQ 間の距離を L' とする。この L' と点 O で与えられた力積 I の関係を述べた文として正しいものを，次の ① 〜 ④ のうちから一つ選べ。┃ 14 ┃

① 力積 I を大きくすると，L' は単調に増加し，上限値はない。

② 力積 I を大きくすると，L' は単調に増加し，やがてある上限値に近づく。

③ 力積 I を大きくすると，ある値 I_c で L' は最大になる。

④ 力積 I と初速 v_0 の間にある関係が成り立つときのみ，L' は最大値をもつことができる。

スキージャンプにおいては，スキー板をV字型に開いて空気抵抗も受けながら飛んでいる。Aさんは，空気抵抗を受ける小物体の運動について考えた。空気の抵抗力は小物体の速度に比例するものとし，速度と逆向きに作用する。このとき，小物体の速度のx，y成分を，それぞれv_x，v_yとする。

問5 衝突板を取り除き，図1のように，小物体は時刻$t = 0$に点Oを通過して，点Oから水平方向に初速v_0で飛び出した。小物体の速度のx, y成分の大きさ，$|v_x|$，$|v_y|$の時間変化を表すグラフとして最も適当なものを，次の①〜⑥のうちから一つずつ選べ。ただし，同じものを繰り返し選んでもよい。また，グラフ中の時間内では，小物体が斜面に着地することはないものとする。

$|v_x|$のグラフ $\boxed{15}$ ，$|v_y|$のグラフ $\boxed{16}$

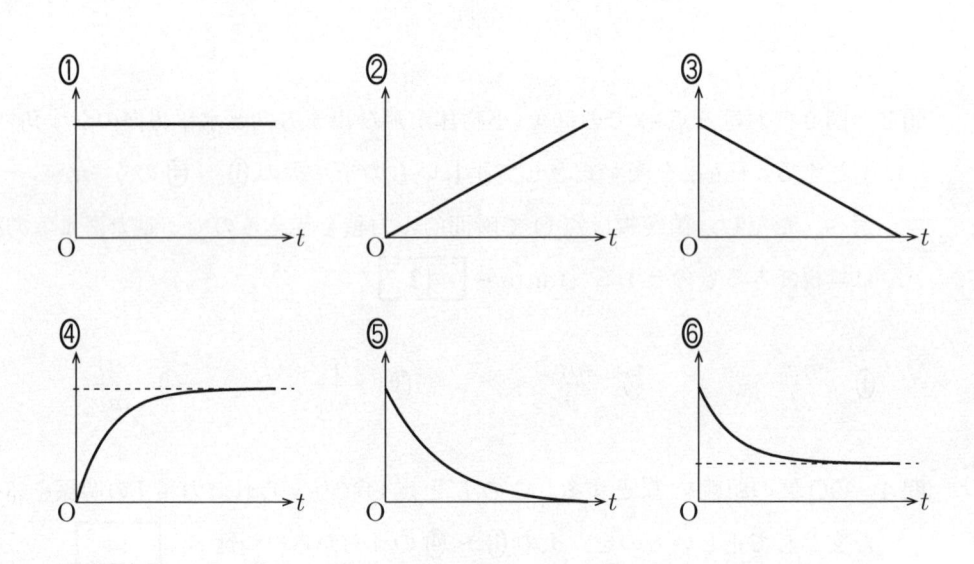

（下 書 き 用 紙）

物理の試験問題は次に続く。

第3問 次の文章を読み，後の問い（**問1〜5**）に答えよ。（配点　25）

　図1のように，十分に長い2本の導体レール ab と導体レール cd を水平面内で平行に置き，ac 間に抵抗を接続する。この周囲には鉛直上向きに一様な磁場をかけておく。導体棒 M を2本の導体レールと接触したまま動かすと，この閉回路に電流が流れる。ac 間にはオシロスコープが接続されていて，ac 間の電位差の時間変化を測定することにより，その測定結果から抵抗に流れる電流，導体棒 M が磁場から受ける力，抵抗で消費される電力の時間変化の様子がわかる。図1のように，2本の導体レールと平行に x 軸をとり，a → b の向きをその正の向きとする。導体棒 M は2本の導体レールと垂直な状態を保って動かすことができ，その x 座標を x_M とする。ここでは，抵抗以外の電気抵抗とこの閉回路の自己インダクタンスは無視できるものとする。また，導体棒 M に流れる電流は抵抗に流れる電流と等しいものとする。

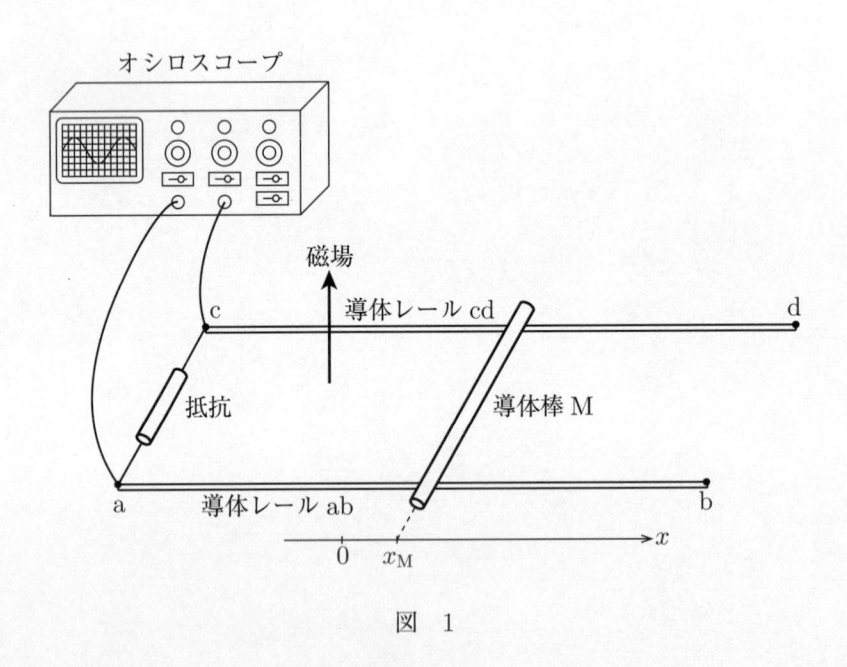

図　1

問1 次の文章中の空欄 ア ・ イ に入れる記号と語句の組合せとして最も適当なものを，後の ① 〜 ④ のうちから一つ選べ。 17

導体棒 M を x 軸の正の向きに動かすと，抵抗には ア の向きの電流が流れる。このとき，導体棒 M が磁場から受ける力の向きは x 軸の イ の向きである。

	ア	イ
①	a → c	正
②	a → c	負
③	c → a	正
④	c → a	負

問2 抵抗の電気抵抗を R，磁場の磁束密度の大きさを B，導体レール ab と cd の間隔を L とする。ac 間の電位差の大きさが V_1 のとき，抵抗で消費される電力 P と導体棒 M が磁場から受ける力の大きさ F を表す式の組合せとして正しいものを，次の ① 〜 ④ のうちから一つ選べ。 18

	P	F
①	$\dfrac{V_1}{R}$	$\dfrac{LV_1B}{R}$
②	$\dfrac{V_1}{R}$	$\dfrac{LV_1^{2}B}{R}$
③	$\dfrac{V_1^{2}}{R}$	$\dfrac{LV_1B}{R}$
④	$\dfrac{V_1^{2}}{R}$	$\dfrac{LV_1^{2}B}{R}$

導体棒 M に力を加え，時刻 t におけるその x 座標 x_{M} が，

$$x_{\mathrm{M}} = A\cos\left(\frac{2\pi}{T}t\right)$$

となるように動かす。ここで，A と T は正の定数で，それぞれ値を変えて実験ができる。

問3 $A = A_0$，$T = T_0$ として実験した場合，導体棒 M の速度の x 成分 v_x と時刻 t の関係を表すグラフとして最も適当なものを，次の ① 〜 ④ のうちから一つ選べ。ただし，x 軸の正の向きを v_x の正の向きとする。 $\boxed{19}$

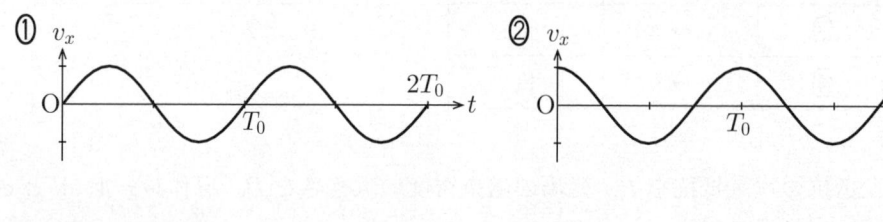

問4 $A = A_0$，$T = T_0$ として実験した場合，抵抗に流れる電流 I と時刻 t の関係を表すグラフとして最も適当なものを，次の ① 〜 ④ のうちから一つ選べ。ただし，a→c の向きを I の正の向きとする。 $\boxed{20}$

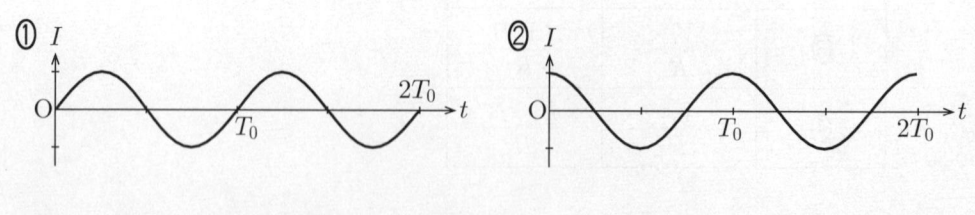
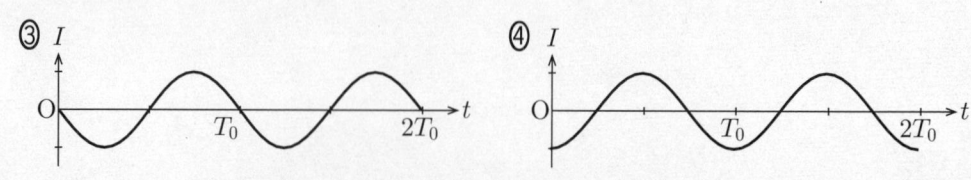

問5　$A = A_0$，$T = T_0$ のときの抵抗の消費電力の最大値を P_0 とする。次の文章中の空欄 $\boxed{21}$ ～ $\boxed{23}$ に入れる数値として最も適当なものを，それぞれの直後の{　　}で囲んだ選択肢のうちから一つずつ選べ。

　　$A = 2A_0$，$T = T_0$ として実験した場合，抵抗の消費電力の最大値は P_0 の

$\boxed{21}$ $\begin{cases} ① & \dfrac{1}{4} \\[2pt] ② & \dfrac{1}{2} \\[2pt] ③ & 1 \\[2pt] ④ & 2 \\[2pt] ⑤ & 4 \end{cases}$ 倍である。また，$A = A_0$，$T = 2T_0$ として実験した場合，

抵抗の消費電力の最大値は P_0 の $\boxed{22}$ $\begin{cases} ① & \dfrac{1}{4} \\[2pt] ② & \dfrac{1}{2} \\[2pt] ③ & 1 \\[2pt] ④ & 2 \\[2pt] ⑤ & 4 \end{cases}$ 倍である。さらに，

$A = 2A_0$，$T = 2T_0$ として実験した場合，抵抗の消費電力の最大値は P_0 の

$\boxed{23}$ $\begin{cases} ① & \dfrac{1}{4} \\[2pt] ② & \dfrac{1}{2} \\[2pt] ③ & 1 \\[2pt] ④ & 2 \\[2pt] ⑤ & 4 \end{cases}$ 倍である。

第4問 次の文章を読み，後の問い（**問1〜4**）に答えよ。（配点　20）

　図1のように，光源から出た単色光をスリット S_0（単スリット）に通すと，光は広がり，その後，二つのスリット S_1, S_2（複スリット）を通って広がった光はスクリーン上で重なり，スクリーン上に明暗の縞模様が観察できる。ここで，S_1 と S_2 は S_0 から等距離にある。また，スリットとスクリーンの面は互いに平行であり，S_1 と S_2 の間隔を d，複スリットとスクリーンの間の距離を L とする。スクリーン上で S_1，S_2 から等距離の点である点 O からの距離が x である点を P とすると，S_1P と S_2P の距離の差は，L が x，d に比べて十分に大きいとき，

$$|S_1P - S_2P| = \frac{d}{L}x$$

となる。実験装置は空気中にあり，空気の屈折率を 1 とする。

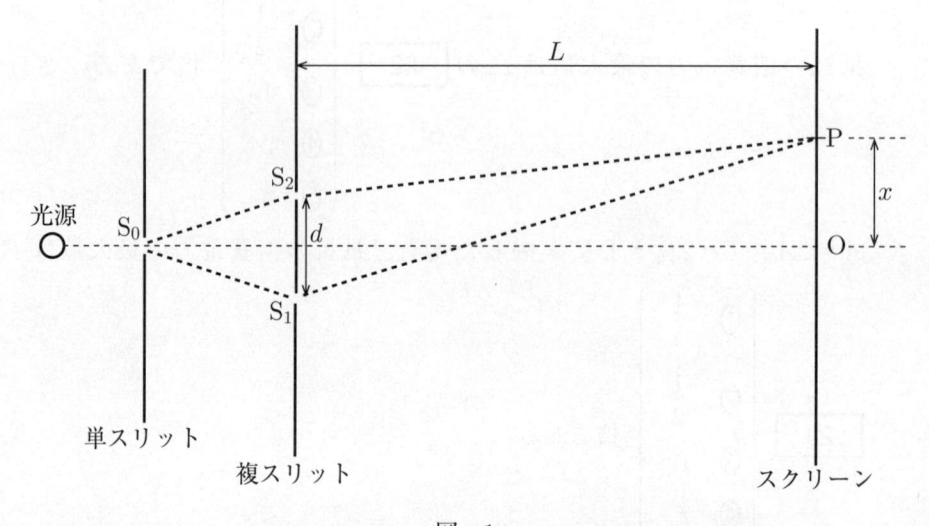

図　1

問1　次の文章中の空欄 ア ・ イ に入れる語句と式の組合せとして最も適当なものを，後の ① ～ ④ のうちから一つ選べ。 24

　　図1のような装置を用いた実験はヤングの実験と呼ばれ，スクリーン上に明暗の縞模様が観察できることにより，光の ア 性が証明された実験として知られている。このとき，点 O 付近で隣り合う明線の間隔は，単色光の波長を λ とすると， イ となる。

	ア	イ
①	粒　子	$\dfrac{L\lambda}{d}$
②	粒　子	$\dfrac{d\lambda}{L}$
③	波　動	$\dfrac{L\lambda}{d}$
④	波　動	$\dfrac{d\lambda}{L}$

図2のように，正電極と負電極の間に上下対称な電場をつくることができる装置を電子線バイプリズムという。この装置で，加速電圧 V の電子銃から打ち出された電子線を二つの向きに曲げ，仮想的な複スリットを形成させることができる。この装置を用いて，蛍光面に電子線が当たることにより生じる輝点がつくる縞模様を観察することができる。ただし，重力による影響は無視できるものとする。

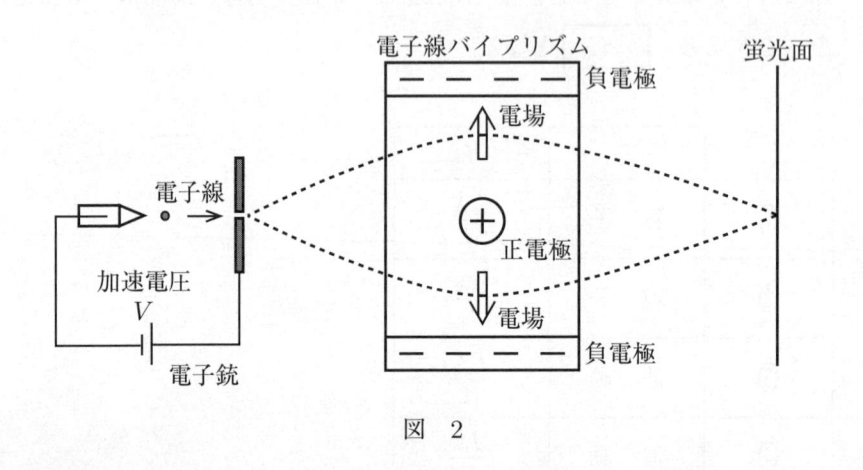

図　2

問2　次の文章中の空欄　ウ　・　エ　に入れる式として正しいものを，後の① 〜 ④ のうちから一つ選べ。　25

真空中において，電気量 $-e$ の電子を初速度 0 から加速電圧 V で加速させたときの電子の運動エネルギーは　ウ　となる。この電子の運動量の大きさを p，プランク定数を h とすると，電子波の波長は　エ　である。

	ウ	エ
①	eV	hp
②	eV	$\dfrac{h}{p}$
③	$\dfrac{V}{e}$	hp
④	$\dfrac{V}{e}$	$\dfrac{h}{p}$

問3 次の文章中の オ ・ カ に入れる語句の組合せとして最も適当なものを，後の ① 〜 ④ のうちから一つ選べ。 26

　図2の装置で，蛍光面に生じる縞模様の間隔を広くしたい。このためには，電子を加速する電圧を オ したり，電子線バイプリズムの電場を調整して，仮想的な複スリットの間隔を カ したりすればよい。

	オ	カ
①	大きく	広 く
②	大きく	狭 く
③	小さく	広 く
④	小さく	狭 く

問4 次の文章中の空欄 27 に入れる式として正しいものを，後の ① 〜 ④ のうちから一つ選べ。

　図3のように，間隔 D で規則正しく並んだ結晶平面をもつ結晶に電子線を当てると，斑点からなる模様が得られた。波長 λ_e の電子線を結晶平面と角 θ をなす方向から入射させるとき，散乱された電子線が強め合うのは，反射の法則を満たす方向で，かつ隣り合う二つの平面で反射された電子線が同位相になる場合である。この条件は自然数 n （$n = 1,\ 2,\ 3,\ \cdots$）を用いて， 27 $= n\lambda_e$ である。

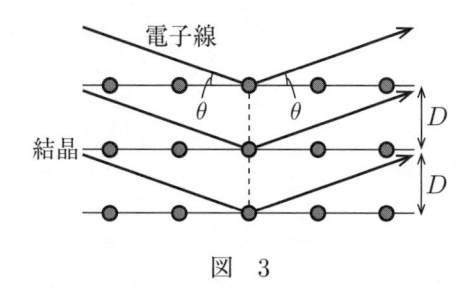

図 3

① $D\sin\theta$ 　　　② $2D\sin\theta$ 　　　③ $D\cos\theta$ 　　　④ $2D\cos\theta$

2024 年度
大学入学共通テスト
本試験

難易度・標準所要時間・出題内容一覧

問題番号	難易度	標準所要時間	出題内容
第1問	＊＊	18分	小問集合（剛体のつりあいなど）
第2問	＊	15分	力学（運動量と力積など）
第3問	＊	12分	波動（弦の固有振動）
第4問	＊	15分	電磁気（電場と電位など）

（注）　難易度記号は次の意味で用いている。

　　＊　　：教科書とほぼ同じレベル

　　＊＊　：教科書に比べて少し難しい

　　＊＊＊：教科書に比べて難しい

物　　　　　理

第1問　次の問い（問1～5）に答えよ。（配点　25）

問1　図1のように，直角二等辺三角形の一様な薄い板を水平な床に対して垂直に立てる。板の頂点をA，B，Cとし，板が壁と垂直になるように，頂点Aを壁に接触させる。AC = BC = Lとする。板の重心は辺BCから$\frac{L}{3}$の距離のところにある。この三角形を含む鉛直面内で，点Bに水平右向きに大きさFの力を加えるとき，板が点Aのまわりに回転しないようなFの最大値を表す式として正しいものを，後の①～⑥のうちから一つ選べ。ただし，板の質量をMとし，重力加速度の大きさをgとする。　1

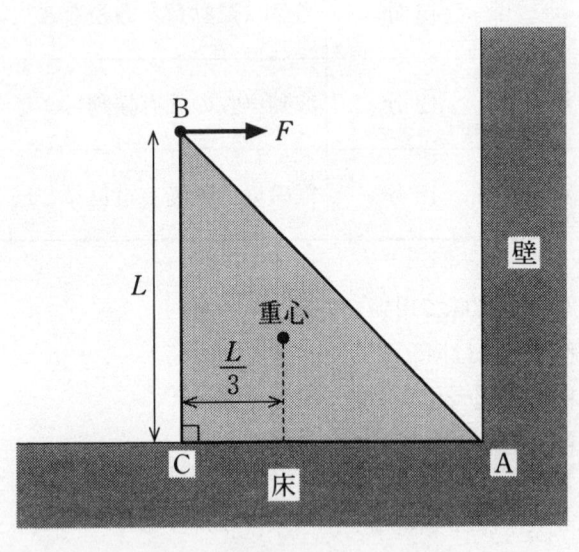

図　1

① $\dfrac{Mg}{3\sqrt{2}}$　　　　② $\dfrac{Mg}{3}$　　　　③ $\dfrac{Mg}{2}$

④ $\dfrac{\sqrt{2}\,Mg}{3}$　　　　⑤ $\dfrac{2\,Mg}{3}$　　　　⑥ Mg

問 2 次の文章中の空欄 2 ・ 3 に入れる数値として最も適当なもの
を，それぞれの直後の｛　｝で囲んだ選択肢のうちから一つずつ選べ。

太陽の中心部の温度は約 1500 万 K であり，そこには水素原子核やヘリウム
原子核が電子と結びつかずに存在している。その状態を，単原子分子理想気体
とみなすとき，太陽の中心部にあるヘリウム原子核 1 個あたりの運動エネル
ギーの平均値は，温度 300 K の空気中に，単原子分子理想気体として存在す
るヘリウム原子 1 個あたりの運動エネルギーの平均値の

約 2  倍となる。

また，太陽の中心部で，水素原子核 1 個あたりの運動エネルギーの平均値
は，ヘリウム原子核 1 個あたりの運動エネルギーの平均値の

$$3 \left\{ \begin{array}{l} ① \quad \dfrac{1}{4} \\[2mm] ② \quad \dfrac{1}{2} \\[2mm] ③ \quad 1 \\[2mm] ④ \quad 2 \\[2mm] ⑤ \quad 4 \end{array} \right\}$$ 倍である。

問 3 次の文章中の空欄 $\boxed{\text{ア}}$・$\boxed{\text{イ}}$ に入れる語句と式の組合せとして最も適当なものを，後の①〜⑨のうちから一つ選べ。$\boxed{4}$

　図2には，水，厚さ一定のガラス，空気の層を，光が屈折しながら進む様子が描かれている。水，ガラス，空気の屈折率をそれぞれ n，n'，n''（$n' > n > n''$，$n'' = 1$）とすると，水とガラスの境界面での屈折では $n \sin\theta = n' \sin\theta'$ の関係が成り立ち，ガラスと空気の境界面でも同様の関係が成り立つ。図2の角度 θ がある角度 θ_C を超えると，光は空気中に出てこなくなる。このとき，光は $\boxed{\text{ア}}$ の境界面で全反射しており，θ_C は $\sin\theta_C = \boxed{\text{イ}}$ で与えられる。

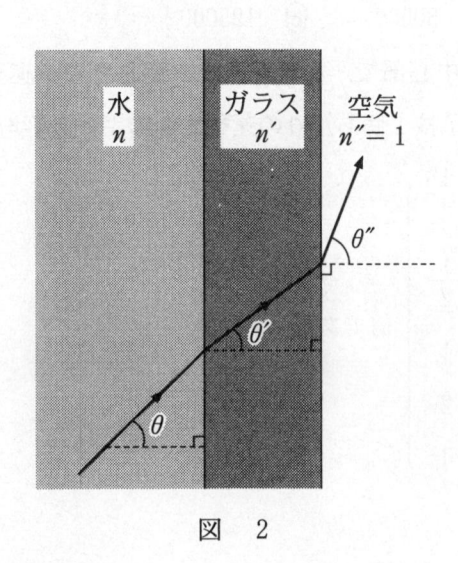

図　2

— 4 —

	ア	イ
①	水とガラス	$\dfrac{1}{n}$
②	水とガラス	$\dfrac{1}{n'}$
③	水とガラス	$\dfrac{n'}{n}$
④	ガラスと空気	$\dfrac{1}{n}$
⑤	ガラスと空気	$\dfrac{1}{n'}$
⑥	ガラスと空気	$\dfrac{n'}{n}$
⑦	水とガラス，および，ガラスと空気の両方	$\dfrac{1}{n}$
⑧	水とガラス，および，ガラスと空気の両方	$\dfrac{1}{n'}$
⑨	水とガラス，および，ガラスと空気の両方	$\dfrac{n'}{n}$

問 4 次の文章中の空欄 ウ ・ エ に入れる語の組合せとして最も適当な
ものを，後の①〜⑨のうちから一つ選べ。ただし，重力は無視できるものとす
る。 5

一様な磁場(磁界)中の荷電粒子の運動について，互いに直交する三つの座標
軸としてx軸，y軸，z軸を定めて考える。荷電粒子がxy平面内で円運動して
いるときは，磁場の方向は ウ に平行である。また，荷電粒子がx軸に平
行に直線運動しているときは，磁場の方向は エ に平行である。

	ウ	エ
①	x軸	x軸
②	x軸	y軸
③	x軸	z軸
④	y軸	x軸
⑤	y軸	y軸
⑥	y軸	z軸
⑦	z軸	x軸
⑧	z軸	y軸
⑨	z軸	z軸

問 5　次の文章中の空欄　オ　・　カ　に入れるものの組合せとして最も適当なものを，後の①～⑨のうちから一つ選べ。　6

　陽子($_1^1$H)を炭素の原子核 $_6^{12}$C に衝突させたところ，原子核反応により原子核 $_7^{13}$N が生成された。表 1 に示す統一原子質量単位 u で表した原子核の質量から考えると，この反応で核エネルギーが　オ　ことがわかる。

　原子核 $_7^{13}$N は，やがて原子核 $_6^{13}$C に崩壊する。崩壊によって，原子核 $_7^{13}$N の個数が 40 分間で $\frac{1}{16}$ になったとすると，原子核 $_7^{13}$N の半減期は約　カ　となる。

表　1

元　素	原子核	原子核の質量〔u〕
水　素	$_1^1$H	1.0073
炭　素	$_6^{12}$C	11.9967
	$_6^{13}$C	13.0000
窒　素	$_7^{13}$N	13.0019

	オ	カ
①	放出されなかった	10 分
②	放出されなかった	20 分
③	放出されなかった	40 分
④	放出されたかどうかは，反応前の陽子の運動エネルギーによる	10 分
⑤	放出されたかどうかは，反応前の陽子の運動エネルギーによる	20 分
⑥	放出されたかどうかは，反応前の陽子の運動エネルギーによる	40 分
⑦	放出された	10 分
⑧	放出された	20 分
⑨	放出された	40 分

第2問 ペットボトルロケットに関する探究の過程についての次の文章を読み，後の問い(**問1～5**)に答えよ。(配点 25)

　図1は，ペットボトルロケットの模式図である。ペットボトルの飲み口には栓のついた細い管(ノズル)が取り付けられていて，内部には水と圧縮空気がとじこめられている。ノズルの栓を開くとその先端から下向きに水が噴出する。ペットボトルとノズルはそれぞれ断面積 S_0, s の円筒形とする。考えやすくするために，以下の計算では，水の運動による摩擦(粘性)，空気抵抗，大気圧，重力の影響は無視する。

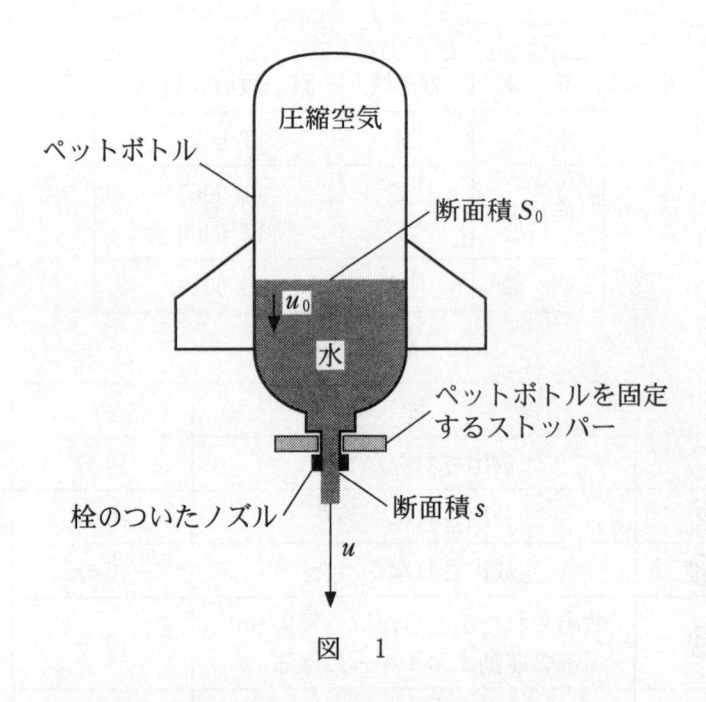

図　1

まず，図1のように，ペットボトルがストッパーで固定されている場合を考える。

問 1 次の文章中の空欄 ア ・ イ に入れる式の組合せとして最も適当なものを，後の①〜⑧のうちから一つ選べ。 7

ノズルから噴出する水の速さを u とするとき，短い時間 Δt の間に噴出する水の体積 ΔV は $\Delta V =$ ア と表される。また，ΔV は，ペットボトル内で下降する水面の速さ u_0 を用いて表すこともできるから，ΔV を消去して u_0 を求めると，$u_0 =$ イ が得られる。したがって，u の値が同じであれば，ノズルを細くすればするほど，u_0 は小さくなる。

	ア	イ
①	su	$\sqrt{\dfrac{s}{S_0}}\,u$
②	su	$\dfrac{s}{S_0}\,u$
③	su^2	$\sqrt{\dfrac{s}{S_0}}\,u$
④	su^2	$\dfrac{s}{S_0}\,u$
⑤	$su\Delta t$	$\sqrt{\dfrac{s}{S_0}}\,u$
⑥	$su\Delta t$	$\dfrac{s}{S_0}\,u$
⑦	$su^2\Delta t$	$\sqrt{\dfrac{s}{S_0}}\,u$
⑧	$su^2\Delta t$	$\dfrac{s}{S_0}\,u$

引き続き，ペットボトルが固定されている場合を考える。栓を開けた後，図2(a)のような状態にあったところ，時刻 $t = 0$ から $t = \Delta t$ までの間に質量 Δm，体積 ΔV の水が噴出し，図2(b)のような状態になった。このとき，Δt は小さいので，$t = 0$ から $t = \Delta t$ までの間，圧縮空気の圧力 p や，噴出した水の速さ u は一定とみなせるものとする。また，ペットボトルやノズルの中にあるときの水の運動エネルギーは考えなくてよい。水の密度を ρ_0 とする。なお，以下の図で，$t < 0$ で噴出した水は省略されている。

時刻 $t \leqq 0$　　　　　　　　時刻 $t = \Delta t$

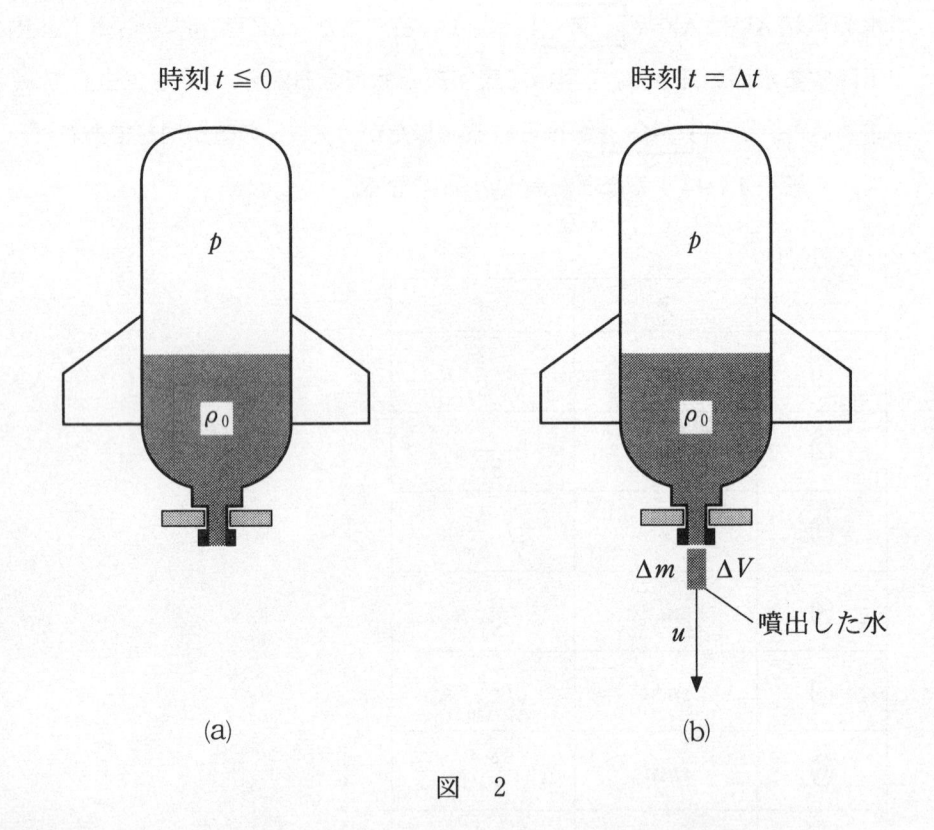

(a)　　　　　　　　　　　(b)

図　2

問 2　時刻 $t = 0$ から $t = \Delta t$ までの間に噴出した水の質量 Δm と，同じ時間の間に圧縮空気がした仕事 W' を表す式として正しいものを，それぞれの選択肢のうちから一つずつ選べ。

$\Delta m = \boxed{\quad 8 \quad}$

$W' = \boxed{\quad 9 \quad}$

$\boxed{\ 8\ }$ の選択肢

① $p\Delta V$　　　　② $\rho_0\Delta V$　　　　③ $u\Delta V$　　　　④ $p\rho_0\Delta V$

⑤ $\dfrac{\Delta V}{p}$　　　　⑥ $\dfrac{\Delta V}{\rho_0}$　　　　⑦ $\dfrac{\Delta V}{u}$　　　　⑧ $\dfrac{\Delta V}{p\rho_0}$

$\boxed{\ 9\ }$ の選択肢

① $p\Delta V$　　　② $\rho_0\Delta V$　　　③ $p\rho_0\Delta V$　　　④ $p\rho_0(\Delta V)^2$

⑤ $-p\Delta V$　　⑥ $-\rho_0\Delta V$　　⑦ $-p\rho_0\Delta V$　　⑧ $-p\rho_0(\Delta V)^2$

問 3　次の文章中の空欄 $\boxed{\ \text{ウ}\ }$・$\boxed{\ \text{エ}\ }$ には，それぞれの直後の $\left\{\ \ \right\}$ 内の語句および数式のいずれか一つが入る。入れる語句および数式を示す記号の組合せとして最も適当なものを，後の①〜⑨のうちから一つ選べ。$\boxed{\ 10\ }$

時刻 $t=0$ から $t=\Delta t$ までの間に噴出した水の，$t=\Delta t$ での

$\boxed{\ \text{ウ}\ }$ $\left\{\begin{array}{ll}\text{(a)} & \text{運動量}\\ \text{(b)} & \text{内部エネルギー}\\ \text{(c)} & \text{運動エネルギー}\end{array}\right\}$ が，この間に圧縮空気がした仕事 W' に等し

いとき，

$u=\boxed{\ \text{エ}\ }$ $\left\{\begin{array}{ll}\text{(d)} & \dfrac{2W'}{\Delta m}\\[2mm] \text{(e)} & \dfrac{2W'}{p\Delta m}\\[2mm] \text{(f)} & \sqrt{\dfrac{2W'}{\Delta m}}\end{array}\right\}$ となる。この式と前問の結果から，p と ρ_0 を用

いて u を表すことができる。

	①	②	③	④	⑤	⑥	⑦	⑧	⑨
ウ	(a)	(a)	(a)	(b)	(b)	(b)	(c)	(c)	(c)
エ	(d)	(e)	(f)	(d)	(e)	(f)	(d)	(e)	(f)

今度は，ペットボトルロケットが静止した状態から飛び出す状況を考える。時刻 $t < 0$ では，図 2(a) と同じ状態であり，$t = 0$ にストッパーを外して動けるようになったとする（図 3(a)）。$t = \Delta t$ では，水を噴出したロケットは上向きに動いている（図 3(b)）。$t = 0$ での，ペットボトルと内部の水やノズルを含むロケット全体の質量を M，速さを 0 とする。また，$t = \Delta t$ での，ロケット全体の質量を M'，速さを Δv，Δt の間に噴出した水の速さを u' とする。Δt が小さいときには，Δm と Δv も小さいので，M' を M に，u' を u に等しいとみなせるものとする。ペットボトル内部の水の流れの影響は考えなくてよいものとする。

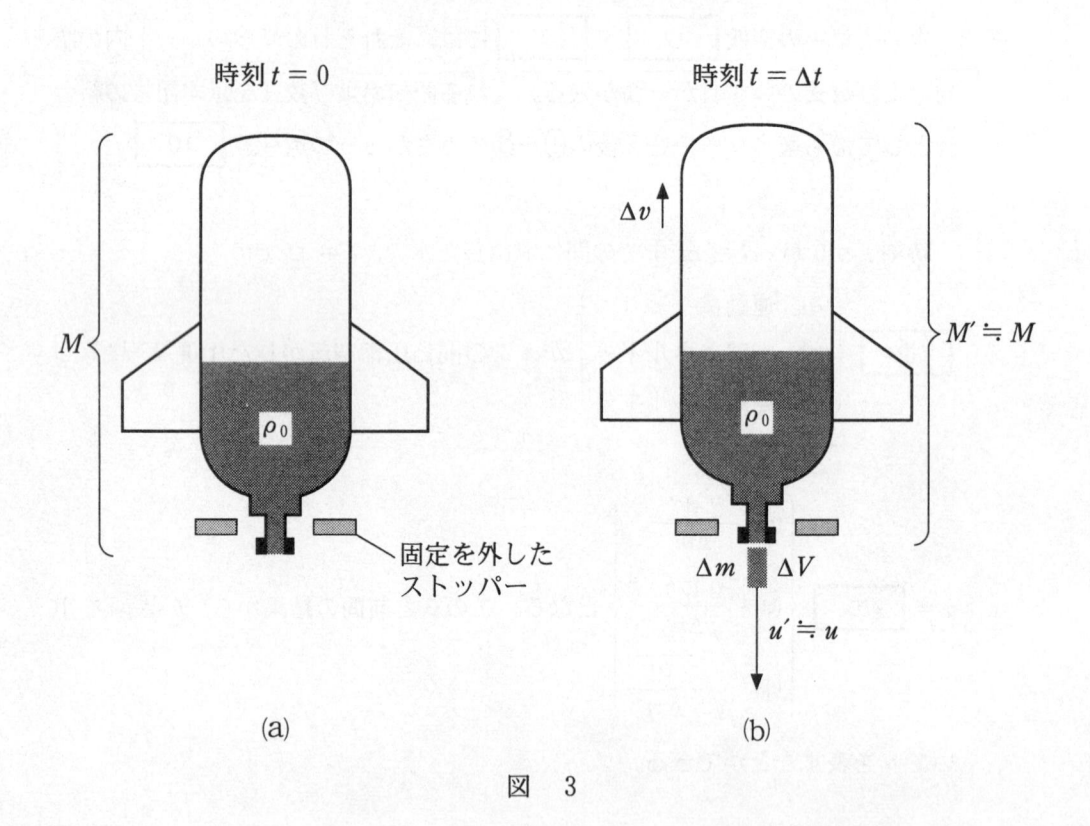

図　3

問 4 時刻 $t = \Delta t$ でのロケットの運動量と噴出した水の運動量の和は，$t = 0$ での
ロケットの運動量に等しいと考えられる。その関係を表す式として最も適当な
ものを，次の①〜⑧のうちから一つ選べ。　　11

①　$\Delta m \Delta v + Mu = 0$　　　　　　　②　$\Delta m \Delta v - Mu = 0$

③　$M \Delta v + \Delta m u = 0$　　　　　　　④　$M \Delta v - \Delta m u = 0$

⑤　$\dfrac{1}{2} M (\Delta v)^2 + \dfrac{1}{2} \Delta m u^2 = 0$　　　　⑥　$\dfrac{1}{2} M (\Delta v)^2 - \dfrac{1}{2} \Delta m u^2 = 0$

⑦　$\dfrac{1}{2} \Delta m (\Delta v)^2 + \dfrac{1}{2} M u^2 = 0$　　　　⑧　$\dfrac{1}{2} \Delta m (\Delta v)^2 - \dfrac{1}{2} M u^2 = 0$

問 5 Δt の間に増加した速さ Δv から，噴出する水がロケットに及ぼす力（推進力）
を求めることができる。この推進力の大きさが，ロケットにはたらく重力の大
きさ Mg よりも大きくなる条件を表す不等式として最も適当なものを，次の
①〜⑥のうちから一つ選べ。ここで，g は重力加速度の大きさである。
　　12

①　$\Delta v > g$　　　　　②　$\Delta v > 2g$　　　　　③　$\Delta m \Delta v > Mg$

④　$\Delta v > g \Delta t$　　　　⑤　$\Delta v > 2g \Delta t$　　　　⑥　$\Delta m \Delta v > Mg \Delta t$

第3問 次の文章を読み，後の問い(**問1～5**)に答えよ。(配点　25)

　図1の装置を用いて，弦の固有振動に関する探究活動を行った。均一な太さの一本の金属線の左端を台の左端に固定し，間隔Lで置かれた二つのこまにかける。金属線の右端には滑車を介しておもりをぶら下げ，金属線を大きさSの一定の力で引く。金属線は交流電源に接続されており，交流の電流を流すことができる。以下では，二つのこまの間の金属線を弦と呼ぶ。弦に平行にx軸をとる。弦の中央部分にはy軸方向に，U字型磁石による一定の磁場(磁界)がかけられており，弦には電流に応じた力がはたらく。交流電源の周波数を調節すると弦が共振し，弦にできた横波の定在波(定常波)を観察できる。

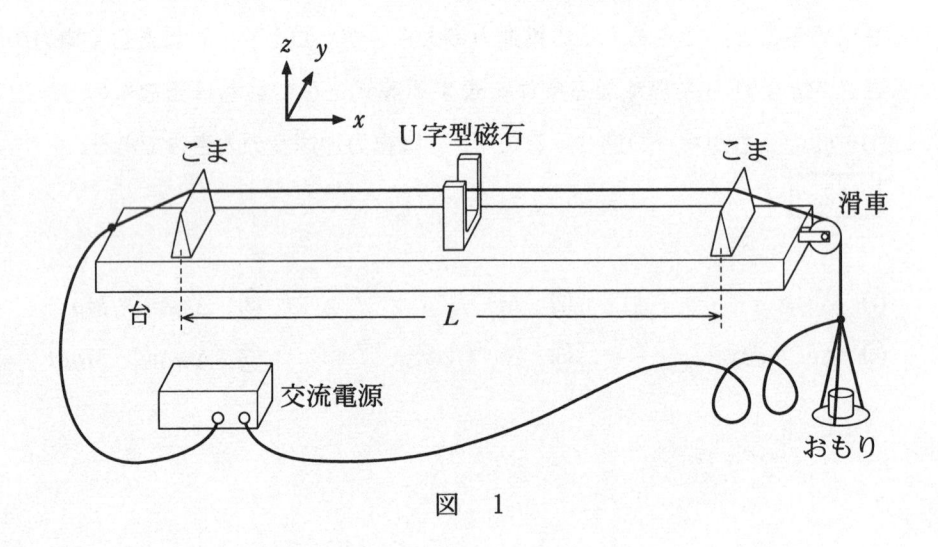

図　1

問 1 次の文章中の空欄 　ア　 ・ 　イ　 に入れる語の組合せとして最も適当なものを，後の①〜⑥のうちから一つ選べ。　13

金属線に交流電流が流れると，弦の中央部分は図1の 　ア　 に平行な力を受ける。弦が振動して横波の定在波ができたとき，弦の中央部分は 　イ　 となる。

	①	②	③	④	⑤	⑥
ア	x 軸	x 軸	y 軸	y 軸	z 軸	z 軸
イ	腹	節	腹	節	腹	節

問 2 弦に3個の腹をもつ横波の定在波ができたとき，この定在波の波長を表す式として最も適当なものを，次の①〜⑤のうちから一つ選べ。　14

① $2L$　　② L　　③ $\dfrac{2L}{3}$　　④ $\dfrac{L}{3}$　　⑤ $\dfrac{L}{2}$

定在波の腹が n 個生じているときの交流電源の周波数を弦の固有振動数 f_n として記録し，縦軸を f_n，横軸を n としてグラフを描くと図2が得られた。

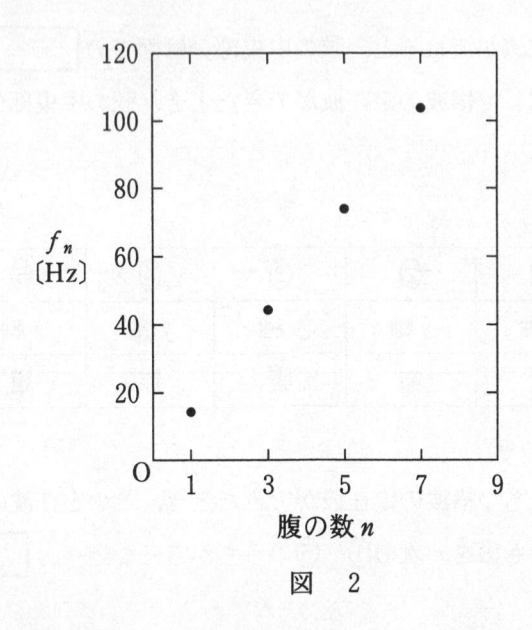

図　2

問 3　図2で，原点とグラフ中のすべての点を通る直線を引くことができた。この直線の傾きに比例する物理量として最も適当なものを，次の①〜④のうちから一つ選べ。　□15□

①　弦を伝わる波の位相　　　　　②　弦を伝わる波の速さ

③　弦を伝わる波の振幅　　　　　④　弦を流れる電流の実効値

問 4 次の文章中の空欄 16 に入れる式として最も適当なものを，後の①〜⑥のうちから一つ選べ。

　おもりの質量を変えることで，金属線を引く力の大きさ S を 5 通りに変化させ，$n = 3$ の固有振動数 f_3 を測定した。f_3 と S の間の関係を調べるために，縦軸を f_3 とし，横軸を S，$\dfrac{1}{S}$，S^2，$\sqrt{S}$ として描いたグラフを図 3 に示す。これらのグラフから，f_3 は 16 に比例することが推定される。

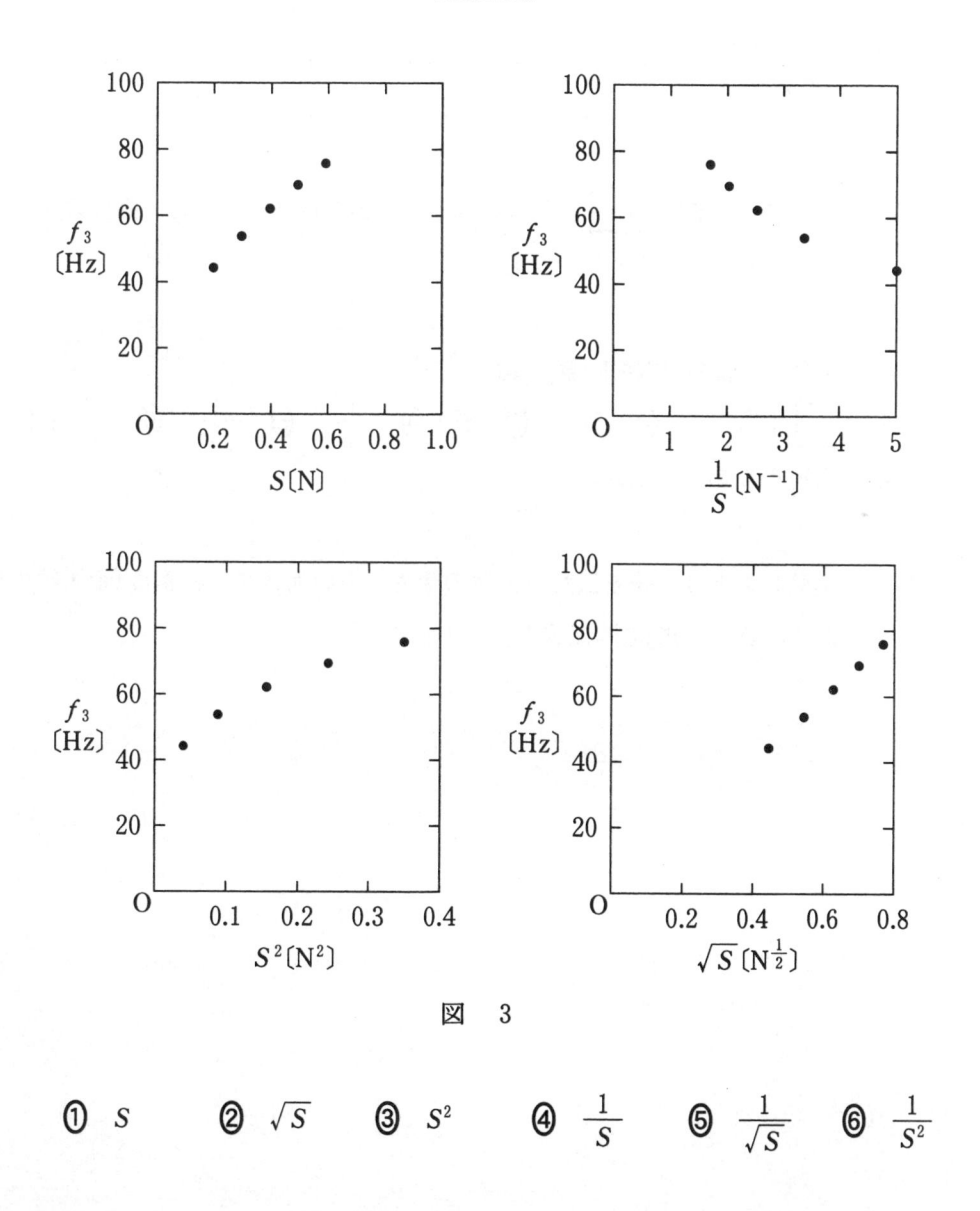

図　3

①　S　　　②　$\sqrt{S}$　　　③　S^2　　　④　$\dfrac{1}{S}$　　　⑤　$\dfrac{1}{\sqrt{S}}$　　　⑥　$\dfrac{1}{S^2}$

次に，おもりの質量を変えずに，直径 $d = 0.1\,\mathrm{mm}$，$0.2\,\mathrm{mm}$，$0.3\,\mathrm{mm}$ の，同じ材質の金属線を用いて実験を行った。表 1 に，得られた固有振動数 f_1, f_3, f_5 を示す。

表　1

	$d = 0.1\,\mathrm{mm}$	$d = 0.2\,\mathrm{mm}$	$d = 0.3\,\mathrm{mm}$
f_1〔Hz〕	29.4	14.9	9.5
f_3〔Hz〕	89.8	44.3	28.8
f_5〔Hz〕	146.5	73.9	47.4

問 5　次の文中の空欄 17 に入れる式として最も適当なものを，直後の $\Big\{ \quad \Big\}$ で囲んだ選択肢のうちから一つ選べ。

　　表 1 から，弦の固有振動数 f_n は

　 17 $\Big\{$ ① d ② $\sqrt{d}$ ③ d^2 ④ $\dfrac{1}{d}$ ⑤ $\dfrac{1}{\sqrt{d}}$ ⑥ $\dfrac{1}{d^2}$ $\Big\}$ に，ほぼ比例することがわかる。

以上の実験結果より，弦を伝わる横波の速さ，力の大きさ，線密度（金属線の単位長さあたりの質量）の間の関係式を推定できる。

（下 書 き 用 紙）

物理の試験問題は次に続く。

第4問 次の文章を読み，後の問い(問 1 ～ 5)に答えよ。(配点 25)

　　真空中の，大きさが同じで符号が逆の二つの点電荷が作る電位の様子を調べよう。

問 1 電荷を含む平面上の等電位線の模式図として最も適当なものを，次の①～⑥のうちから一つ選べ。ただし，図中の実線は一定の電位差ごとに描いた等電位線を示す。　18

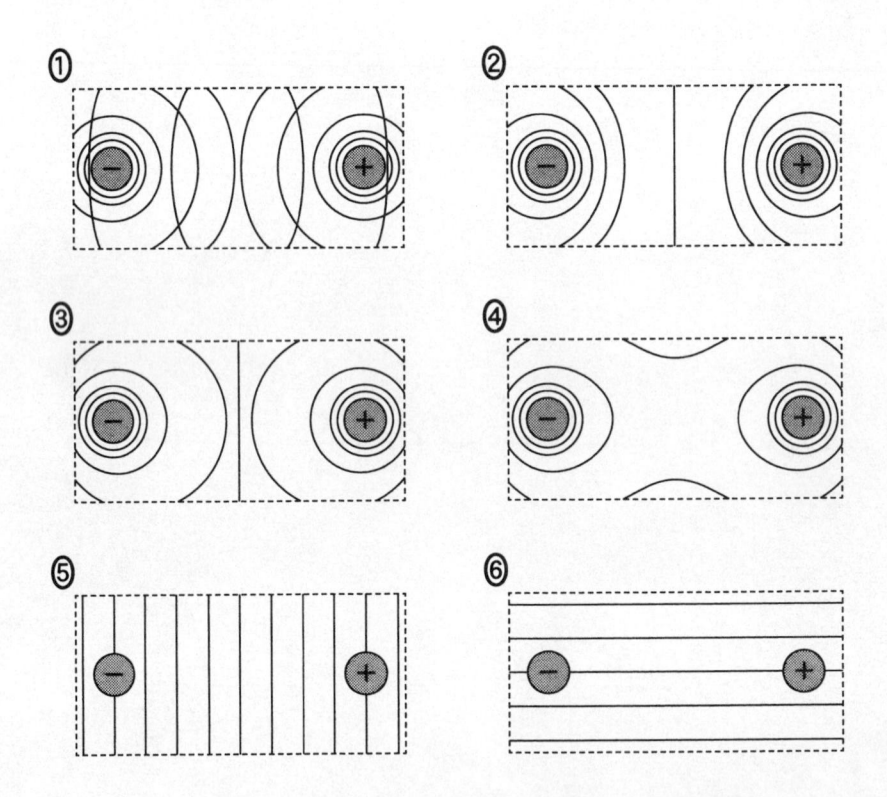

問 2 等電位線と電気力線について述べた次の文 (a)～(c) から，正しいものをすべて選んだ組合せとして最も適当なものを，後の①～⑦のうちから一つ選べ。

19

(a) 電気力線は，電場(電界)が強いところほど密である。

(b) すべての隣り合う等電位線の間の距離は等しい。

(c) 等電位線と電気力線は直交する。

① (a)   ② (b)   ③ (c)   ④ (a) と (b)

⑤ (a) と (c)   ⑥ (b) と (c)   ⑦ (a) と (b) と (c)

続いて，図1のように，長方形の一様な導体紙(導電紙)に電流を流し，導体紙上の電位を測定すると，図2のような等電位線が描けた。ただし，点P，Qを通る直線上に，負の電極(点Q)から正の電極(点P)の向きにx軸をとり，電極間の中央の位置を原点O$(x=0)$にとる。また，原点での電位を0mVにとる。図2の太枠は導体紙の辺を示す。

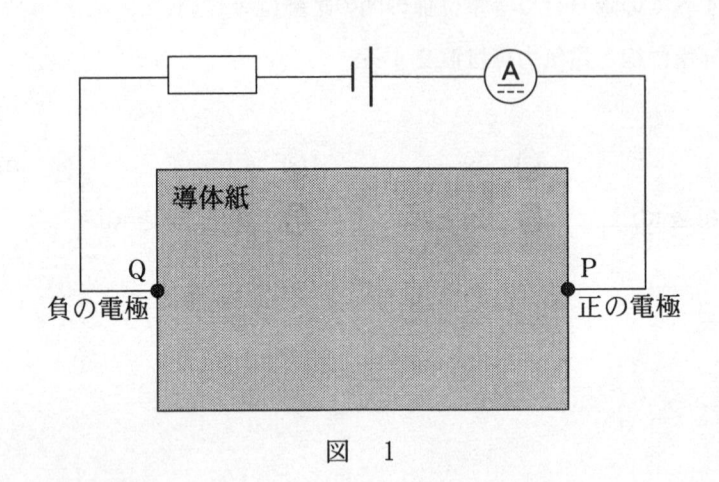

図　1

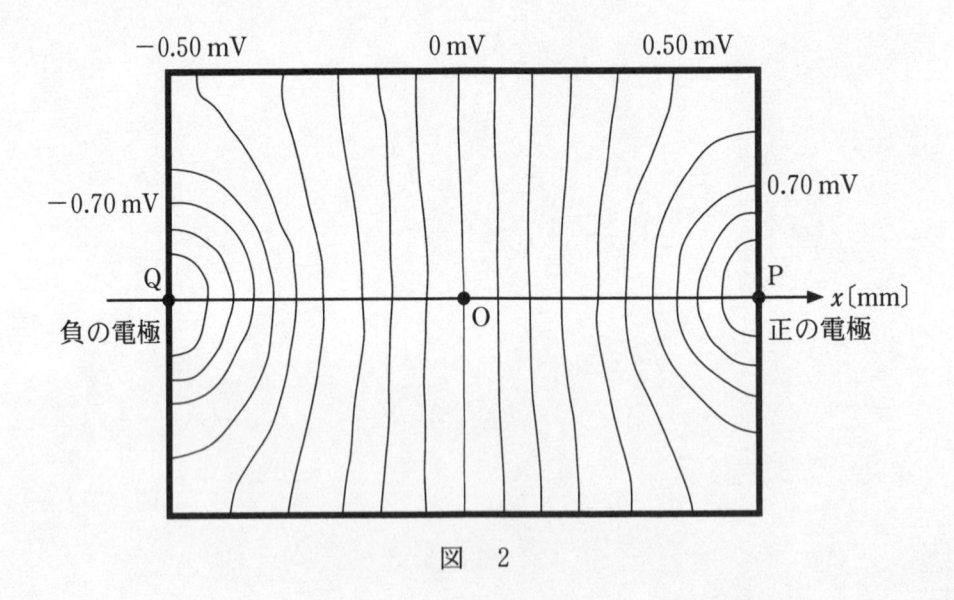

図　2

問 3 次の文章中の空欄　ア　～　ウ　に入れる語の組合せとして最も適当なものを，後の①～⑧のうちから一つ選べ。　20

　　図 2 において，導体紙の辺の近くで，等電位線は辺に対して垂直になっている。このことから，辺の近くの電場はその辺に　ア　であることがわかる。電流と電場の向きは　イ　なので，辺の近くの電流はその辺に　ウ　に流れていることがわかる。

	ア	イ	ウ
①	平 行	同 じ	平 行
②	平 行	同 じ	垂 直
③	平 行	逆	平 行
④	平 行	逆	垂 直
⑤	垂 直	同 じ	平 行
⑥	垂 直	同 じ	垂 直
⑦	垂 直	逆	平 行
⑧	垂 直	逆	垂 直

直線 PQ 上で位置 x〔mm〕と電位 V〔mV〕の関係を調べたところ，図3が得られた。

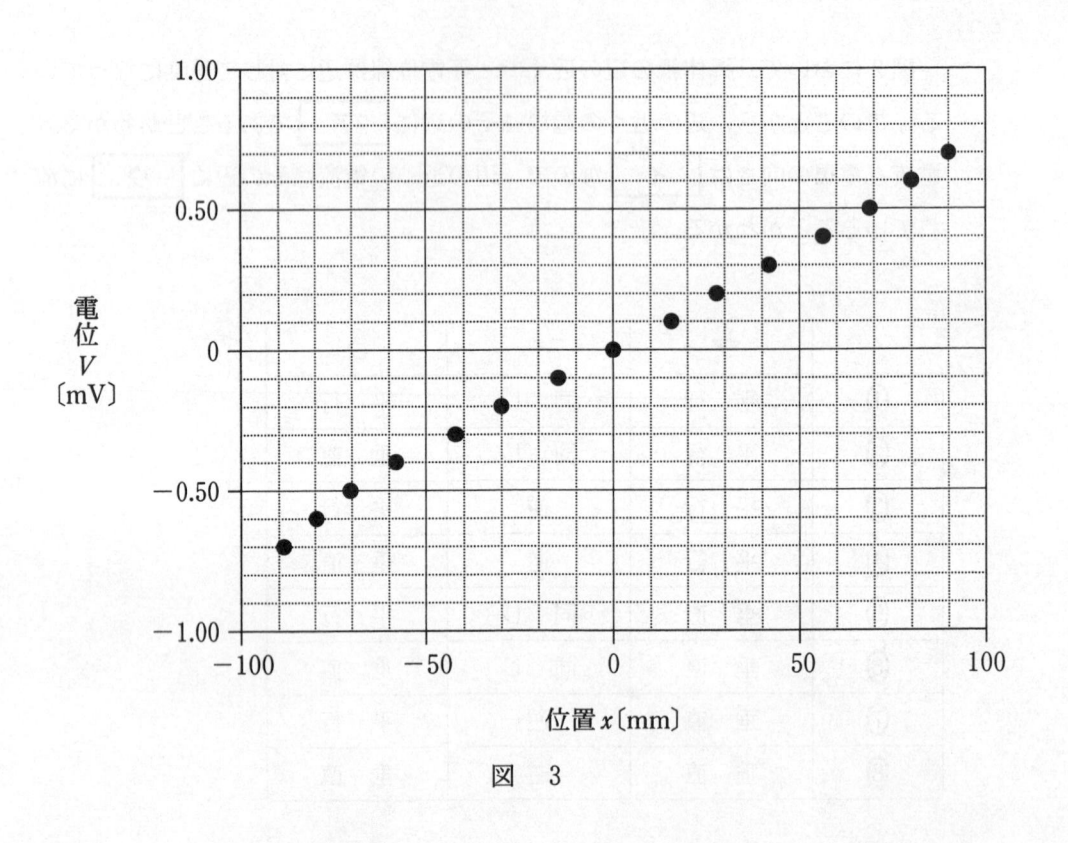

位置 x〔mm〕

図　3

問 4 $x = 0\,\mathrm{mm}$ の位置における電場の大きさに最も近い値を，次の①～⑥のうちから一つ選べ。 21

① $1 \times 10^{-4}\,\mathrm{V/m}$　② $4 \times 10^{-4}\,\mathrm{V/m}$　③ $7 \times 10^{-4}\,\mathrm{V/m}$

④ $1 \times 10^{-3}\,\mathrm{V/m}$　⑤ $4 \times 10^{-3}\,\mathrm{V/m}$　⑥ $7 \times 10^{-3}\,\mathrm{V/m}$

最後に，**問 4** で求めた電場の大きさを用いて，導体紙の抵抗率を求めることを試みた。

問 5 図 4 に示すように，導体紙を立体的に考えて，導体紙の x 軸に垂直で $x = 0$ を通る断面の面積を S とする。$x = 0$ を中心とする小さい幅の範囲において，電場の大きさは一様とみなせるものとする。この電場の大きさを E とし，面積 S の断面を通る電流を I とするとき，導体紙の抵抗率を表す式として正しいものを，後の①〜⑥のうちから一つ選べ。 22

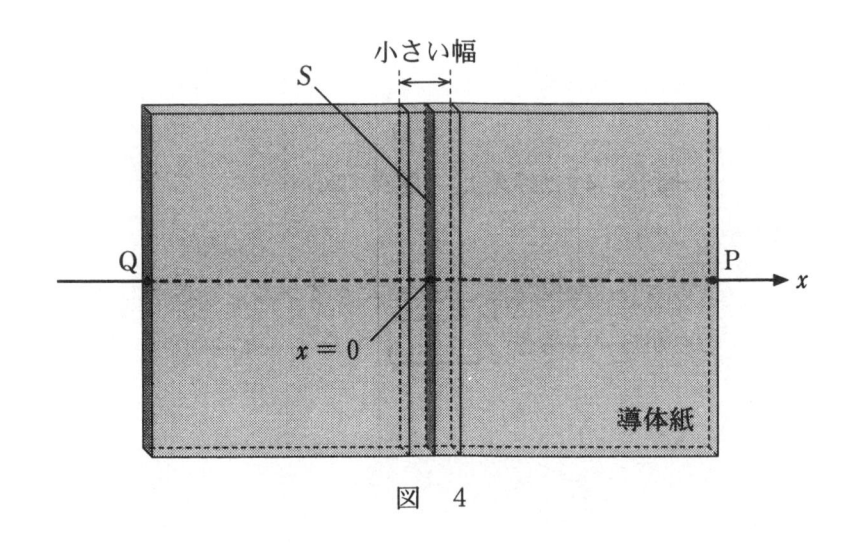

図 4

① $\dfrac{SE}{I}$　　② $\dfrac{IS}{E}$　　③ $\dfrac{IE}{S}$　　④ $\dfrac{S}{IE}$　　⑤ $\dfrac{E}{IS}$　　⑥ $\dfrac{I}{SE}$

2023 年度
大学入学共通テスト
本試験

難易度・標準所要時間・出題内容一覧

問題番号	難易度	標準所要時間	出題内容
第1問	＊	16分	小問集合（剛体のつりあいなど）
第2問	＊	16分	力学（運動方程式，空気抵抗）
第3問	＊	12分	力学，波動（円運動，ドップラー効果）
第4問	＊	16分	電磁気（コンデンサーの放電，電気容量）

（注） 難易度記号は次の意味で用いている。

＊ ：教科書とほぼ同じレベル

＊＊ ：教科書に比べて少し難しい

＊＊＊：教科書に比べて難しい

物　　　　　　　理

$$\left(\text{解答番号}\boxed{1}\sim\boxed{26}\right)$$

第 1 問　次の問い（**問 1 ～ 5**）に答えよ。（配点　25）

問 1　変形しない長い板を用意し，板の両端の下面に細い角材を取り付けた。水平な床の上に，二つの体重計 a，b を離して置き，それぞれの体重計が正しく重さを計測できるように板をのせた。

　図 1 のように，体重計ではかると 60 kg の人が，板の全長を 2：1 に内分する位置（体重計 a から遠く，体重計 b に近い）に，片足立ちでのって静止した。このとき，体重計 a と b の表示は，それぞれ何 kg を示すか。数値の組合せとして最も適当なものを，後の**①～⑥**のうちから一つ選べ。ただし，板と角材の重さは考えなくてよいものとする。　　$\boxed{1}$

図　　1

	体重計 a	体重計 b
①	30	30
②	60	60
③	20	40
④	40	20
⑤	40	80
⑥	80	40

問 2 次の文章中の空欄 ┃ 2 ┃ に入れる語句として最も適当なものを，直後の
｛ ｝で囲んだ選択肢のうちから一つ選べ。また，文章中の空欄 ┃ ア ┃ ・
┃ イ ┃ に入れる語の組合せとして最も適当なものを，後の①〜⑨のうちから
一つ選べ。 ┃ 3 ┃

図2のような理想気体の状態変化のサイクルA→B→C→Aを考える。

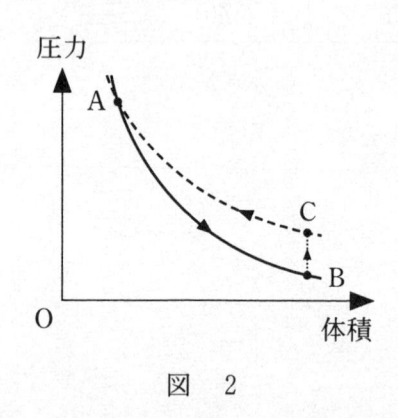

図 2

A→B：熱の出入りがないようにして，膨張させる。

B→C：熱の出入りができるようにして，定積変化で圧力を上げる。

C→A：熱の出入りができるようにして，等温変化で圧縮してもとの状態に
　　　戻す。

サイクルを一周する間，気体の内部エネルギーは

┃ 2 ┃　　① 増加する。　　　　　　　　② 一定の値を保つ。
　　　　　③ 変化するがもとの値に戻る。　④ 減少する。

この間に気体がされた仕事の総和は ┃ ア ┃ であり，気体が吸収した熱量の
総和は ┃ イ ┃ である。

┃ 3 ┃ の選択肢

	①	②	③	④	⑤	⑥	⑦	⑧	⑨
ア	正	正	正	0	0	0	負	負	負
イ	正	0	負	正	0	負	正	0	負

（下 書 き 用 紙）

物理の試験問題は次に続く。

問 3 図 3 のように，池一面に張った水平な氷の上で，そりが岸に接している。そりの上面は水平で，岸と同じ高さである。また，そりと氷の間には摩擦力ははたらかない。岸の上を水平左向きに滑ってきたブロックがそりに移り，その上を滑った。そりに対してブロックが動いている間，ブロックとそりの間には摩擦力がはたらき，その後，ブロックはそりに対して静止した。

ブロックがそりの上を滑り始めてからそりの上で静止するまでの間の，運動量と力学的エネルギーについて述べた次の文章中の空欄 $\boxed{4}$・$\boxed{5}$ に入れる文として最も適当なものを，後の①〜④のうちから一つずつ選べ。ただし，同じものを繰り返し選んでもよい。

そりが岸に固定されていて動けない場合は，$\boxed{4}$ 。そりが固定されておらず，氷の上を左に動くことができる場合は，$\boxed{5}$ 。

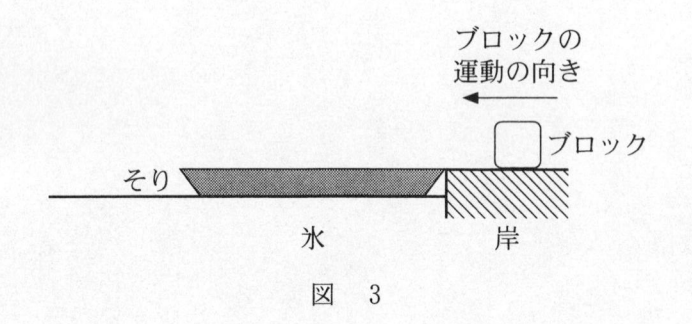

図　3

　4　・　5　の選択肢

① ブロックとそりの運動量の総和も，ブロックとそりの力学的エネルギーの
　 総和も保存する

② ブロックとそりの運動量の総和は保存するが，ブロックとそりの力学的エ
　 ネルギーの総和は保存しない

③ ブロックとそりの運動量の総和は保存しないが，ブロックとそりの力学的
　 エネルギーの総和は保存する

④ ブロックとそりの運動量の総和も，ブロックとそりの力学的エネルギーの
　 総和も保存しない

問 4 紙面に垂直で表から裏に向かう一様な磁場(磁界)中において，同じ大きさの電気量をもつ正と負の荷電粒子が，磁場に対して垂直に同じ速さで運動している。ここで正の荷電粒子は負の荷電粒子より，質量が大きいものとする。その運動の様子を描いた模式図として最も適当なものを，次の①〜④のうちから一つ選べ。ただし，図の矢印は荷電粒子の運動の向きを表す。また，荷電粒子間にはたらく力や重力の影響は無視できるものとする。　6

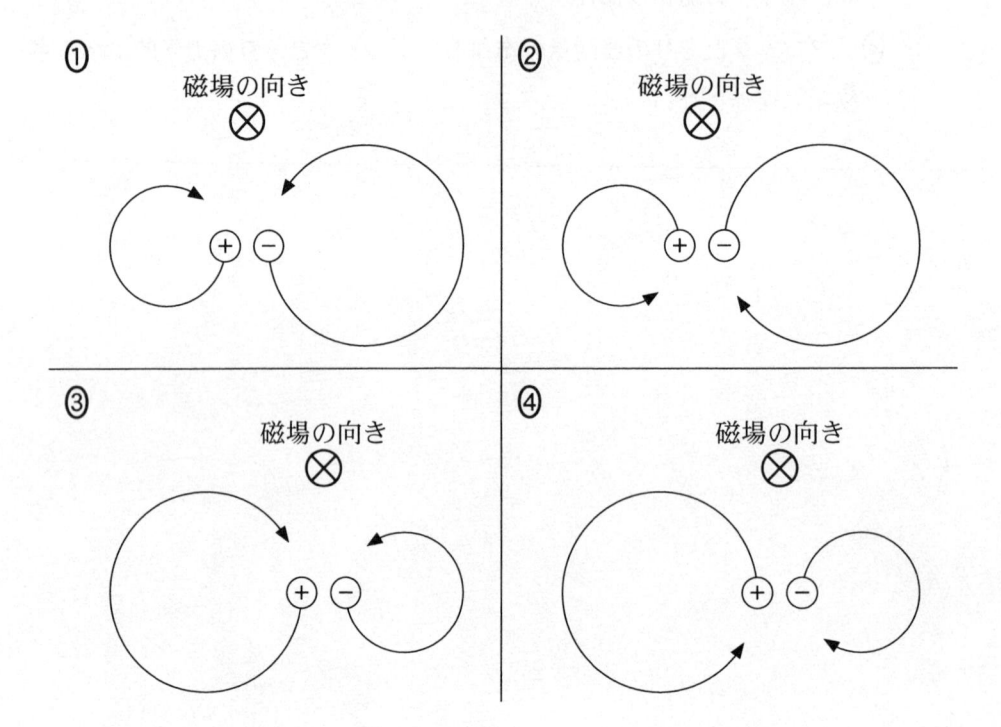

問 5 金属に光を照射すると電子が金属外部に飛び出す現象を，光電効果という。図 4 は飛び出してくる電子の運動エネルギーの最大値 K_0 と光の振動数 ν の関係を示したグラフである。実線は実験から得られるデータ，破線は実線を $\nu = 0$ まで延長したものである。プランク定数 h を，図 4 に示す W と ν_0 を用いて表す式として正しいものを，後の ①〜⑤ のうちから一つ選べ。

$$h = \boxed{\quad 7 \quad}$$

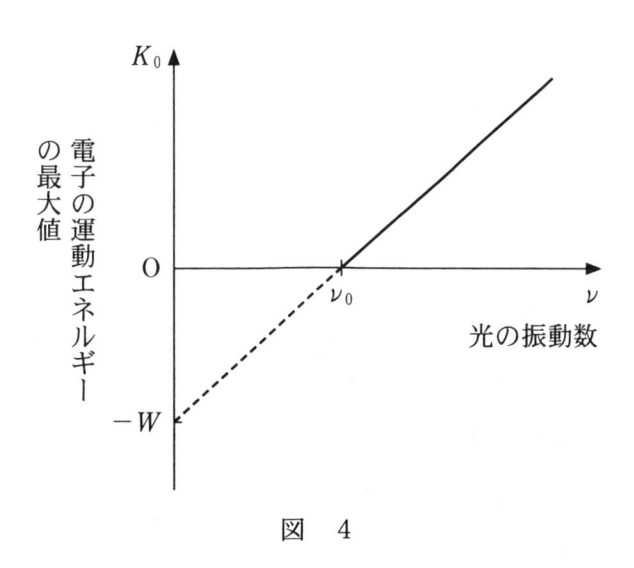

図 4

①　$\nu_0 - W$　　②　$\nu_0 + W$　　③　$\nu_0 W$　　④　$\dfrac{\nu_0}{W}$　　⑤　$\dfrac{W}{\nu_0}$

第2問 空気中での落下運動に関する探究について，次の問い(問1〜5)に答えよ。(配点 25)

問 1 次の発言の内容が正しくなるように，空欄 ア 〜 ウ に入れる語句の組合せとして最も適当なものを，後の①〜⑧のうちから一つ選べ。 8

先生：物体が空気中を運動すると，物体は運動の向きと ア の抵抗力を空気から受けます。初速度 0 で物体を落下させると，はじめのうち抵抗力の大きさは イ し，加速度の大きさは ウ します。やがて，物体にはたらく抵抗力が重力とつりあうと，物体は一定の速度で落下するようになります。このときの速度を終端速度とよびます。

	ア	イ	ウ
①	同じ向き	増 加	増 加
②	同じ向き	増 加	減 少
③	同じ向き	減 少	増 加
④	同じ向き	減 少	減 少
⑤	逆向き	増 加	増 加
⑥	逆向き	増 加	減 少
⑦	逆向き	減 少	増 加
⑧	逆向き	減 少	減 少

（下 書 き 用 紙）

物理の試験問題は次に続く。

先生：それでは，授業でやったことを復習してください。

生徒：抵抗力の大きさ R が速さ v に比例すると仮定すると，正の比例定数 k を用いて

$$R = kv$$

と書けます。物体の質量を m，重力加速度の大きさを g とすると，$R = mg$ となる v が終端速度の大きさ v_f なので，

$$v_\mathrm{f} = \frac{mg}{k}$$

と表されます。実験をして v_f と m の関係を確かめてみたいです。

先生：いいですね。図1のようなお弁当のおかずを入れるアルミカップは，何枚か重ねることによって質量の異なる物体にすることができるので，落下させてその関係を調べることができますね。その物体の形は枚数によらずほぼ同じなので，k は変わらないとみなしましょう。物体の質量 m はアルミカップの枚数 n に比例します。

生徒：そうすると，v_f が n に比例することが予想できますね。

図　1

　n 枚重ねたアルミカップを落下させて動画を撮影した。図2のように，アルミカップが落下していく途中で，20 cm ごとに落下するのに要する時間を 10 回測定して平均した。この実験を $n = 1$，2，3，4，5 の場合について行った。その結果を表1にまとめた。

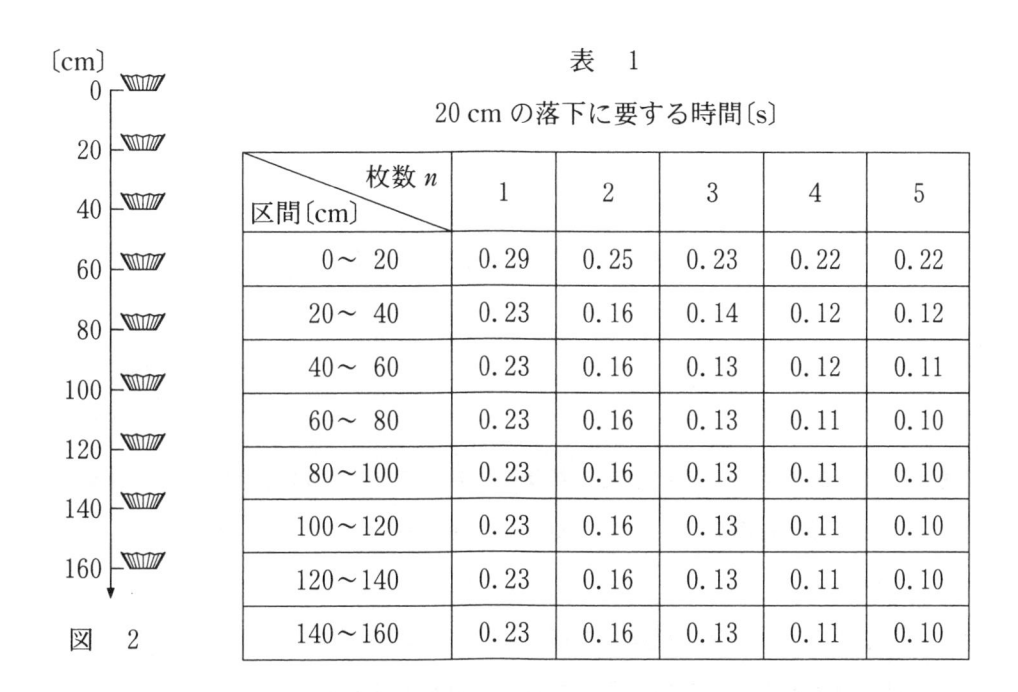

図　2

表　1

20 cm の落下に要する時間〔s〕

区間〔cm〕 ＼ 枚数 n	1	2	3	4	5
0〜 20	0.29	0.25	0.23	0.22	0.22
20〜 40	0.23	0.16	0.14	0.12	0.12
40〜 60	0.23	0.16	0.13	0.12	0.11
60〜 80	0.23	0.16	0.13	0.11	0.10
80〜100	0.23	0.16	0.13	0.11	0.10
100〜120	0.23	0.16	0.13	0.11	0.10
120〜140	0.23	0.16	0.13	0.11	0.10
140〜160	0.23	0.16	0.13	0.11	0.10

問 2　表1の測定結果から，アルミカップを3枚重ねたとき（$n = 3$ のとき）の v_{f} を有効数字2桁で求めるとどうなるか。次の式中の空欄 　9　 〜 　11　 に入れる数字として最も適当なものを，後の①〜⓪のうちから一つずつ選べ。ただし，同じものを繰り返し選んでもよい。

$$v_{\mathrm{f}} = \boxed{9} . \boxed{10} \times 10^{\boxed{11}} \text{ m/s}$$

① 1　　② 2　　③ 3　　④ 4　　⑤ 5
⑥ 6　　⑦ 7　　⑧ 8　　⑨ 9　　⓪ 0

生徒：アルミカップの枚数 n と v_f の測定値を図3に点で描き込みましたが，$v_\mathrm{f} = \dfrac{mg}{k}$ に基づく予想と少し違いますね。

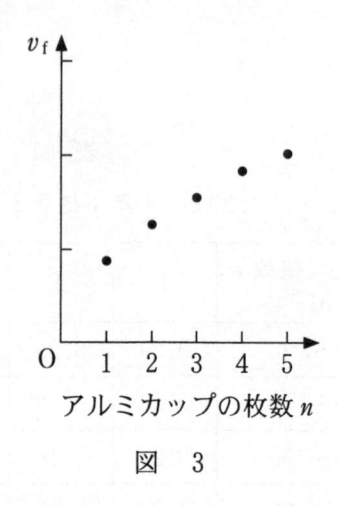

アルミカップの枚数 n

図　3

問 3　図3が予想していた結果と異なると判断できるのはなぜか。その根拠として最も適当なものを，次の①〜④のうちから一つ選べ。　12

① アルミカップの枚数 n を増やすと，v_f が大きくなる。

② 測定値のすべての点のできるだけ近くを通る直線が，原点から大きくはずれる。

③ v_f がアルミカップの枚数 n に反比例している。

④ 測定値がとびとびにしか得られていない。

先生：実は，物体の形状や速さによっては，空気による抵抗力の大きさ R は，速さに比例するとは限らないのです。

生徒：そうなんですか。授業で習った v_f の式は，いつも使えるわけではないのですね。

先生：はい。ここでは，R が v^2 に比例するとみなせる場合も考えてみましょう。正の比例定数 k' を用いて R を

$$R = k'v^2$$

と書くと，先ほどと同様に，$R = mg$ となる v が終端速度の大きさ v_f なので，

$$v_f = \sqrt{\frac{mg}{k'}}$$

と書くことができます。比例定数 k と同様に，k' は n によって変化しないものとみなしましょう。m は n に比例するので，v_f と n の関係を調べると，$R = kv$ と $R = k'v^2$ のどちらが測定値によく合うかわかります。

生徒：わかりました。縦軸と横軸をうまく選んでグラフを描けば，原点を通る直線になってわかりやすくなりますね。

先生：それでは，そのグラフを描いてみましょう。

問 4　速さの 2 乗に比例する抵抗力のみがはたらく場合に，グラフが原点を通る直線になるような縦軸・横軸の選び方の組合せとして最も適当なものを，次の ①～⑨ のうちから二つ選べ。ただし，解答の順序は問わない。

　$\boxed{13}$・$\boxed{14}$

	①	②	③	④	⑤	⑥	⑦	⑧	⑨
縦軸	$\sqrt{v_f}$	$\sqrt{v_f}$	$\sqrt{v_f}$	v_f	v_f	v_f	v_f^2	v_f^2	v_f^2
横軸	$\sqrt{n}$	n	n^2	$\sqrt{n}$	n	n^2	$\sqrt{n}$	n	n^2

先生：抵抗力の大きさ R と速さ v の関係を明らかにするために，ここまでは終端速度の大きさと質量の関係を調べましたが，落下途中の速さが変化していく過程で，R と v の関係を調べることもできます。鉛直下向きに y 軸をとり，アルミカップを原点から初速度 0 で落下させます。アルミカップの位置 y を $\Delta t = 0.05\,\text{s}$ ごとに記録したところ，図 4 のような y-t グラフが得られました。この y-t グラフをもとにして，R と v の関係を調べる手順を考えてみましょう。

問 5　この手順を説明する文章中の空欄 ┃ エ ┃・┃ オ ┃ には，それぞれの直後の { } 内の記述および数式のいずれか一つが入る。入れる記述および数式を示す記号の組合せとして最も適当なものを，後の ①〜⑨ のうちから一つ選べ。

┃ 15 ┃

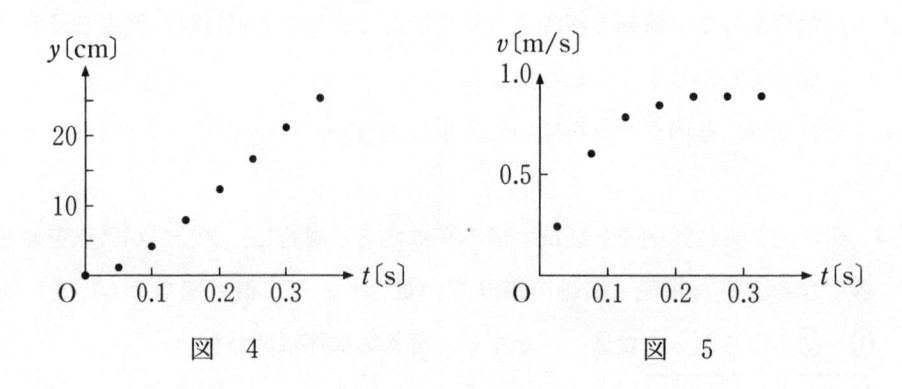

図　4　　　　　　　　　　　図　5

　　まず，図 4 の y-t グラフより，$\Delta t = 0.05\,\text{s}$ ごとの平均の速さ v を求め，図 5 の v-t グラフをつくる。次に，加速度の大きさ a を調べるために，

┃ エ ┃ 　(a)　v-t グラフのすべての点のできるだけ近くを通る一本の直線を引き，その傾きを求めることによって a を求める。

　(b)　v-t グラフから終端速度を求めることによって a を求める。

　(c)　v-t グラフから Δt ごとの速度の変化を求めることによって a-t グラフをつくる。

こうして求めた a から，アルミカップにはたらく抵抗力の大きさ R は，

$$R = \boxed{\text{オ}} \begin{cases} \text{(a)} & m(g + a) \\ \text{(b)} & ma \\ \text{(c)} & m(g - a) \end{cases} \text{と求められる。}$$

以上の結果をもとに，R と v の関係を示すグラフを描くことができる。

	エ	オ
①	(a)	(a)
②	(a)	(b)
③	(a)	(c)
④	(b)	(a)
⑤	(b)	(b)
⑥	(b)	(c)
⑦	(c)	(a)
⑧	(c)	(b)
⑨	(c)	(c)

第 3 問　次の文章を読み，後の問い(**問 1 ～ 5**)に答えよ。(配点　25)

　全方向に等しく音を出す小球状の音源が，図 1 のように，点 O を中心として半径 r，速さ v で時計回りに等速円運動をしている。音源は一定の振動数 f_0 の音を出しており，音源の円軌道を含む平面上で静止している観測者が，届いた音波の振動数 f を測定する。

　音源と観測者の位置をそれぞれ点 P，Q とする。点 Q から円に引いた 2 本の接線の接点のうち，音源が観測者に近づきながら通過する方を点 A，遠ざかりながら通過する方を点 B とする。また，直線 OQ が円と交わる 2 点のうち観測者に近い方を点 C，遠い方を点 D とする。v は音速 V より小さく，風は吹いていない。

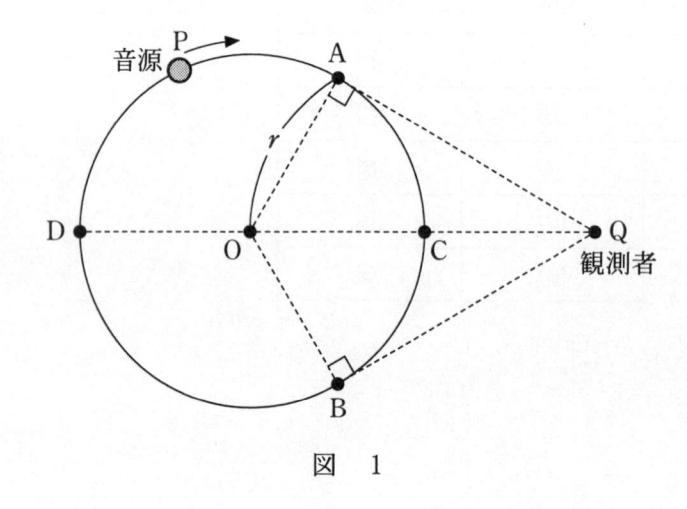

図　1

問 1　音源にはたらいている向心力の大きさと，音源が円軌道を点 C から点 D ま
　　　で半周する間に向心力がする仕事を表す式の組合せとして正しいものを，次の
　　　①〜⑤のうちから一つ選べ。ただし，音源の質量を m とする。　16

	①	②	③	④	⑤
向心力の大きさ	mrv^2	mrv^2	0	$\dfrac{mv^2}{r}$	$\dfrac{mv^2}{r}$
仕　事	πmr^2v^2	0	0	πmv^2	0

問 2 次の文章中の空欄 17 に入れる語句として最も適当なものを，直後の
｛ ｝で囲んだ選択肢のうちから一つ選べ。

　音源の等速円運動にともなって f は周期的に変化する。これは，音源の速度
の直線 PQ 方向の成分によるドップラー効果が起こるからである（図2）。この
ことから，f が f_0 と等しくなるのは，音源が

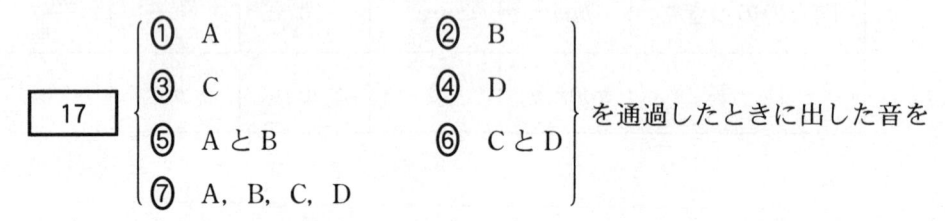

17 ｛
① A　　　　② B
③ C　　　　④ D
⑤ A と B　　⑥ C と D
⑦ A，B，C，D
｝を通過したときに出した音を

測定した場合であることがわかる。

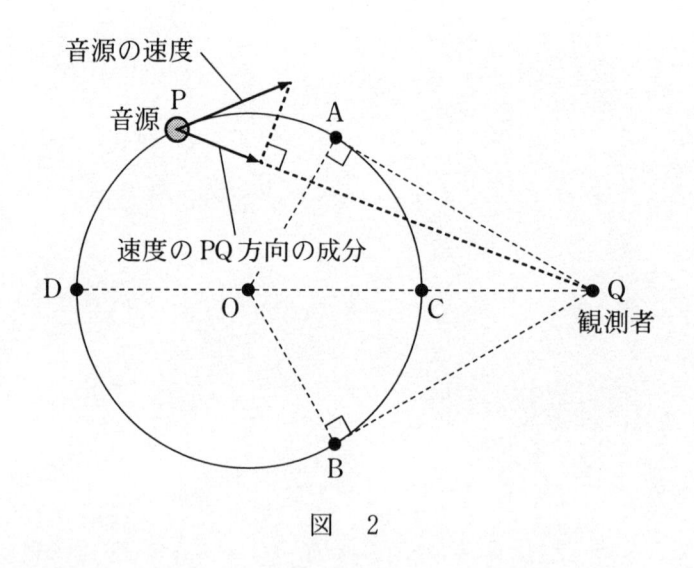

図　2

問 3 音源が点 A，点 B を通過したときに出した音を観測者が測定したところ，振動数はそれぞれ f_A，f_B であった。f_A と音源の速さ v を表す式の組合せとして正しいものを，次の①～⑥のうちから一つ選べ。 18

	①	②	③	④	⑤	⑥
f_A	f_0	f_0	$\dfrac{V+v}{V}f_0$	$\dfrac{V+v}{V}f_0$	$\dfrac{V}{V-v}f_0$	$\dfrac{V}{V-v}f_0$
v	$\dfrac{f_B}{f_A}V$	$\dfrac{f_A-f_B}{f_A+f_B}V$	$\dfrac{f_B}{f_A}V$	$\dfrac{f_A-f_B}{f_A+f_B}V$	$\dfrac{f_B}{f_A}V$	$\dfrac{f_A-f_B}{f_A+f_B}V$

次に，音源と観測者を入れかえた場合を考える。図 3 に示すように，音源を点 Q の位置に固定し，観測者が点 O を中心に時計回りに等速円運動をする。

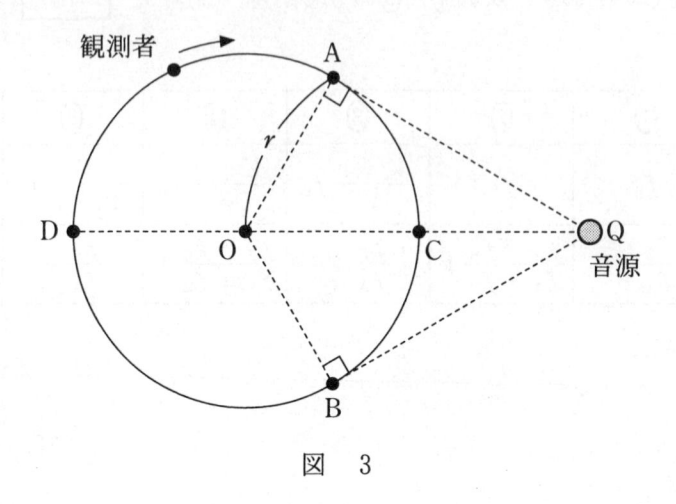

図　3

問 4　このとき，等速円運動をする観測者が測定する音の振動数についての記述として最も適当なものを，次の①～⑤のうちから一つ選べ。　19

① 点 A において最も大きく，点 B において最も小さい。

② 点 B において最も大きく，点 A において最も小さい。

③ 点 C において最も大きく，点 D において最も小さい。

④ 点 D において最も大きく，点 C において最も小さい。

⑤ 観測の位置によらず，常に等しい。

音源が等速円運動している場合（図 1）と観測者が等速円運動している場合（図 3）の音の速さや波長について考える。

問 5　次の文章(a)～(d)のうち，正しいものの組合せを，後の①～⑥のうちから一つ選べ。　20

(a)　図 1 の場合，観測者から見ると，点 A を通過したときに出した音の速さの方が，点 B を通過したときに出した音の速さより大きい。

(b)　図 1 の場合，原点 O を通過する音波の波長は，音源の位置によらずすべて等しい。

(c)　図 3 の場合，音源から見た音の速さは，音が進む向きによらずすべて等しい。

(d)　図 3 の場合，点 C を通過する音波の波長は，点 D を通過する音波の波長より長い。

① (a)と(b)　　　　② (a)と(c)　　　　③ (a)と(d)

④ (b)と(c)　　　　⑤ (b)と(d)　　　　⑥ (c)と(d)

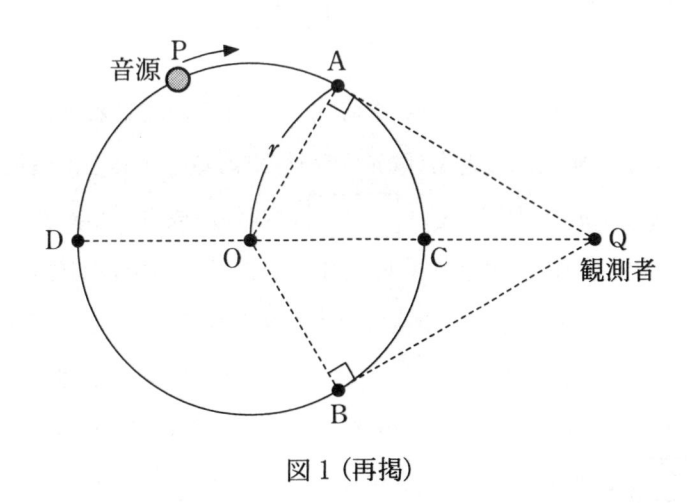

図 1（再掲）

第4問 次の文章を読み，後の問い（**問1～5**）に答えよ。（配点　25）

　物理の授業でコンデンサーの電気容量を測定する実験を行った。まず，コンデンサーの基本的性質を復習するため，図1のような真空中に置かれた平行平板コンデンサーを考える。極板の面積を S，極板間隔を d とする。

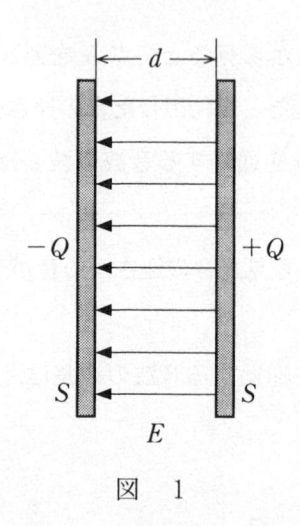

図　1

問 1　次の文章中の空欄　ア　・　イ　に入れる式の組合せとして正しいものを，後の①～⑧のうちから一つ選べ。　21

　図1のコンデンサーに電気量（電荷）Q が蓄えられているときの極板間の電圧を V とする。極板間の電場（電界）が一様であるとすると，極板間の電場の大きさ E と V，d の間には $E =$ ア の関係が成り立つ。また，真空中でのクーロンの法則の比例定数を k_0 とすると，二つの極板間には $4\pi k_0 Q$ 本の電気力線があると考えられ，電気力線の本数と電場の大きさの関係を用いると E が求められる。これと ア が等しいことから Q は V に比例して $Q = CV$ と表せることがわかる。このとき比例定数（電気容量）は $C =$ イ となる。

	①	②	③	④	⑤	⑥	⑦	⑧
ア	Vd	Vd	Vd	Vd	$\dfrac{V}{d}$	$\dfrac{V}{d}$	$\dfrac{V}{d}$	$\dfrac{V}{d}$
イ	$4\pi k_0 dS$	$\dfrac{dS}{4\pi k_0}$	$\dfrac{4\pi k_0 S}{d}$	$\dfrac{S}{4\pi k_0 d}$	$4\pi k_0 dS$	$\dfrac{dS}{4\pi k_0}$	$\dfrac{4\pi k_0 S}{d}$	$\dfrac{S}{4\pi k_0 d}$

図2のように，直流電源，コンデンサー，抵抗，電圧計，電流計，スイッチを導線でつないだ。スイッチを閉じて十分に時間が経過してからスイッチを開いた。図3のグラフは，スイッチを開いてから時間 t だけ経過したときの，電流計が示す電流 I を表す。ただし，スイッチを開く直前に電圧計は $5.0\,\mathrm{V}$ を示していた。

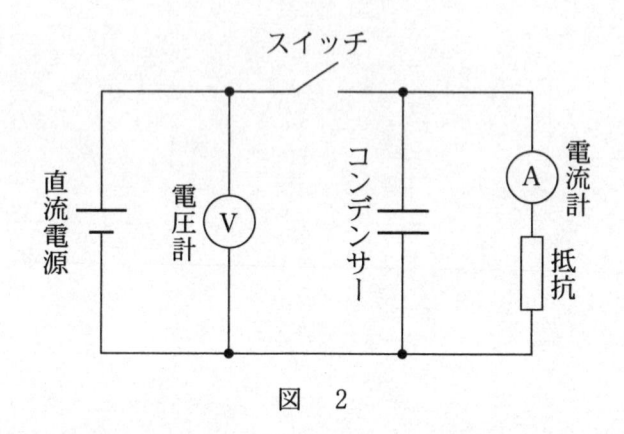

図　2

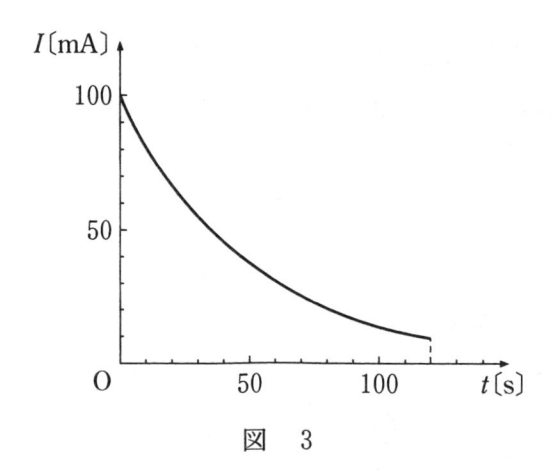

図　3

問 2　図 3 のグラフから，この実験で用いた抵抗の値を求めると何 Ω になるか。その値として最も適当なものを，次の①～⑧のうちから一つ選べ。ただし，電流計の内部抵抗は無視できるものとする。　22　Ω

① 0.02　　　② 2　　　③ 20　　　④ 200

⑤ 0.05　　　⑥ 5　　　⑦ 50　　　⑧ 500

問 3 次の文章中の空欄 $\boxed{23}$ ・ $\boxed{24}$ に入れる値として最も適当なものを，それぞれの直後の $\left\{\ \right\}$ で囲んだ選択肢のうちから一つずつ選べ。

　図3のグラフを方眼紙に写して図4を作った。このとき，横軸の1 cm を 10 s，縦軸の1 cm を 10 mA とするように目盛りをとった。

　図4の斜線部分の面積は，$t = 0$ s から $t = 120$ s までにコンデンサーから放電された電気量に対応している。このとき，1 cm^2 の面積は

$\boxed{23}$ $\left\{\begin{array}{lll} ① & 0.001\ \text{C} & ② & 0.01\ \text{C} & ③ & 0.1\ \text{C} \\ ④ & 1\ \text{C} & ⑤ & 10\ \text{C} & ⑥ & 100\ \text{C} \end{array}\right\}$ の電気量に対応する。

　この斜線部分の面積を，ます目を数えることで求めると 45 cm^2 であった。$t = 120$ s 以降に放電された電気量を無視すると，コンデンサーの電気容量は

$\boxed{24}$ $\left\{\begin{array}{lll} ① & 4.5 \times 10^{-3}\ \text{F} & ② & 9.0 \times 10^{-3}\ \text{F} & ③ & 1.8 \times 10^{-2}\ \text{F} \\ ④ & 4.5 \times 10^{-2}\ \text{F} & ⑤ & 9.0 \times 10^{-2}\ \text{F} & ⑥ & 1.8 \times 10^{-1}\ \text{F} \\ ⑦ & 4.5 \times 10^{-1}\ \text{F} & ⑧ & 9.0 \times 10^{-1}\ \text{F} & ⑨ & 1.8\ \text{F} \end{array}\right\}$ と

求められた。

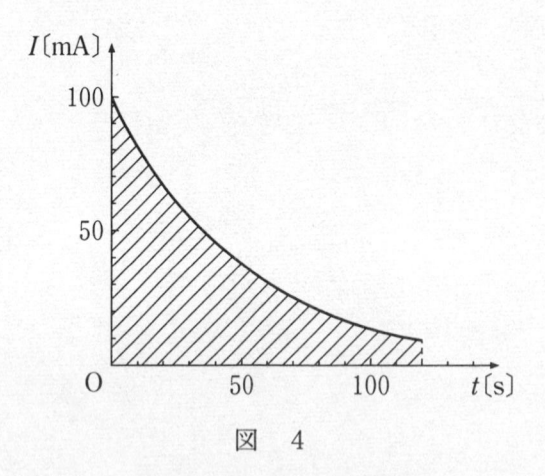

図　4

　問 3 の方法では，$t = 120\,\text{s}$ のときにコンデンサーに残っている電気量を無視していた。この点について，授業で討論が行われた。

問 4　次の会話文の内容が正しくなるように，空欄 　25　 に入れる数値として最も適当なものを，後の ①〜⑧ のうちから一つ選べ。

　　Aさん：コンデンサーに蓄えられていた電荷が全部放電されるまで実験をすると，どれくらい時間がかかるんだろう。

　　Bさん：コンデンサーを $5.0\,\text{V}$ で充電したときの実験で，電流の値が $t = 0\,\text{s}$ での電流 $I_0 = 100\,\text{mA}$ の $\dfrac{1}{2}$ 倍，$\dfrac{1}{4}$ 倍，$\dfrac{1}{8}$ 倍になるまでの時間を調べてみると，図 5 のように $35\,\text{s}$ 間隔になっています。なかなか 0 にならないですね。

　　Cさん：電流の大きさが十分小さくなる目安として最初の $\dfrac{1}{1000}$ の $0.1\,\text{mA}$ 程度になるまで実験をするとしたら，　25　 s くらいの時間，測定することになりますね。それくらいの時間なら，実験できますね。

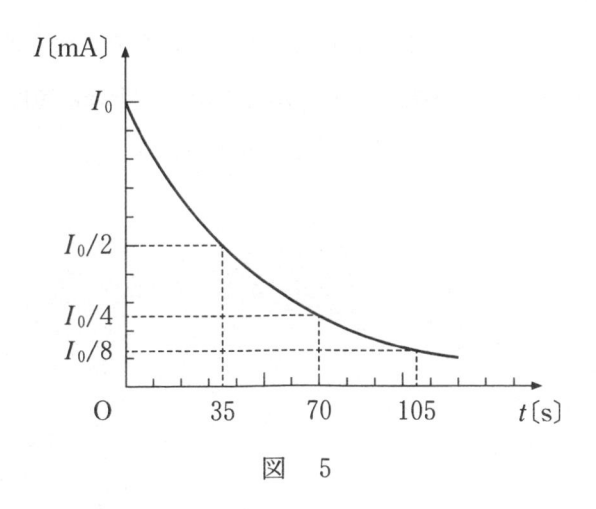

図　5

| ① 140 | ② 210 | ③ 280 | ④ 350 |
| ⑤ 420 | ⑥ 490 | ⑦ 560 | ⑧ 630 |

問 5 次の会話文の内容が正しくなるように，空欄 ウ ・ エ に入れる式と語句の組合せとして最も適当なものを，後の①〜⑧のうちから一つ選べ。

26

先　生：時間をかけずに電気容量を正確に求める他の方法は考えられますか。

Aさん：この回路では，コンデンサーに蓄えられた電荷が抵抗を流れるときの電流はコンデンサーの電圧に比例します。一方で，コンデンサーに残っている電気量もコンデンサーの電圧に比例します。この両者を組み合わせることで，この実験での電流と電気量の関係がわかりそうです。

Bさん：なるほど。電流の値が $t = 0$ での値 I_0 の半分になる時刻 t_1 に注目してみよう。グラフの面積を用いて $t = 0$ から $t = t_1$ までに放電された電気量 Q_1 を求めれば，$t = 0$ にコンデンサーに蓄えられていた電気量が $Q_0 = $ ウ とわかるから，より正確に電気容量を求められるよ。最初の方法で私たちが求めた電気容量は正しい値より エ のですね。

Cさん：この方法で電気容量を求めてみたよ。最初の方法で求めた値と比べると 10 ％ も違うんだね。せっかくだから，十分に時間をかける実験を 1 回やってみて結果を比較してみよう。

	ウ	エ
①	$\dfrac{Q_1}{4}$	小さかった
②	$\dfrac{Q_1}{4}$	大きかった
③	$\dfrac{Q_1}{2}$	小さかった
④	$\dfrac{Q_1}{2}$	大きかった
⑤	$2\,Q_1$	小さかった
⑥	$2\,Q_1$	大きかった
⑦	$4\,Q_1$	小さかった
⑧	$4\,Q_1$	大きかった

2022 年度
大学入学共通テスト
本試験

22
本試問題

難易度・標準所要時間・出題内容一覧

問題番号	難易度	標準所要時間	出題内容
第1問	＊	15 分	小問集合（水面波の干渉など）
第2問	＊＊	18 分	力学（運動量保存など）
第3問	＊	15 分	電磁気（電磁誘導）
第4問	＊＊	12 分	原子（ボーアの理論など）

(注)　難易度記号は次の意味で用いている。

　　＊　　：教科書とほぼ同じレベル

　　＊＊　：教科書に比べて少し難しい

　　＊＊＊：教科書に比べて難しい

物　　　　　　理

第1問 次の問い（問1〜5）に答えよ。（配点　25）

問1　次の文章中の空欄 $\boxed{1}$ に入れる式として正しいものを，後の①〜④のうちから一つ選べ。

図1のように，2個の小球を水面上の点 S_1，S_2 に置いて，鉛直方向に同一周期，同一振幅，**逆位相**で単振動させると，S_1，S_2 を中心に水面上に円形波が発生した。図1に描かれた実線は山の波面を，破線は谷の波面を表す。水面上の点 P と S_1，S_2 の距離をそれぞれ l_1，l_2，水面波の波長を λ とし，$m = 0$，1，2，…とすると，P で水面波が互いに強めあう条件は，$|l_1 - l_2| = \boxed{1}$ と表される。ただし，S_1 と S_2 の間の距離は波長の数倍以上大きいとする。

①　$m\lambda$　　　②　$\left(m + \dfrac{1}{2}\right)\lambda$　　　③　$2m\lambda$　　　④　$(2m+1)\lambda$

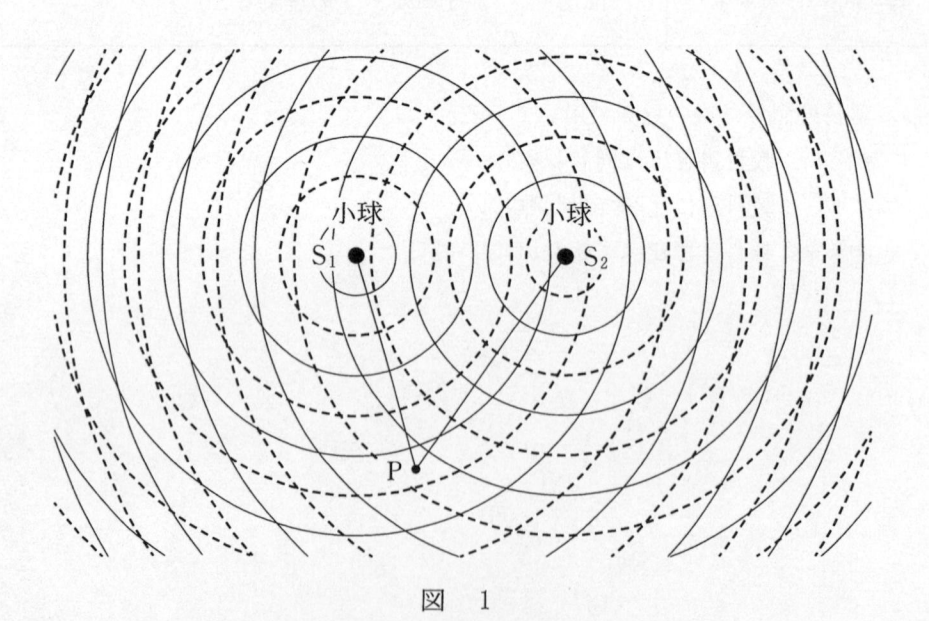

図　1

（下 書 き 用 紙）

物理の試験問題は次に続く。

問 2 次の文章中の空欄 2 に入れる選択肢として最も適当なものを，次ページの①～④のうちから一つ，空欄 3 に入れる語句として，最も適当なものを，直後の { } で囲んだ選択肢のうちから一つ選べ。

図2(a)のように，垂直に矢印を組み合わせた形の光源とスクリーンを，凸レンズの光軸上に配置したところ，スクリーン上に光源の実像ができた。スクリーンは光軸と垂直であり，F，F′はレンズの焦点である。スクリーンと光軸の交点を座標の原点にして，スクリーンの水平方向にx軸をとり，レンズ側から見て右向きを正とし，鉛直方向にy軸をとり上向きを正とする。光源の太い矢印はy軸方向正の向き，細い矢印はx軸方向正の向きを向いている。このとき，観測者がレンズ側から見ると，スクリーン上の像は 2 である。

次に図2(b)のように，光を通さない板でレンズの中心より上半分を通る光を完全に遮った。スクリーン上の像を観測すると，

3 {
① 像の$y > 0$の部分が見えなくなった。
② 像の$y < 0$の部分が見えなくなった。
③ 像の全体が暗くなった。
④ 像にはなにも変化がなかった。
}

― 4 ―

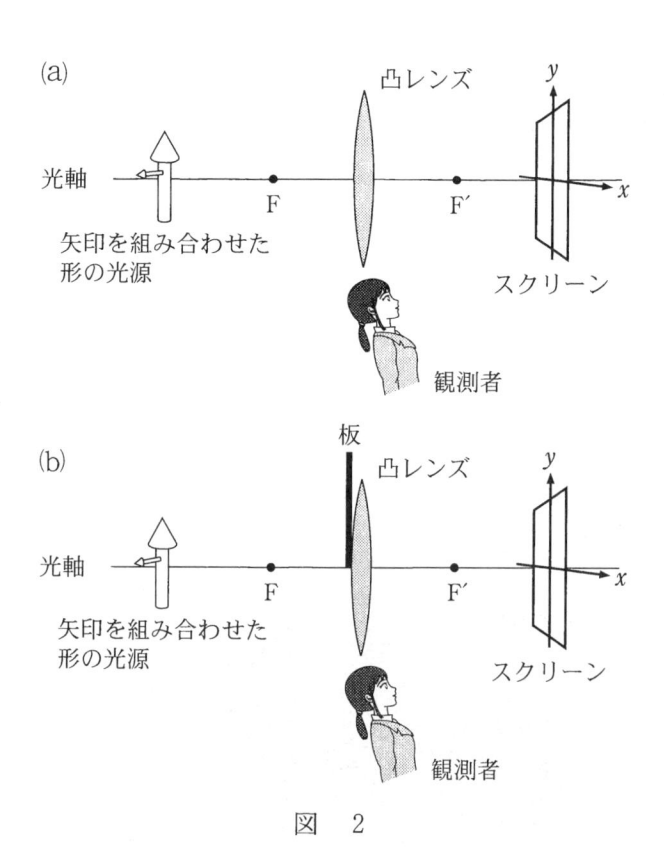

図　2

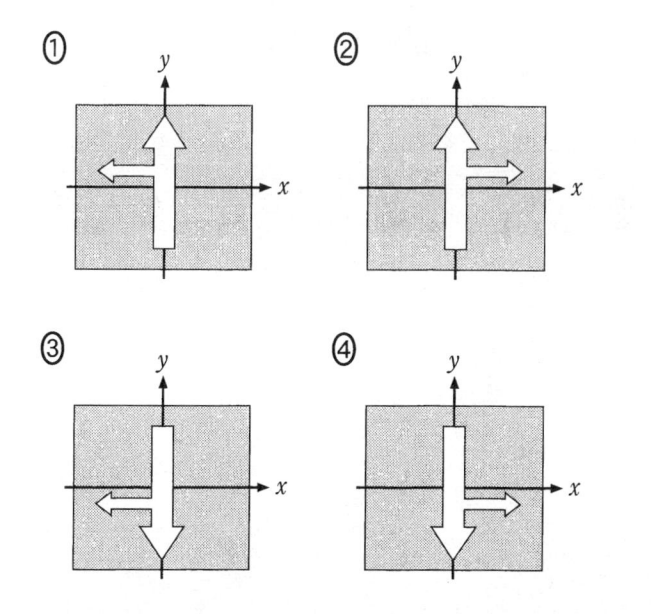

問 3 質量が M で密度と厚さが均一な薄い円板がある。この円板を，外周の点 P に糸を付けてつるした。次に，円板の中心の点 O から直線 OP と垂直な方向に距離 d だけ離れた点 Q に，質量 m の物体を軽い糸で取り付けたところ，図 3 のようになって静止した。直線 OQ 上で点 P の鉛直下方にある点を C としたとき，線分 OC の長さ x を表す式として正しいものを，後の ①〜④ のうちから一つ選べ。$x = \boxed{4}$

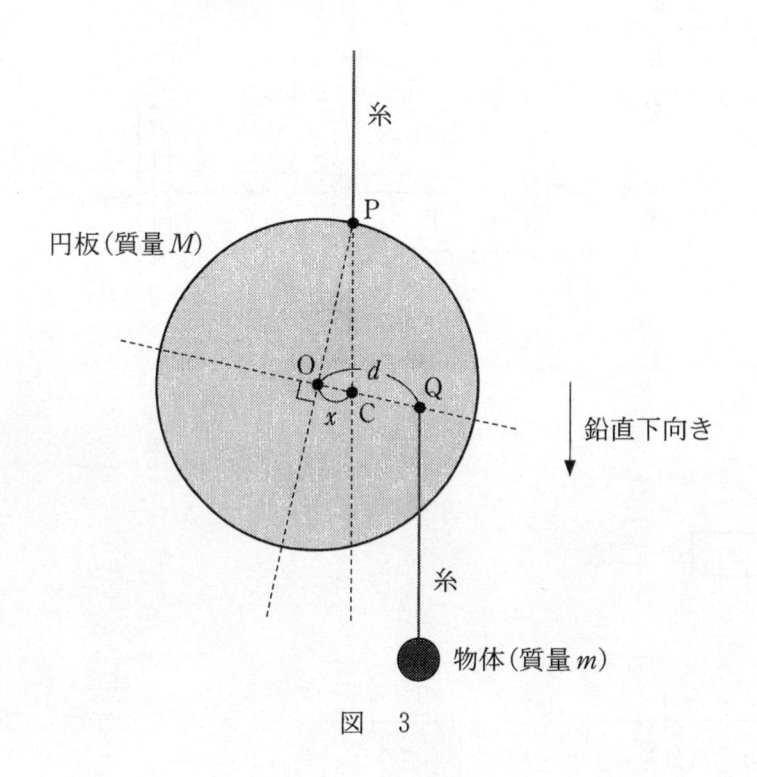

図　3

① $\dfrac{m}{M-m}d$　　② $\dfrac{m}{M+m}d$　　③ $\dfrac{M}{M-m}d$　　④ $\dfrac{M}{M+m}d$

問 4 理想気体が容器内に閉じ込められている。図4は，この気体の圧力 p と体積 V の変化を表している。はじめに状態 A にあった気体を定積変化させ状態 B にした。次に状態 B から断熱変化させ状態 C にした。さらに状態 C から定圧変化させ状態 A に戻した。状態 A，B，C の内部エネルギー U_A，U_B，U_C の関係を表す式として正しいものを，後の①〜⑧のうちから一つ選べ。 5

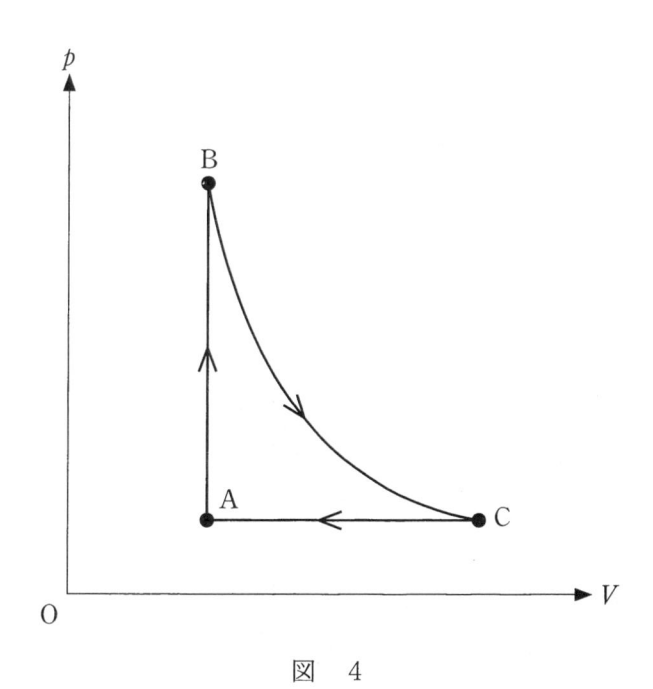

図 4

① $U_A < U_B < U_C$ ② $U_A < U_C < U_B$

③ $U_B < U_A < U_C$ ④ $U_B < U_C < U_A$

⑤ $U_C < U_A < U_B$ ⑥ $U_C < U_B < U_A$

⑦ $U_B = U_C < U_A$ ⑧ $U_A < U_B = U_C$

問 5 次の文章中の空欄 ア ～ ウ に入れる記号と式の組合せとして最も適当なものを，次ページの①～⑧のうちから一つ選べ。 6

　図5のように，空気中に十分に長い2本の平行導線(導線1，導線2)を xy 平面に対して垂直に置き，同じ向き(図5の上向き)に電流を流す。それぞれの電流の大きさは I_1 と I_2，導線の間隔は r である。このとき，導線1の電流が導線2の位置につくる磁場の向きは ア である。また，この磁場から導線2を流れる電流が受ける力の向きは イ であり，導線2の長さ l の部分が受ける力の大きさは ウ である。ただし，空気の透磁率は真空の透磁率 μ_0 と同じとする。

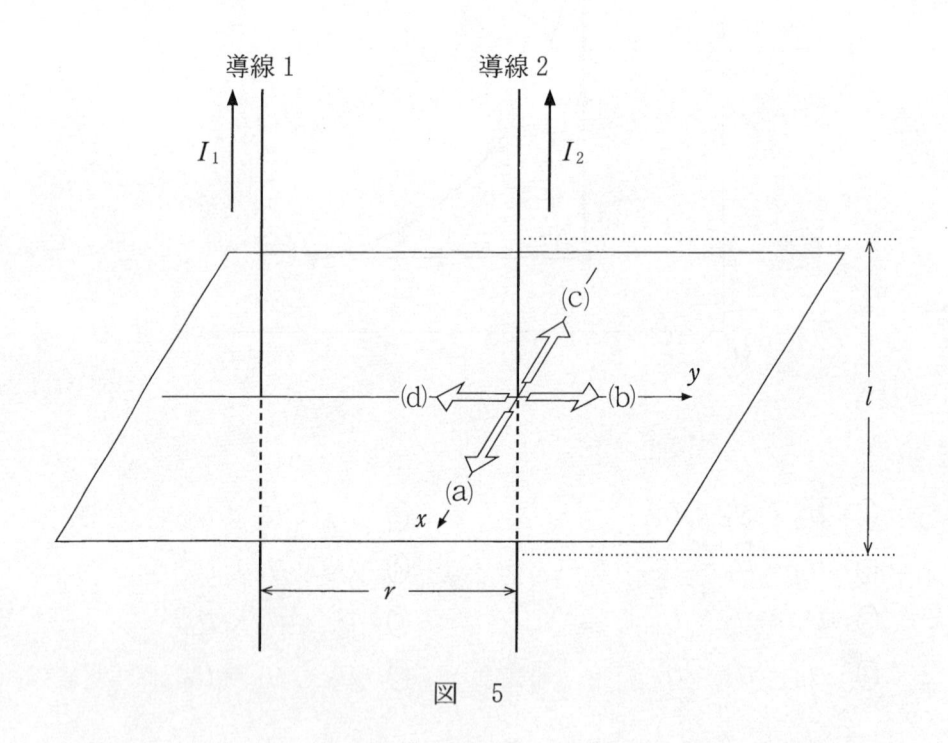

図　5

	ア	イ	ウ
①	(a)	(b)	$\mu_0 \dfrac{I_1 I_2}{2\pi r} l$
②	(a)	(b)	$\mu_0 \dfrac{I_1 I_2}{2\pi r^2} l$
③	(a)	(d)	$\mu_0 \dfrac{I_1 I_2}{2\pi r} l$
④	(a)	(d)	$\mu_0 \dfrac{I_1 I_2}{2\pi r^2} l$
⑤	(c)	(b)	$\mu_0 \dfrac{I_1 I_2}{2\pi r} l$
⑥	(c)	(b)	$\mu_0 \dfrac{I_1 I_2}{2\pi r^2} l$
⑦	(c)	(d)	$\mu_0 \dfrac{I_1 I_2}{2\pi r} l$
⑧	(c)	(d)	$\mu_0 \dfrac{I_1 I_2}{2\pi r^2} l$

第2問 物体の運動に関する探究の過程について，後の問い(問1〜6)に答えよ。
(配点 30)

　Aさんは，買い物でショッピングカートを押したり引いたりしたときの経験から，「物体の速さは物体にはたらく力と物体の質量のみによって決まり，(a)ある時刻の物体の速さ v は，その時刻に物体が受けている力の大きさ F に比例し，物体の質量 m に反比例する」という仮説を立てた。Aさんの仮説を聞いたBさんは，この仮説は誤った思い込みだと思ったが，科学的に反論するためには実験を行って確かめることが必要であると考えた。

問1 下線部(a)の内容を v, F, m の関係として表したグラフとして最も適当なものを，次の①〜④のうちから一つ選べ。 ┃ 7 ┃

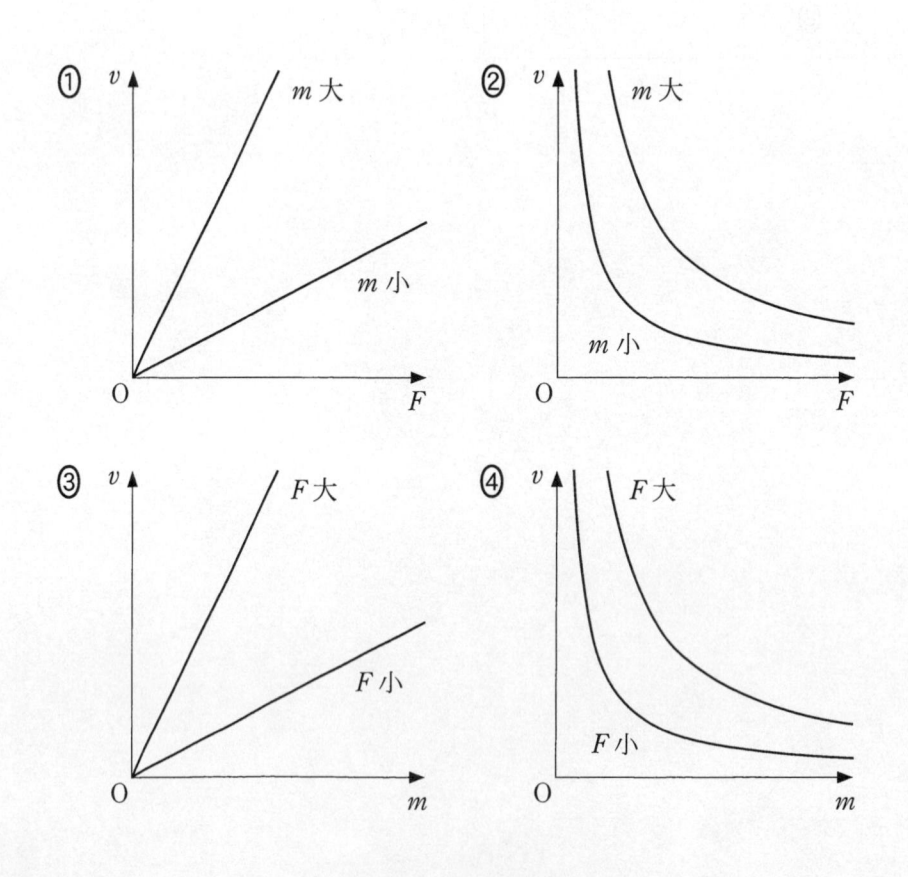

　Bさんは，水平な実験机上をなめらかに動く力学台車と，ばねばかり，おもり，記録タイマー，記録テープからなる図1のような装置を準備した。そして，物体に一定の力を加えた際の，力の大きさや質量と物体の速さの関係を調べるために，次の2通りの実験を考えた。

【実験1】　いろいろな大きさの力で力学台車を引く測定を繰り返し行い，力の大きさと速さの関係を調べる実験。

【実験2】　いろいろな質量のおもりを用いる測定を繰り返し行い，物体の質量と速さの関係を調べる実験。

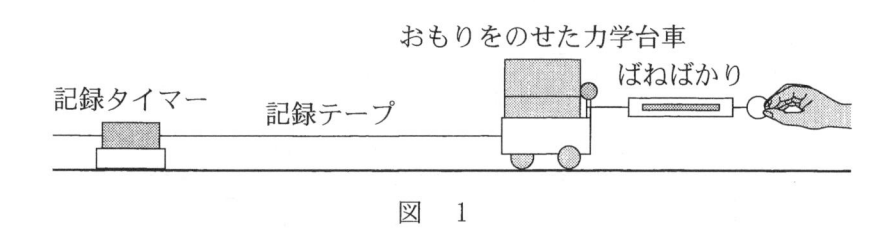

おもりをのせた力学台車

記録タイマー　　記録テープ　　ばねばかり

図　　1

問2　【実験1】を行うときに必要な条件について説明した次の文章中の空欄 8 ・ 9 に入れる語句として最も適当なものを，それぞれの直後の｛ ｝で囲んだ選択肢のうちから一つずつ選べ。

　それぞれの測定においては力学台車を一定の大きさの力で引くため，力学台車を引いている間は，

8 ｛
① ばねばかりの目盛りが常に一定になる
② ばねばかりの目盛りが次第に増加していく
③ 力学台車の速さが一定になる
｝ようにする。

　また，各測定では，

9 ｛
① 力学台車を引く時間
② 力学台車とおもりの質量の和
③ 力学台車を引く距離
｝を同じ値にする。

【**実験2**】として，力学台車とおもりの質量の合計が

$$ア：3.18\,kg \quad イ：1.54\,kg \quad ウ：1.01\,kg$$

の3通りの場合を考え，各測定とも台車を同じ大きさの一定の力で引くことにした。

この実験で得られた記録テープから，台車の速さ v と時刻 t の関係を表す図2のグラフを描いた。ただし，台車を引く力が一定となった時刻をグラフの $t = 0$ としている。

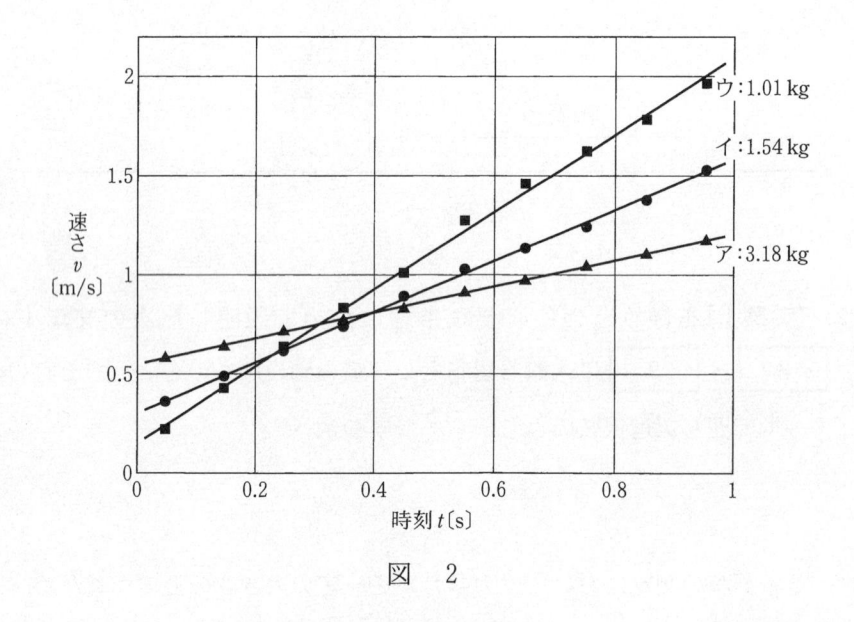

図　2

問3 図2の実験結果からAさんの仮説が誤りであると判断する根拠として，最も適当なものを，次の①〜④のうちから一つ選べ。　10

① 質量が大きいほど速さが大きくなっている。

② 質量が2倍になると，速さは $\dfrac{1}{4}$ 倍になっている。

③ 質量による運動への影響は見いだせない。

④ ある質量の物体に一定の力を加えても，速さは一定にならない。

　Aさんの仮説には，実験で確かめた誤り以外にも，見落としている点がある。物体の速さを考えるときには，その時刻に物体が受けている力だけでなく，それまでに物体がどのように力を受けてきたかについても考えなければならない。

　速さの代わりに質量と速度で決まる運動量を用いると，物体が受けてきた力による力積を使って，物体の運動状態の変化を議論することができる。

問 4　次の文章中の空欄　11　に入れるグラフとして最も適当なものを，後の①～④のうちから一つ選べ。

　　図 2 を運動量と時刻のグラフに描き直したときの概形は，

　　　　物体の運動量の変化＝その間に物体が受けた力積

という関係を使うことで，計算しなくても　11　のようになると予想できる。

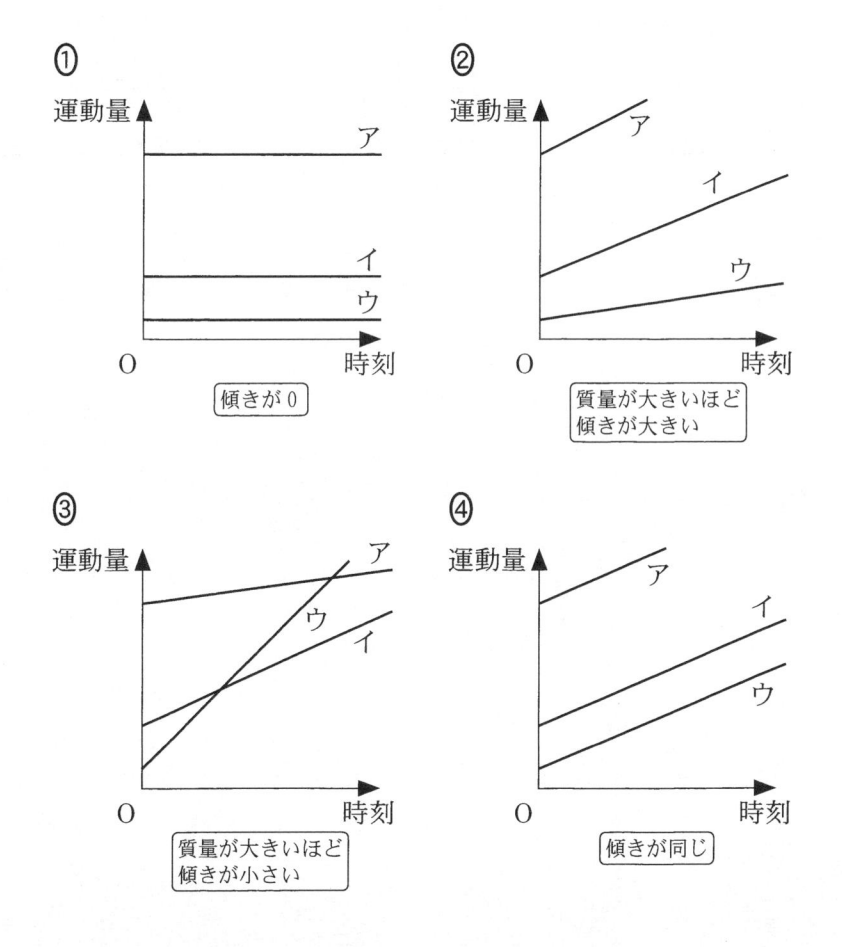

さらに，Bさんは，一定の速さで運動をしている物体の質量を途中で変えるとどうなるだろうかという疑問を持ち，次の2通りの実験を行った。

問5　小球を発射できる装置がついた質量 M_1 の台車と，質量 m_1 の小球を用意した。この装置は，台車の水平な上面に対して垂直上向きに，この小球を速さ v_1 で発射できる。図3のように，水平右向きに速度 V で等速直線運動する台車から小球を打ち上げた。このとき，小球の打ち上げの前後で，台車と小球の運動量の水平成分の和は保存する。小球を打ち上げる直前の速度 V と，小球を打ち上げた直後の台車の速度 V_1 の関係式として正しいものを，後の①〜⑥のうちから一つ選べ。　　12

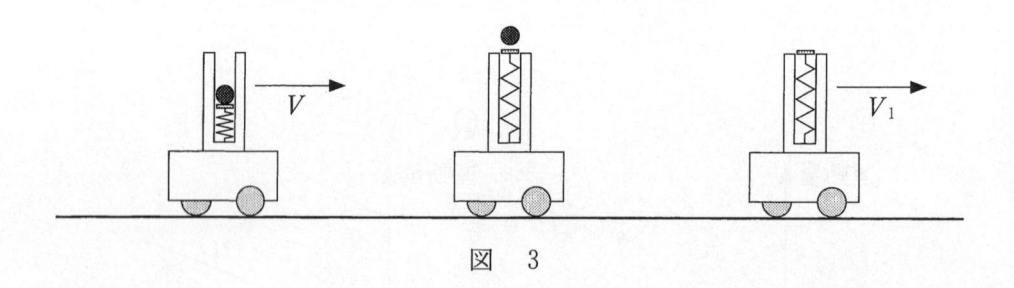

図　3

① $V = V_1$

② $(M_1 + m_1)V = M_1 V_1$

③ $M_1 V = (M_1 + m_1)V_1$

④ $M_1 V = m_1 V_1$

⑤ $\dfrac{1}{2}(M_1 + m_1)V^2 = \dfrac{1}{2}M_1 V_1{}^2$

⑥ $\dfrac{1}{2}(M_1 + m_1)V^2 = \dfrac{1}{2}M_1 V_1{}^2 + \dfrac{1}{2}m_1 v_1{}^2$

問 6 次に，図 4 のように，水平右向きに速度 V で等速直線運動する質量 M_2 の台車に質量 m_2 のおもりを落としたところ，台車とおもりが一体となって速度 V と同じ向きに，速度 V_2 で等速直線運動した。ただし，おもりは鉛直下向きに落下して速さ v_2 で台車に衝突したとする。V と V_2 が満たす関係式を説明する文として最も適当なものを，後の①～⑤のうちから一つ選べ。 13

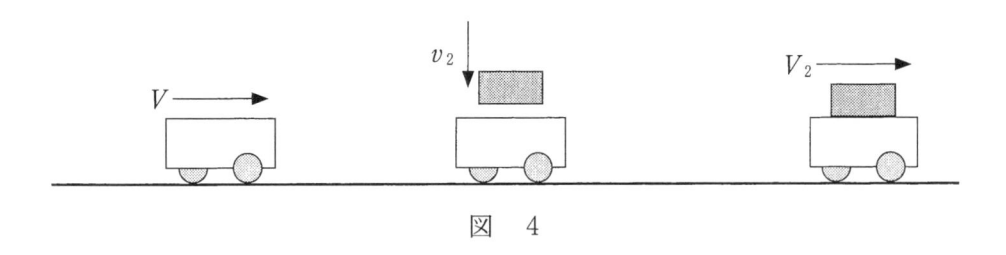

図 4

① おもりは鉛直下向きに運動して衝突したので，水平方向の速度は変化せず，$V = V_2$ である。

② 全運動量が保存するので，$M_2 V + m_2 v_2 = (M_2 + m_2) V_2$ が成り立つ。

③ 運動量の水平成分が保存するので，$M_2 V = (M_2 + m_2) V_2$ が成り立つ。

④ 全運動エネルギーが保存するので，
$$\frac{1}{2} M_2 V^2 + \frac{1}{2} m_2 v_2^2 = \frac{1}{2} (M_2 + m_2) V_2^2$$ が成り立つ。

⑤ 運動エネルギーの水平成分が保存するので，
$$\frac{1}{2} M_2 V^2 = \frac{1}{2} (M_2 + m_2) V_2^2$$ が成り立つ。

第3問 次の文章を読み，後の問い(**問1〜5**)に答えよ。(配点　25)

　図1のように，二つのコイルをオシロスコープにつなぎ，平面板をコイルの中を通るように水平に設置した。台車に初速を与えてこの板の上で走らせる。台車に固定した細長い棒の先に，台車の進行方向にN極が向くように軽い棒磁石が取り付けられている。二つのコイルの中心間の距離は 0.20 m である。ただし，コイル間の相互インダクタンスの影響は無視でき，また，台車は平面板の上をなめらかに動く。

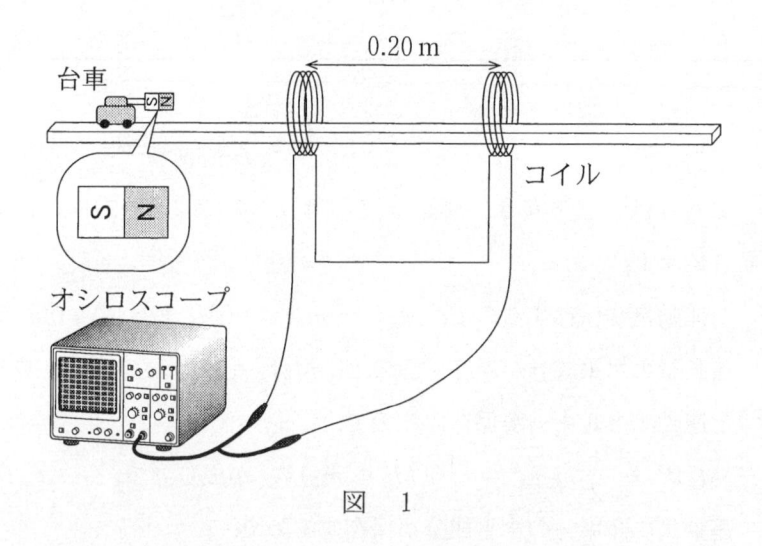

図　1

　台車が運動することにより，コイルには誘導起電力が発生する。オシロスコープにより電圧を測定すると，台車が動き始めてからの電圧は，図2のようになった。

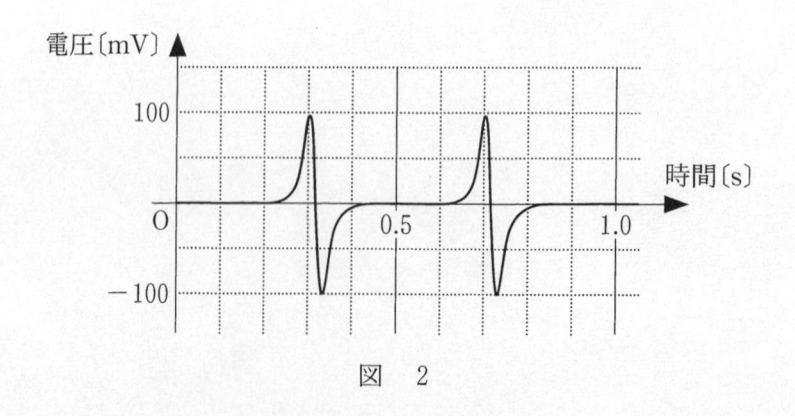

図　2

問 1 このコイルとオシロスコープの組合せを，スピードメーターとして使うことができる。この台車の運動を等速直線運動と仮定したとき，図2から読み取れる台車の速さを，有効数字1桁で求めるとどうなるか。次の式中の空欄 14 ・ 15 に入れる数字として最も適当なものを，後の①〜⓪のうちから一つずつ選べ。ただし，同じものを繰り返し選んでもよい。

$$\boxed{14} \times 10^{-\boxed{15}}\, \text{m/s}$$

① 1   ② 2   ③ 3   ④ 4   ⑤ 5
⑥ 6   ⑦ 7   ⑧ 8   ⑨ 9   ⓪ 0

問 2 この実験に関して述べた次の文章中の空欄 16 〜 18 に入れる語句として最も適当なものを，それぞれの直後の ｛ ｝ で囲んだ選択肢のうちから一つずつ選べ。

コイルに電磁誘導による電流が流れると，その電流による磁場は，台車の速

さを 16 ｛
① 大きく
② 小さく
③ 台車が近づくときは大きく，遠ざかるときは小さく
④ 台車が近づくときは小さく，遠ざかるときは大きく
｝ する

力を及ぼす。しかし，実際の実験ではこの力は小さいので，台車の運動はほぼ等速直線運動とみなしてよかった。力が小さい理由は，オシロスコープの内部

抵抗が 17 ｛
① 小さいので，コイルを流れる電流が小さい
② 小さいので，コイルを流れる電流が大きい
③ 大きいので，コイルを流れる電流が小さい
④ 大きいので，コイルを流れる電流が大きい
｝ からであ

る。

空気抵抗も台車の加速度に影響を与えると考えられるが，この実験では台車

が遅く，さらに台車の質量が 18 ｛
① 大きい
② 無視できる
｝ ので，空気抵抗の影

響は小さい。

問 3 Aさんが，条件を少し変えて実験してみたところ，結果は図3のように変わった。

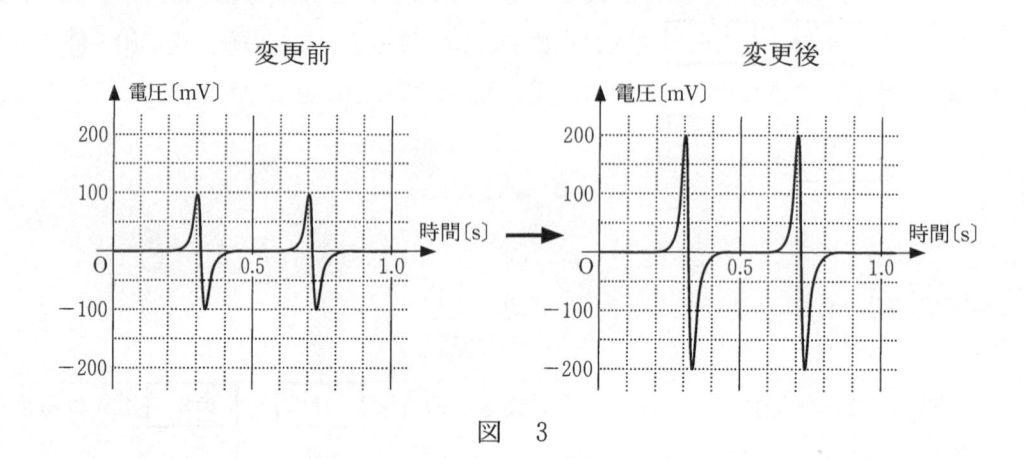

図　3

　　Aさんが加えた変更として最も適当なものを，次の①〜⑤のうちから一つ選べ。ただし，選択肢に記述されている以外の変更は行わなかったものとする。また，磁石を追加した場合は，もとの磁石と同じものを使用したものとする。

19

① 台車の速さを $\sqrt{2}$ 倍にした。

② 台車の速さを2倍にした。

③ 台車につける磁石を S N S N のように2個つなげたものに交換した。

④ 台車につける磁石を N/S S/N のように2個たばねたものに交換した。

⑤ 台車につける磁石を S/S N/N のように2個たばねたものに交換した。

（下 書 き 用 紙）

物理の試験問題は次に続く。

Aさんは次に図4のようにコイルを三つに増やして実験をした。ただし，コイルの巻き数はすべて等しく，コイルは等間隔に設置されている。また，台車に取り付けた磁石は1個である。

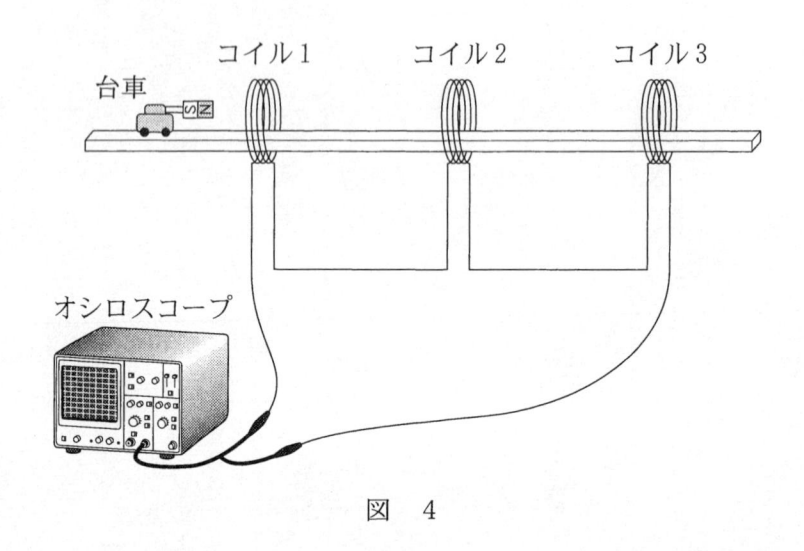

図　4

　実験結果は，図5のようになった。

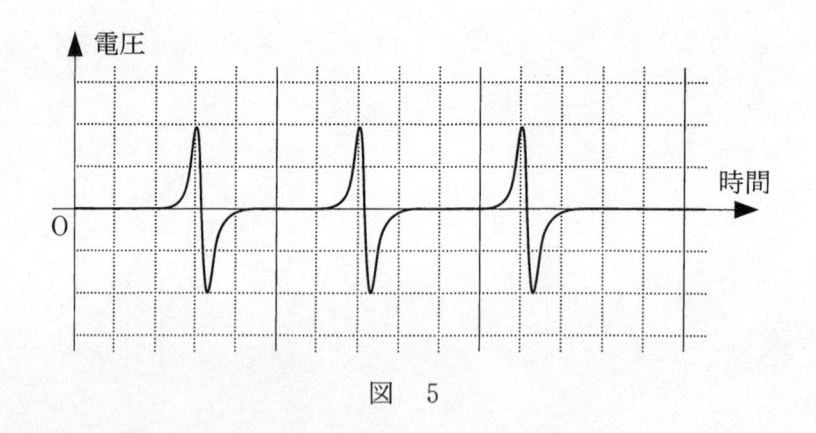

図　5

問 4 B さんが A さんと同じような装置を作り，三つのコイルを用いて実験をしたところ，図 6 のように，A さんの図 5 と違う結果になった。

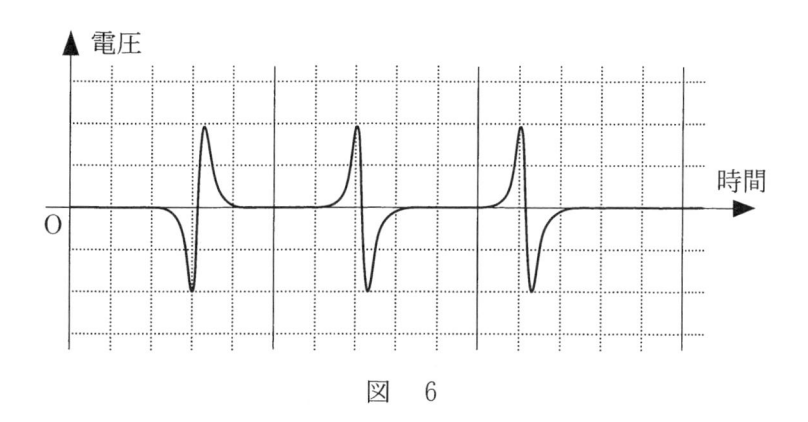

図　6

　　B さんの実験装置は A さんの実験装置とどのように違っていたか。最も適当なものを，次の①〜⑤のうちから一つ選べ。ただし，選択肢に記述されている以外の違いはなかったものとする。　20

① コイル 1 の巻数が半分であった。

② コイル 2，コイル 3 の巻数が半分であった。

③ コイル 1 の巻き方が逆であった。

④ コイル 2，コイル 3 の巻き方が逆であった。

⑤ オシロスコープのプラスマイナスのつなぎ方が逆であった。

問 5 Ａさんが図7のように実験装置を傾けて板の上に台車を静かに置くと，台車は板を外れることなくすべり降りた。

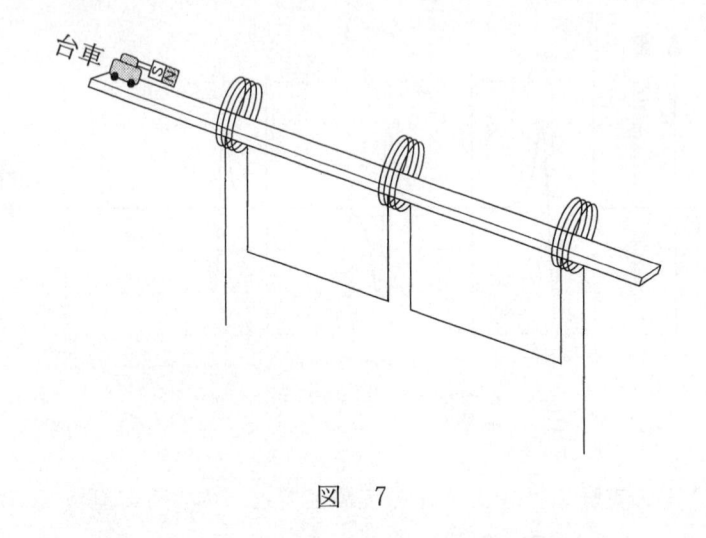

図　7

　このとき，オシロスコープで測定される電圧の時間変化を表すグラフの概形として最も適当なものを，次ページの①～⑤のうちから一つ選べ。21

①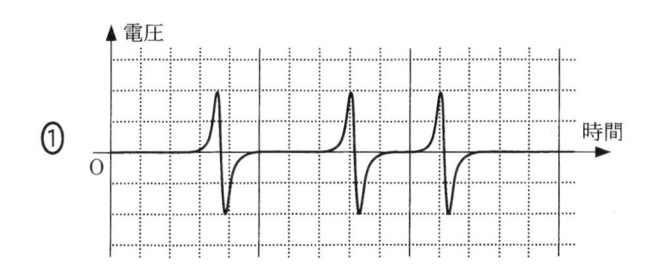

②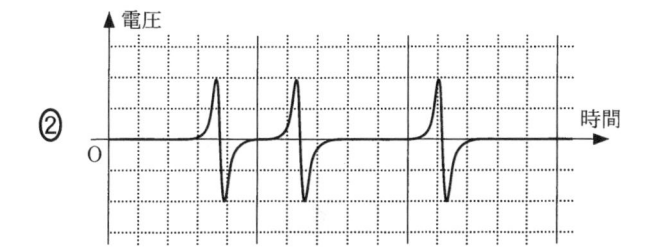

③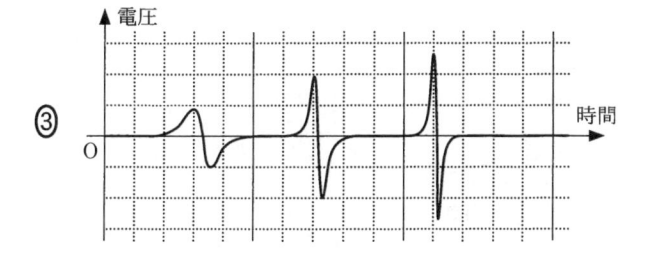

④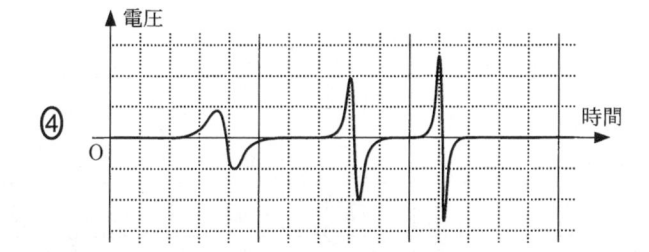

⑤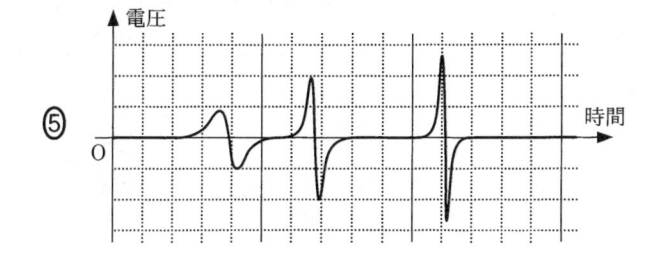

第4問 次の文章を読み，後の問い(**問1～4**)に答えよ。(配点　20)

　　水素原子を，図1のように，静止した正の電気量 e を持つ陽子と，そのまわりを負の電気量 $-e$ を持つ電子が速さ v，軌道半径 r で等速円運動するモデルで考える。陽子および電子の大きさは無視できるものとする。陽子の質量を M，電子の質量を m，クーロンの法則の真空中での比例定数を k_0，プランク定数を h，万有引力定数を G，真空中の光速を c とし，必要ならば，表1の物理定数を用いよ。

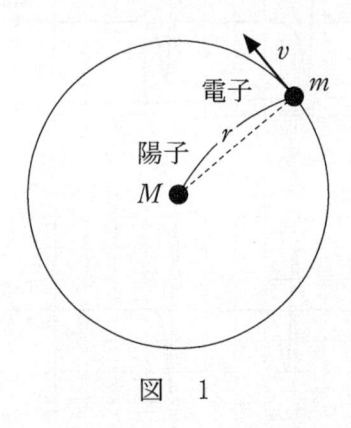

図　1

表1　物理定数

名　称	記　号	数値・単位
万有引力定数	G	$6.7 \times 10^{-11}\,\mathrm{N \cdot m^2/kg^2}$
プランク定数	h	$6.6 \times 10^{-34}\,\mathrm{J \cdot s}$
クーロンの法則の真空中での比例定数	k_0	$9.0 \times 10^{9}\,\mathrm{N \cdot m^2/C^2}$
真空中の光速	c	$3.0 \times 10^{8}\,\mathrm{m/s}$
電気素量	e	$1.6 \times 10^{-19}\,\mathrm{C}$
陽子の質量	M	$1.7 \times 10^{-27}\,\mathrm{kg}$
電子の質量	m	$9.1 \times 10^{-31}\,\mathrm{kg}$

問 1 次の文章中の空欄 ア ・ イ に入れる式の組合せとして最も適当なものを，後の①〜⑥のうちから一つ選べ。 22

　図2(a)のように，半径 r の円軌道上を一定の速さ v で運動する電子の角速度 ω は ア で与えられる。時刻 t での速度 $\vec{v_1}$ と微小な時間 Δt だけ経過した後の時刻 $t + \Delta t$ での速度 $\vec{v_2}$ との差の大きさは イ である。

　ただし，図2(b)は $\vec{v_2}$ の始点を $\vec{v_1}$ の始点まで平行移動した図であり，$\omega\Delta t$ は $\vec{v_1}$ と $\vec{v_2}$ とがなす角である。また，微小角 $\omega\Delta t$ を中心角とする弧(図2(b)の破線)と弦(図2(b)の実線)の長さは等しいとしてよい。

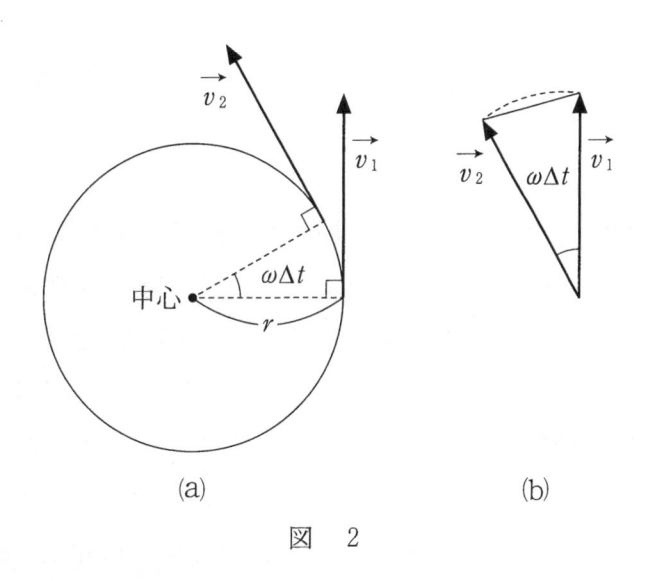

(a) (b)

図　2

	①	②	③	④	⑤	⑥
ア	rv	rv	rv	$\dfrac{v}{r}$	$\dfrac{v}{r}$	$\dfrac{v}{r}$
イ	0	$rv^2\Delta t$	$\dfrac{v^2}{r}\Delta t$	0	$rv^2\Delta t$	$\dfrac{v^2}{r}\Delta t$

問 2 次の文章中の空欄 $\boxed{23}$ に入れる数値として最も適当なものを，後の①〜⑥のうちから一つ選べ。

水素原子中の電子と陽子の間にはたらくニュートンの万有引力と静電気力の大きさを比較すると，万有引力は静電気力のおよそ $10^{-\boxed{23}}$ 倍であることがわかる。万有引力はこのように小さいので，電子の運動を考える際には，万有引力は無視してよい。

① 10　② 20　③ 30　④ 40　⑤ 50　⑥ 60

問 3 次の文章中の空欄 $\boxed{24}$ に入れる式として正しいものを，後の①〜⑧のうちから一つ選べ。

円運動の向心力は陽子と電子の間にはたらく静電気力のみであるとする。量子数を $n\,(n = 1, 2, 3, \cdots)$ とすると，ボーアの量子条件 $mvr = n\dfrac{h}{2\pi}$ は，電子の円軌道の一周の長さが電子のド・ブロイ波の波長の n 倍に等しいとする定在波（定常波）の条件と一致する。以上の関係から，v を含まない式で水素原子の電子の軌道半径 r を表すと，$r = \dfrac{h^2}{4\pi^2 k_0 m e^2}\,n^2$ となる。

この結果から，量子条件を満たす電子のエネルギー（運動エネルギーと無限遠を基準とした静電気力による位置エネルギーの和）E_n を計算すると，$E_n = -2\pi^2 k_0^2 \times \boxed{24}$ と求められる。この E_n を量子数 n に対応する電子のエネルギー準位という。

① $\dfrac{me}{nh}$　　② $\dfrac{m^2 e}{n^2 h}$　　③ $\dfrac{me^2}{nh^2}$　　④ $\dfrac{me^4}{n^2 h^2}$

⑤ $\dfrac{nh}{me}$　　⑥ $\dfrac{n^2 h}{m^2 e}$　　⑦ $\dfrac{nh^2}{me^2}$　　⑧ $\dfrac{n^2 h^2}{me^4}$

問 4　次の文中の空欄　25　に入れる式として正しいものを，後の①～④のうち
から一つ選べ。

　　水素原子中の電子が，量子数 n のエネルギー準位 E から量子数 n' のより低
いエネルギー準位 E' へ移るとき，放出される光子の振動数 ν は，
$\nu = $　25　である。

①　$\dfrac{E' - E}{h}$　　②　$\dfrac{E - E'}{h}$　　③　$\dfrac{h}{E' - E}$　　④　$\dfrac{h}{E - E'}$

2025−駿台　大学入試完全対策シリーズ

大学入学共通テスト実戦問題集　物理

2024 年 7 月 11 日　2025 年版発行

編　　者	駿　　台　　文　　庫
発 行 者	山　崎　良　子
印刷・製本	三 美 印 刷 株 式 会 社

発　行　所　　駿 台 文 庫 株 式 会 社

〒 101−0062　東京都千代田区神田駿河台 1 − 7 − 4
小畑ビル内
TEL. 編集 03 (5259) 3302
販売 03 (5259) 3301
《共通テスト実戦・物理 336pp.》

ISBN978−4−7961−6472−6　　Printed in Japan

駿台文庫 Web サイト
https://www.sundaibunko.jp

理 科 解答用紙

注意事項

1 訂正は、消しゴムできれいに消し、消しくずを残してはいけません。
2 所定欄以外にはマークしたり、記入したりしてはいけません。
3 汚したり、折りまげたりしてはいけません。

マーク例

良い例	悪い例
●	⊙⊗◐○

受験番号を記入し、その下のマーク欄にマークしなさい。

受験番号欄

千位	百位	十位	一位	英字
—	⓪	⓪	⓪	Ⓐ A
①	①	①	①	Ⓑ B
②	②	②	②	Ⓒ C
③	③	③	③	Ⓗ H
④	④	④	④	Ⓚ K
⑤	⑤	⑤	⑤	Ⓜ M
⑥	⑥	⑥	⑥	Ⓡ R
⑦	⑦	⑦	⑦	Ⓤ U
⑧	⑧	⑧	⑧	Ⓧ X
⑨	⑨	⑨	⑨	Ⓨ Y
—	—	—	—	Ⓩ Z

・右の解答欄で解答する科目を、1科目だけマークしなさい。
・解答科目欄が無いマーク又は複数マークの場合は、0点となります。

解答科目欄

物 理	○
化 学	○
生 物	○
地 学	○

氏名・フリガナ、試験場コードを記入しなさい。

フリガナ	
氏 名	

試験場コード	十万位	万位	千位	百位	十位	一位

駿 台 文 庫

解 答 欄（解答番号 1～20）

解答番号	1	2	3	4	5	6	7	8	9	0	a	b
1	①	②	③	④	⑤	⑥	⑦	⑧	⑨	⓪	ⓐ	ⓑ
2	①	②	③	④	⑤	⑥	⑦	⑧	⑨	⓪	ⓐ	ⓑ
3	①	②	③	④	⑤	⑥	⑦	⑧	⑨	⓪	ⓐ	ⓑ
4	①	②	③	④	⑤	⑥	⑦	⑧	⑨	⓪	ⓐ	ⓑ
5	①	②	③	④	⑤	⑥	⑦	⑧	⑨	⓪	ⓐ	ⓑ
6	①	②	③	④	⑤	⑥	⑦	⑧	⑨	⓪	ⓐ	ⓑ
7	①	②	③	④	⑤	⑥	⑦	⑧	⑨	⓪	ⓐ	ⓑ
8	①	②	③	④	⑤	⑥	⑦	⑧	⑨	⓪	ⓐ	ⓑ
9	①	②	③	④	⑤	⑥	⑦	⑧	⑨	⓪	ⓐ	ⓑ
10	①	②	③	④	⑤	⑥	⑦	⑧	⑨	⓪	ⓐ	ⓑ
11	①	②	③	④	⑤	⑥	⑦	⑧	⑨	⓪	ⓐ	ⓑ
12	①	②	③	④	⑤	⑥	⑦	⑧	⑨	⓪	ⓐ	ⓑ
13	①	②	③	④	⑤	⑥	⑦	⑧	⑨	⓪	ⓐ	ⓑ
14	①	②	③	④	⑤	⑥	⑦	⑧	⑨	⓪	ⓐ	ⓑ
15	①	②	③	④	⑤	⑥	⑦	⑧	⑨	⓪	ⓐ	ⓑ
16	①	②	③	④	⑤	⑥	⑦	⑧	⑨	⓪	ⓐ	ⓑ
17	①	②	③	④	⑤	⑥	⑦	⑧	⑨	⓪	ⓐ	ⓑ
18	①	②	③	④	⑤	⑥	⑦	⑧	⑨	⓪	ⓐ	ⓑ
19	①	②	③	④	⑤	⑥	⑦	⑧	⑨	⓪	ⓐ	ⓑ
20	①	②	③	④	⑤	⑥	⑦	⑧	⑨	⓪	ⓐ	ⓑ

解 答 欄（解答番号 21～40）

解答番号	1	2	3	4	5	6	7	8	9	0	a	b
21	①	②	③	④	⑤	⑥	⑦	⑧	⑨	⓪	ⓐ	ⓑ
22	①	②	③	④	⑤	⑥	⑦	⑧	⑨	⓪	ⓐ	ⓑ
23	①	②	③	④	⑤	⑥	⑦	⑧	⑨	⓪	ⓐ	ⓑ
24	①	②	③	④	⑤	⑥	⑦	⑧	⑨	⓪	ⓐ	ⓑ
25	①	②	③	④	⑤	⑥	⑦	⑧	⑨	⓪	ⓐ	ⓑ
26	①	②	③	④	⑤	⑥	⑦	⑧	⑨	⓪	ⓐ	ⓑ
27	①	②	③	④	⑤	⑥	⑦	⑧	⑨	⓪	ⓐ	ⓑ
28	①	②	③	④	⑤	⑥	⑦	⑧	⑨	⓪	ⓐ	ⓑ
29	①	②	③	④	⑤	⑥	⑦	⑧	⑨	⓪	ⓐ	ⓑ
30	①	②	③	④	⑤	⑥	⑦	⑧	⑨	⓪	ⓐ	ⓑ
31	①	②	③	④	⑤	⑥	⑦	⑧	⑨	⓪	ⓐ	ⓑ
32	①	②	③	④	⑤	⑥	⑦	⑧	⑨	⓪	ⓐ	ⓑ
33	①	②	③	④	⑤	⑥	⑦	⑧	⑨	⓪	ⓐ	ⓑ
34	①	②	③	④	⑤	⑥	⑦	⑧	⑨	⓪	ⓐ	ⓑ
35	①	②	③	④	⑤	⑥	⑦	⑧	⑨	⓪	ⓐ	ⓑ
36	①	②	③	④	⑤	⑥	⑦	⑧	⑨	⓪	ⓐ	ⓑ
37	①	②	③	④	⑤	⑥	⑦	⑧	⑨	⓪	ⓐ	ⓑ
38	①	②	③	④	⑤	⑥	⑦	⑧	⑨	⓪	ⓐ	ⓑ
39	①	②	③	④	⑤	⑥	⑦	⑧	⑨	⓪	ⓐ	ⓑ
40	①	②	③	④	⑤	⑥	⑦	⑧	⑨	⓪	ⓐ	ⓑ

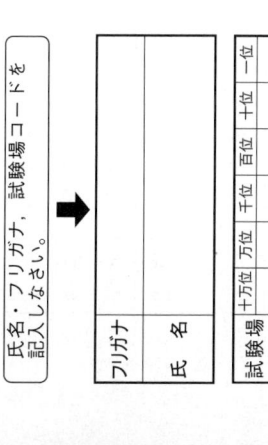

理　科　解答用紙

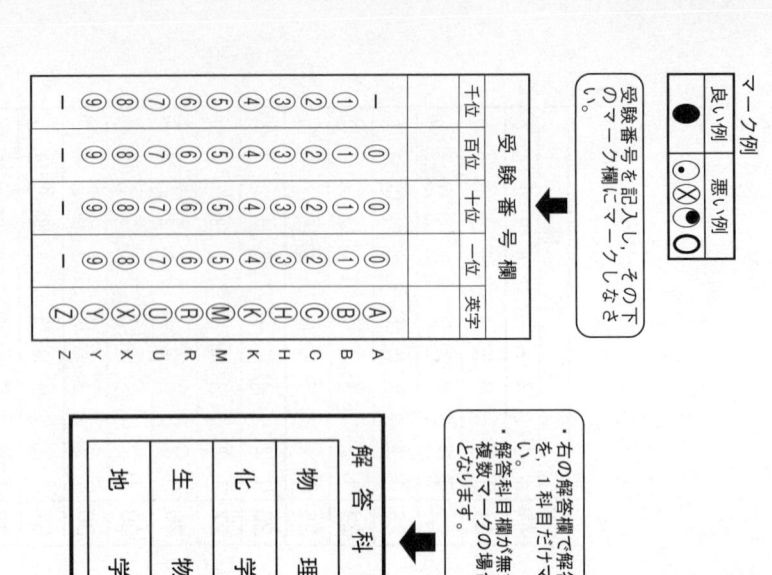

マーク例
良い例　●
悪い例　◑ ⊗ ◯

受験番号を記入し、その下のマーク欄にマークしなさい。

受験番号欄

| | 千位 | 百位 | 十位 | 一位 | 英字 |

氏名
フリガナ
氏名・フリガナ、試験場コードを記入しなさい。

・右の解答欄で解答する科目を、1科目だけマークしなさい。
・解答科目欄が無マーク又は複数マークの場合は、0点となります。

解答科目欄

| 物理 ◯ |
| 化学 ◯ |
| 生物 ◯ |
| 地学 ◯ |

解答番号	1	2	3	4	5	6	7	8	9	0	a	b
1	①	②	③	④	⑤	⑥	⑦	⑧	⑨	⓪	ⓐ	ⓑ
2	①	②	③	④	⑤	⑥	⑦	⑧	⑨	⓪	ⓐ	ⓑ
3	①	②	③	④	⑤	⑥	⑦	⑧	⑨	⓪	ⓐ	ⓑ
4	①	②	③	④	⑤	⑥	⑦	⑧	⑨	⓪	ⓐ	ⓑ
5	①	②	③	④	⑤	⑥	⑦	⑧	⑨	⓪	ⓐ	ⓑ
6	①	②	③	④	⑤	⑥	⑦	⑧	⑨	⓪	ⓐ	ⓑ
7	①	②	③	④	⑤	⑥	⑦	⑧	⑨	⓪	ⓐ	ⓑ
8	①	②	③	④	⑤	⑥	⑦	⑧	⑨	⓪	ⓐ	ⓑ
9	①	②	③	④	⑤	⑥	⑦	⑧	⑨	⓪	ⓐ	ⓑ
10	①	②	③	④	⑤	⑥	⑦	⑧	⑨	⓪	ⓐ	ⓑ
11	①	②	③	④	⑤	⑥	⑦	⑧	⑨	⓪	ⓐ	ⓑ
12	①	②	③	④	⑤	⑥	⑦	⑧	⑨	⓪	ⓐ	ⓑ
13	①	②	③	④	⑤	⑥	⑦	⑧	⑨	⓪	ⓐ	ⓑ
14	①	②	③	④	⑤	⑥	⑦	⑧	⑨	⓪	ⓐ	ⓑ
15	①	②	③	④	⑤	⑥	⑦	⑧	⑨	⓪	ⓐ	ⓑ
16	①	②	③	④	⑤	⑥	⑦	⑧	⑨	⓪	ⓐ	ⓑ
17	①	②	③	④	⑤	⑥	⑦	⑧	⑨	⓪	ⓐ	ⓑ
18	①	②	③	④	⑤	⑥	⑦	⑧	⑨	⓪	ⓐ	ⓑ
19	①	②	③	④	⑤	⑥	⑦	⑧	⑨	⓪	ⓐ	ⓑ
20	①	②	③	④	⑤	⑥	⑦	⑧	⑨	⓪	ⓐ	ⓑ

解答番号	1	2	3	4	5	6	7	8	9	0	a	b
21	①	②	③	④	⑤	⑥	⑦	⑧	⑨	⓪	ⓐ	ⓑ
22	①	②	③	④	⑤	⑥	⑦	⑧	⑨	⓪	ⓐ	ⓑ
23	①	②	③	④	⑤	⑥	⑦	⑧	⑨	⓪	ⓐ	ⓑ
24	①	②	③	④	⑤	⑥	⑦	⑧	⑨	⓪	ⓐ	ⓑ
25	①	②	③	④	⑤	⑥	⑦	⑧	⑨	⓪	ⓐ	ⓑ
26	①	②	③	④	⑤	⑥	⑦	⑧	⑨	⓪	ⓐ	ⓑ
27	①	②	③	④	⑤	⑥	⑦	⑧	⑨	⓪	ⓐ	ⓑ
28	①	②	③	④	⑤	⑥	⑦	⑧	⑨	⓪	ⓐ	ⓑ
29	①	②	③	④	⑤	⑥	⑦	⑧	⑨	⓪	ⓐ	ⓑ
30	①	②	③	④	⑤	⑥	⑦	⑧	⑨	⓪	ⓐ	ⓑ
31	①	②	③	④	⑤	⑥	⑦	⑧	⑨	⓪	ⓐ	ⓑ
32	①	②	③	④	⑤	⑥	⑦	⑧	⑨	⓪	ⓐ	ⓑ
33	①	②	③	④	⑤	⑥	⑦	⑧	⑨	⓪	ⓐ	ⓑ
34	①	②	③	④	⑤	⑥	⑦	⑧	⑨	⓪	ⓐ	ⓑ
35	①	②	③	④	⑤	⑥	⑦	⑧	⑨	⓪	ⓐ	ⓑ
36	①	②	③	④	⑤	⑥	⑦	⑧	⑨	⓪	ⓐ	ⓑ
37	①	②	③	④	⑤	⑥	⑦	⑧	⑨	⓪	ⓐ	ⓑ
38	①	②	③	④	⑤	⑥	⑦	⑧	⑨	⓪	ⓐ	ⓑ
39	①	②	③	④	⑤	⑥	⑦	⑧	⑨	⓪	ⓐ	ⓑ
40	①	②	③	④	⑤	⑥	⑦	⑧	⑨	⓪	ⓐ	ⓑ

理 科 解答用紙

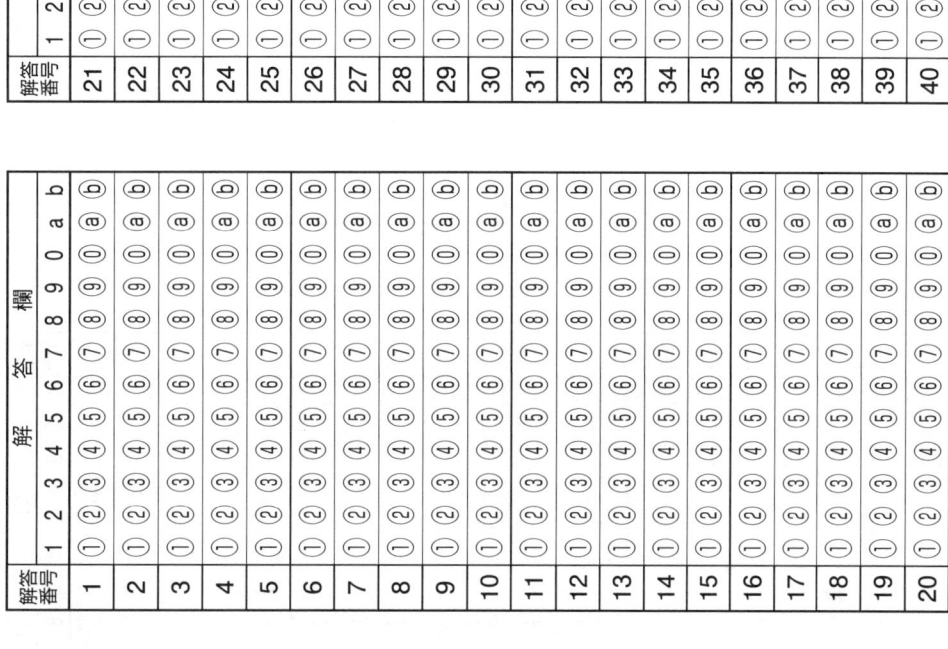

・右の解答欄で解答する科目を、1科目だけマークしなさい。
・解答科目欄が無マーク又は複数マークの場合は、0点となります。

解答科目欄

物 理 ○
化 学 ○
生 物 ○
地 学 ○

マーク例

良い例	悪い例
●	◉ ⊗ ◓ ○

受験番号を記入し、その下のマーク欄にマークしなさい。

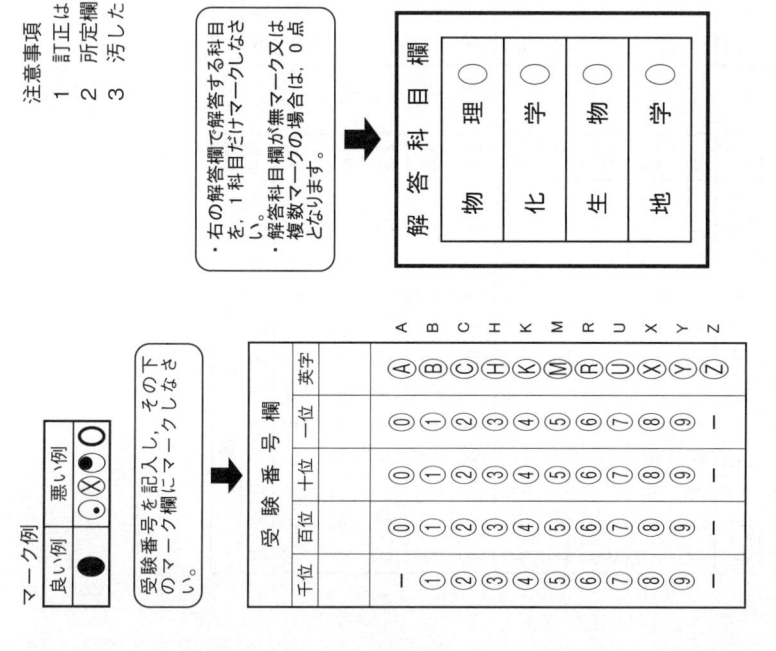

氏名・フリガナ、試験場コードを記入しなさい。

フリガナ	
氏 名	

試験場コード	十万位	万位	千位	百位	十位	一位

駿 合 文 庫

理　科　解答用紙

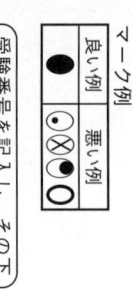

注意事項

1　訂正は、消しゴムできれいに消し、消しくずを残してはいけません。
2　所定欄以外にはマークしたり、記入したりしてはいけません。
3　汚したり、折りまげたりしてはいけません。

受験番号を記入し、その下のマーク欄にマークしなさい。

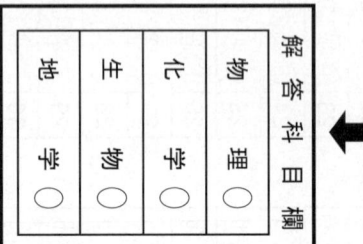

・右の解答欄で解答する科目を、1科目欄だけマークしなさい。
・解答科目欄が無マーク又は複数マークの場合は、0点となります。

解答科目欄

理	物	○
	化　学	○
	生　物	○
	地　学	○

受験番号欄

フリガナ・フリガナ、試験場コードを記入しなさい。

氏名・フリガナ、試験場コードを記入しなさい。

フリガナ	
氏　名	

試験場コード	十万位	万位	千位	百位	十位	一位

理 科 解答用紙

注意事項
1 訂正は，消しゴムできれいに消し，消しくずを残してはいけません。
2 所定欄以外にはマークしたり，記入したりしてはいけません。
3 汚したり，折りまげたりしてはいけません。

マーク例

良い例	悪い例
●	◓ ⊗ ◑ ◒

・右の解答欄で解答する科目を，1科目だけマークしなさい。
・解答科目欄が無マーク又は複数マークの場合は，0点となります。

解 答 科 目 欄

物 理	◯
化 学	◯
生 物	◯
地 学	◯

受験番号を記入し，そのマーク欄にマークしなさい。

受 験 番 号 欄

千位	百位	十位	一位	英字
—	⓪	⓪	⓪	Ⓐ A
①	①	①	①	Ⓑ B
②	②	②	②	Ⓒ C
③	③	③	③	Ⓗ H
④	④	④	④	Ⓚ K
⑤	⑤	⑤	⑤	Ⓜ M
⑥	⑥	⑥	⑥	Ⓡ R
⑦	⑦	⑦	⑦	Ⓤ U
⑧	⑧	⑧	⑧	Ⓧ X
⑨	⑨	⑨	⑨	Ⓨ Y
—	—	—	—	Ⓩ Z

氏名・フリガナ，試験場コードを記入しなさい。

フリガナ	
氏 名	

試験場コード	十万位	万位	千位	百位	十位	一位

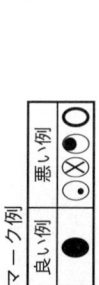

駿 台 文 庫

解 答 欄

解答番号	1	2	3	4	5	6	7	8	9	0	a	b
1	①	②	③	④	⑤	⑥	⑦	⑧	⑨	⓪	ⓐ	ⓑ
2	①	②	③	④	⑤	⑥	⑦	⑧	⑨	⓪	ⓐ	ⓑ
3	①	②	③	④	⑤	⑥	⑦	⑧	⑨	⓪	ⓐ	ⓑ
4	①	②	③	④	⑤	⑥	⑦	⑧	⑨	⓪	ⓐ	ⓑ
5	①	②	③	④	⑤	⑥	⑦	⑧	⑨	⓪	ⓐ	ⓑ
6	①	②	③	④	⑤	⑥	⑦	⑧	⑨	⓪	ⓐ	ⓑ
7	①	②	③	④	⑤	⑥	⑦	⑧	⑨	⓪	ⓐ	ⓑ
8	①	②	③	④	⑤	⑥	⑦	⑧	⑨	⓪	ⓐ	ⓑ
9	①	②	③	④	⑤	⑥	⑦	⑧	⑨	⓪	ⓐ	ⓑ
10	①	②	③	④	⑤	⑥	⑦	⑧	⑨	⓪	ⓐ	ⓑ
11	①	②	③	④	⑤	⑥	⑦	⑧	⑨	⓪	ⓐ	ⓑ
12	①	②	③	④	⑤	⑥	⑦	⑧	⑨	⓪	ⓐ	ⓑ
13	①	②	③	④	⑤	⑥	⑦	⑧	⑨	⓪	ⓐ	ⓑ
14	①	②	③	④	⑤	⑥	⑦	⑧	⑨	⓪	ⓐ	ⓑ
15	①	②	③	④	⑤	⑥	⑦	⑧	⑨	⓪	ⓐ	ⓑ
16	①	②	③	④	⑤	⑥	⑦	⑧	⑨	⓪	ⓐ	ⓑ
17	①	②	③	④	⑤	⑥	⑦	⑧	⑨	⓪	ⓐ	ⓑ
18	①	②	③	④	⑤	⑥	⑦	⑧	⑨	⓪	ⓐ	ⓑ
19	①	②	③	④	⑤	⑥	⑦	⑧	⑨	⓪	ⓐ	ⓑ
20	①	②	③	④	⑤	⑥	⑦	⑧	⑨	⓪	ⓐ	ⓑ

解 答 欄

解答番号	1	2	3	4	5	6	7	8	9	0	a	b
21	①	②	③	④	⑤	⑥	⑦	⑧	⑨	⓪	ⓐ	ⓑ
22	①	②	③	④	⑤	⑥	⑦	⑧	⑨	⓪	ⓐ	ⓑ
23	①	②	③	④	⑤	⑥	⑦	⑧	⑨	⓪	ⓐ	ⓑ
24	①	②	③	④	⑤	⑥	⑦	⑧	⑨	⓪	ⓐ	ⓑ
25	①	②	③	④	⑤	⑥	⑦	⑧	⑨	⓪	ⓐ	ⓑ
26	①	②	③	④	⑤	⑥	⑦	⑧	⑨	⓪	ⓐ	ⓑ
27	①	②	③	④	⑤	⑥	⑦	⑧	⑨	⓪	ⓐ	ⓑ
28	①	②	③	④	⑤	⑥	⑦	⑧	⑨	⓪	ⓐ	ⓑ
29	①	②	③	④	⑤	⑥	⑦	⑧	⑨	⓪	ⓐ	ⓑ
30	①	②	③	④	⑤	⑥	⑦	⑧	⑨	⓪	ⓐ	ⓑ
31	①	②	③	④	⑤	⑥	⑦	⑧	⑨	⓪	ⓐ	ⓑ
32	①	②	③	④	⑤	⑥	⑦	⑧	⑨	⓪	ⓐ	ⓑ
33	①	②	③	④	⑤	⑥	⑦	⑧	⑨	⓪	ⓐ	ⓑ
34	①	②	③	④	⑤	⑥	⑦	⑧	⑨	⓪	ⓐ	ⓑ
35	①	②	③	④	⑤	⑥	⑦	⑧	⑨	⓪	ⓐ	ⓑ
36	①	②	③	④	⑤	⑥	⑦	⑧	⑨	⓪	ⓐ	ⓑ
37	①	②	③	④	⑤	⑥	⑦	⑧	⑨	⓪	ⓐ	ⓑ
38	①	②	③	④	⑤	⑥	⑦	⑧	⑨	⓪	ⓐ	ⓑ
39	①	②	③	④	⑤	⑥	⑦	⑧	⑨	⓪	ⓐ	ⓑ
40	①	②	③	④	⑤	⑥	⑦	⑧	⑨	⓪	ⓐ	ⓑ

注意事項

1　訂正は，消しゴムできれいに消し，消しくずを残してはいけません。
2　所定欄以外にはマークしたり，記入したりしてはいけません。
3　汚したり，折りまげたりしてはいけません。

マーク例

良い例	悪い例
●	⊗ ⊘ ○

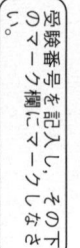
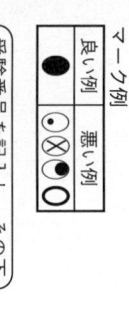

受験番号を記入し，その下のマーク欄にマークしなさい。

受験番号欄

千位	百位	十位	一位	英字
—	—	—	—	Ⓐ A
①	⓪	⓪	⓪	Ⓑ B
②	①	①	①	Ⓒ C
③	②	②	②	Ⓗ H
④	③	③	③	Ⓚ K
⑤	④	④	④	Ⓜ M
⑥	⑤	⑤	⑤	Ⓡ R
⑦	⑥	⑥	⑥	Ⓤ U
⑧	⑦	⑦	⑦	Ⓧ X
⑨	⑧	⑧	⑧	Ⓨ Y
	⑨	⑨	⑨	Ⓩ Z

・右の解答欄で解答する科目を，1科目だけマークしなさい。
・解答科目欄が無マーク又は複数マークの場合は，0点となります。

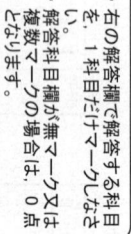

解答科目欄

物理 ◯	化学 ◯	生物 ◯	地学 ◯

フリガナ

氏名

氏名・フリガナ，試験場コードを記入しなさい。

	十万位	万位	千位	百位	十位	一位
試験場コード						

駿台文庫

解答欄（解答番号 1〜20）

解答番号	1	2	3	4	5	6	7	8	9	0	a	b
1	①	②	③	④	⑤	⑥	⑦	⑧	⑨	⓪	ⓐ	ⓑ
2	①	②	③	④	⑤	⑥	⑦	⑧	⑨	⓪	ⓐ	ⓑ
3	①	②	③	④	⑤	⑥	⑦	⑧	⑨	⓪	ⓐ	ⓑ
4	①	②	③	④	⑤	⑥	⑦	⑧	⑨	⓪	ⓐ	ⓑ
5	①	②	③	④	⑤	⑥	⑦	⑧	⑨	⓪	ⓐ	ⓑ
6	①	②	③	④	⑤	⑥	⑦	⑧	⑨	⓪	ⓐ	ⓑ
7	①	②	③	④	⑤	⑥	⑦	⑧	⑨	⓪	ⓐ	ⓑ
8	①	②	③	④	⑤	⑥	⑦	⑧	⑨	⓪	ⓐ	ⓑ
9	①	②	③	④	⑤	⑥	⑦	⑧	⑨	⓪	ⓐ	ⓑ
10	①	②	③	④	⑤	⑥	⑦	⑧	⑨	⓪	ⓐ	ⓑ
11	①	②	③	④	⑤	⑥	⑦	⑧	⑨	⓪	ⓐ	ⓑ
12	①	②	③	④	⑤	⑥	⑦	⑧	⑨	⓪	ⓐ	ⓑ
13	①	②	③	④	⑤	⑥	⑦	⑧	⑨	⓪	ⓐ	ⓑ
14	①	②	③	④	⑤	⑥	⑦	⑧	⑨	⓪	ⓐ	ⓑ
15	①	②	③	④	⑤	⑥	⑦	⑧	⑨	⓪	ⓐ	ⓑ
16	①	②	③	④	⑤	⑥	⑦	⑧	⑨	⓪	ⓐ	ⓑ
17	①	②	③	④	⑤	⑥	⑦	⑧	⑨	⓪	ⓐ	ⓑ
18	①	②	③	④	⑤	⑥	⑦	⑧	⑨	⓪	ⓐ	ⓑ
19	①	②	③	④	⑤	⑥	⑦	⑧	⑨	⓪	ⓐ	ⓑ
20	①	②	③	④	⑤	⑥	⑦	⑧	⑨	⓪	ⓐ	ⓑ

解答欄（解答番号 21〜40）

解答番号	1	2	3	4	5	6	7	8	9	0	a	b
21	①	②	③	④	⑤	⑥	⑦	⑧	⑨	⓪	ⓐ	ⓑ
22	①	②	③	④	⑤	⑥	⑦	⑧	⑨	⓪	ⓐ	ⓑ
23	①	②	③	④	⑤	⑥	⑦	⑧	⑨	⓪	ⓐ	ⓑ
24	①	②	③	④	⑤	⑥	⑦	⑧	⑨	⓪	ⓐ	ⓑ
25	①	②	③	④	⑤	⑥	⑦	⑧	⑨	⓪	ⓐ	ⓑ
26	①	②	③	④	⑤	⑥	⑦	⑧	⑨	⓪	ⓐ	ⓑ
27	①	②	③	④	⑤	⑥	⑦	⑧	⑨	⓪	ⓐ	ⓑ
28	①	②	③	④	⑤	⑥	⑦	⑧	⑨	⓪	ⓐ	ⓑ
29	①	②	③	④	⑤	⑥	⑦	⑧	⑨	⓪	ⓐ	ⓑ
30	①	②	③	④	⑤	⑥	⑦	⑧	⑨	⓪	ⓐ	ⓑ
31	①	②	③	④	⑤	⑥	⑦	⑧	⑨	⓪	ⓐ	ⓑ
32	①	②	③	④	⑤	⑥	⑦	⑧	⑨	⓪	ⓐ	ⓑ
33	①	②	③	④	⑤	⑥	⑦	⑧	⑨	⓪	ⓐ	ⓑ
34	①	②	③	④	⑤	⑥	⑦	⑧	⑨	⓪	ⓐ	ⓑ
35	①	②	③	④	⑤	⑥	⑦	⑧	⑨	⓪	ⓐ	ⓑ
36	①	②	③	④	⑤	⑥	⑦	⑧	⑨	⓪	ⓐ	ⓑ
37	①	②	③	④	⑤	⑥	⑦	⑧	⑨	⓪	ⓐ	ⓑ
38	①	②	③	④	⑤	⑥	⑦	⑧	⑨	⓪	ⓐ	ⓑ
39	①	②	③	④	⑤	⑥	⑦	⑧	⑨	⓪	ⓐ	ⓑ
40	①	②	③	④	⑤	⑥	⑦	⑧	⑨	⓪	ⓐ	ⓑ

理 科　解答用紙

注意事項
1 訂正は, 消しゴムできれいに消し, 消しくずを残してはいけません。
2 所定欄以外にはマークしたり, 記入したりしてはいけません。
3 汚したり, 折りまげたりしてはいけません。

・右の解答欄で解答する科目を, 1科目だけマークしなさい。
・解答科目欄が無マーク又は複数マークの場合は, 0点となります。

解答科目欄

物 理	◯
化 学	◯
生 物	◯
地 学	◯

マーク例

良い例 ●
悪い例 ⦿ ⊗ ◖ ◗

受験番号を記入し, その下のマーク欄にマークしなさい。

受 験 番 号 欄

千位	百位	十位	一位	英字

氏名・フリガナ, 試験場コードを記入しなさい。

| フリガナ | |
| 氏　名 | |

試験場コード ｜ 十万位 ｜ 万位 ｜ 千位 ｜ 百位 ｜ 十位 ｜ 一位

駿 台 文 庫

解答欄 (解答番号 1〜20)

解答番号	1	2	3	4	5	6	7	8	9	0	a	b
1	①	②	③	④	⑤	⑥	⑦	⑧	⑨	⓪	ⓐ	ⓑ
2	①	②	③	④	⑤	⑥	⑦	⑧	⑨	⓪	ⓐ	ⓑ
3	①	②	③	④	⑤	⑥	⑦	⑧	⑨	⓪	ⓐ	ⓑ
4	①	②	③	④	⑤	⑥	⑦	⑧	⑨	⓪	ⓐ	ⓑ
5	①	②	③	④	⑤	⑥	⑦	⑧	⑨	⓪	ⓐ	ⓑ
6	①	②	③	④	⑤	⑥	⑦	⑧	⑨	⓪	ⓐ	ⓑ
7	①	②	③	④	⑤	⑥	⑦	⑧	⑨	⓪	ⓐ	ⓑ
8	①	②	③	④	⑤	⑥	⑦	⑧	⑨	⓪	ⓐ	ⓑ
9	①	②	③	④	⑤	⑥	⑦	⑧	⑨	⓪	ⓐ	ⓑ
10	①	②	③	④	⑤	⑥	⑦	⑧	⑨	⓪	ⓐ	ⓑ
11	①	②	③	④	⑤	⑥	⑦	⑧	⑨	⓪	ⓐ	ⓑ
12	①	②	③	④	⑤	⑥	⑦	⑧	⑨	⓪	ⓐ	ⓑ
13	①	②	③	④	⑤	⑥	⑦	⑧	⑨	⓪	ⓐ	ⓑ
14	①	②	③	④	⑤	⑥	⑦	⑧	⑨	⓪	ⓐ	ⓑ
15	①	②	③	④	⑤	⑥	⑦	⑧	⑨	⓪	ⓐ	ⓑ
16	①	②	③	④	⑤	⑥	⑦	⑧	⑨	⓪	ⓐ	ⓑ
17	①	②	③	④	⑤	⑥	⑦	⑧	⑨	⓪	ⓐ	ⓑ
18	①	②	③	④	⑤	⑥	⑦	⑧	⑨	⓪	ⓐ	ⓑ
19	①	②	③	④	⑤	⑥	⑦	⑧	⑨	⓪	ⓐ	ⓑ
20	①	②	③	④	⑤	⑥	⑦	⑧	⑨	⓪	ⓐ	ⓑ

解答欄 (解答番号 21〜40)

解答番号	1	2	3	4	5	6	7	8	9	0	a	b
21	①	②	③	④	⑤	⑥	⑦	⑧	⑨	⓪	ⓐ	ⓑ
22	①	②	③	④	⑤	⑥	⑦	⑧	⑨	⓪	ⓐ	ⓑ
23	①	②	③	④	⑤	⑥	⑦	⑧	⑨	⓪	ⓐ	ⓑ
24	①	②	③	④	⑤	⑥	⑦	⑧	⑨	⓪	ⓐ	ⓑ
25	①	②	③	④	⑤	⑥	⑦	⑧	⑨	⓪	ⓐ	ⓑ
26	①	②	③	④	⑤	⑥	⑦	⑧	⑨	⓪	ⓐ	ⓑ
27	①	②	③	④	⑤	⑥	⑦	⑧	⑨	⓪	ⓐ	ⓑ
28	①	②	③	④	⑤	⑥	⑦	⑧	⑨	⓪	ⓐ	ⓑ
29	①	②	③	④	⑤	⑥	⑦	⑧	⑨	⓪	ⓐ	ⓑ
30	①	②	③	④	⑤	⑥	⑦	⑧	⑨	⓪	ⓐ	ⓑ
31	①	②	③	④	⑤	⑥	⑦	⑧	⑨	⓪	ⓐ	ⓑ
32	①	②	③	④	⑤	⑥	⑦	⑧	⑨	⓪	ⓐ	ⓑ
33	①	②	③	④	⑤	⑥	⑦	⑧	⑨	⓪	ⓐ	ⓑ
34	①	②	③	④	⑤	⑥	⑦	⑧	⑨	⓪	ⓐ	ⓑ
35	①	②	③	④	⑤	⑥	⑦	⑧	⑨	⓪	ⓐ	ⓑ
36	①	②	③	④	⑤	⑥	⑦	⑧	⑨	⓪	ⓐ	ⓑ
37	①	②	③	④	⑤	⑥	⑦	⑧	⑨	⓪	ⓐ	ⓑ
38	①	②	③	④	⑤	⑥	⑦	⑧	⑨	⓪	ⓐ	ⓑ
39	①	②	③	④	⑤	⑥	⑦	⑧	⑨	⓪	ⓐ	ⓑ
40	①	②	③	④	⑤	⑥	⑦	⑧	⑨	⓪	ⓐ	ⓑ

理科 解答用紙

注意事項
1 訂正は、消しゴムできれいに消し、消しくずを残してはいけません。
2 所定欄以外にはマークしたり、記入したりしてはいけません。
3 汚したり、折りまげたりしてはいけません。

マーク例
良い例	悪い例
●	◑ ⊗ ○

受験番号を記入し、その下のマーク欄にマークしなさい。

受験番号欄				
千位	百位	十位	一位	英字

氏名・フリガナ、試験場コードを記入しなさい。

フリガナ	
氏名	
試験場コード	十万位 万位 千位 百位 十位 一位

駿台文庫

・右の解答欄で解答する科目を、1科目だけマークしなさい。
・解答科目欄が無マーク又は複数マークの場合は、0点となります。

解答科目欄	
物 理	○
化 学	○
生 物	○
地 学	○

解答欄（解答番号 1〜40、選択肢 1 2 3 4 5 6 7 8 9 0 a b）

理 科 解答用紙

マーク例

良い例	悪い例
●	⊗ ◐ ○

受験番号を記入し、その下のマーク欄にマークしなさい。

受験番号欄

千位	百位	十位	一位	英字

・右の解答欄で解答する科目を、1科目だけマークしなさい。
・解答科目欄が無マーク又は複数マークの場合は、0点となります。

解答科目欄

物 理	○
化 学	○
生 物	○
地 学	○

氏名・フリガナ、試験場コードを記入しなさい。

フリガナ

氏 名

試験場コード　十万位　万位　千位　百位　十位　一位

駿 台 文 庫

解答欄（解答番号 1〜20）

解答番号	1	2	3	4	5	6	7	8	9	0	a	b
1	①	②	③	④	⑤	⑥	⑦	⑧	⑨	⓪	ⓐ	ⓑ
2	①	②	③	④	⑤	⑥	⑦	⑧	⑨	⓪	ⓐ	ⓑ
3	①	②	③	④	⑤	⑥	⑦	⑧	⑨	⓪	ⓐ	ⓑ
4	①	②	③	④	⑤	⑥	⑦	⑧	⑨	⓪	ⓐ	ⓑ
5	①	②	③	④	⑤	⑥	⑦	⑧	⑨	⓪	ⓐ	ⓑ
6	①	②	③	④	⑤	⑥	⑦	⑧	⑨	⓪	ⓐ	ⓑ
7	①	②	③	④	⑤	⑥	⑦	⑧	⑨	⓪	ⓐ	ⓑ
8	①	②	③	④	⑤	⑥	⑦	⑧	⑨	⓪	ⓐ	ⓑ
9	①	②	③	④	⑤	⑥	⑦	⑧	⑨	⓪	ⓐ	ⓑ
10	①	②	③	④	⑤	⑥	⑦	⑧	⑨	⓪	ⓐ	ⓑ
11	①	②	③	④	⑤	⑥	⑦	⑧	⑨	⓪	ⓐ	ⓑ
12	①	②	③	④	⑤	⑥	⑦	⑧	⑨	⓪	ⓐ	ⓑ
13	①	②	③	④	⑤	⑥	⑦	⑧	⑨	⓪	ⓐ	ⓑ
14	①	②	③	④	⑤	⑥	⑦	⑧	⑨	⓪	ⓐ	ⓑ
15	①	②	③	④	⑤	⑥	⑦	⑧	⑨	⓪	ⓐ	ⓑ
16	①	②	③	④	⑤	⑥	⑦	⑧	⑨	⓪	ⓐ	ⓑ
17	①	②	③	④	⑤	⑥	⑦	⑧	⑨	⓪	ⓐ	ⓑ
18	①	②	③	④	⑤	⑥	⑦	⑧	⑨	⓪	ⓐ	ⓑ
19	①	②	③	④	⑤	⑥	⑦	⑧	⑨	⓪	ⓐ	ⓑ
20	①	②	③	④	⑤	⑥	⑦	⑧	⑨	⓪	ⓐ	ⓑ

解答欄（解答番号 21〜40）

解答番号	1	2	3	4	5	6	7	8	9	0	a	b
21	①	②	③	④	⑤	⑥	⑦	⑧	⑨	⓪	ⓐ	ⓑ
22	①	②	③	④	⑤	⑥	⑦	⑧	⑨	⓪	ⓐ	ⓑ
23	①	②	③	④	⑤	⑥	⑦	⑧	⑨	⓪	ⓐ	ⓑ
24	①	②	③	④	⑤	⑥	⑦	⑧	⑨	⓪	ⓐ	ⓑ
25	①	②	③	④	⑤	⑥	⑦	⑧	⑨	⓪	ⓐ	ⓑ
26	①	②	③	④	⑤	⑥	⑦	⑧	⑨	⓪	ⓐ	ⓑ
27	①	②	③	④	⑤	⑥	⑦	⑧	⑨	⓪	ⓐ	ⓑ
28	①	②	③	④	⑤	⑥	⑦	⑧	⑨	⓪	ⓐ	ⓑ
29	①	②	③	④	⑤	⑥	⑦	⑧	⑨	⓪	ⓐ	ⓑ
30	①	②	③	④	⑤	⑥	⑦	⑧	⑨	⓪	ⓐ	ⓑ
31	①	②	③	④	⑤	⑥	⑦	⑧	⑨	⓪	ⓐ	ⓑ
32	①	②	③	④	⑤	⑥	⑦	⑧	⑨	⓪	ⓐ	ⓑ
33	①	②	③	④	⑤	⑥	⑦	⑧	⑨	⓪	ⓐ	ⓑ
34	①	②	③	④	⑤	⑥	⑦	⑧	⑨	⓪	ⓐ	ⓑ
35	①	②	③	④	⑤	⑥	⑦	⑧	⑨	⓪	ⓐ	ⓑ
36	①	②	③	④	⑤	⑥	⑦	⑧	⑨	⓪	ⓐ	ⓑ
37	①	②	③	④	⑤	⑥	⑦	⑧	⑨	⓪	ⓐ	ⓑ
38	①	②	③	④	⑤	⑥	⑦	⑧	⑨	⓪	ⓐ	ⓑ
39	①	②	③	④	⑤	⑥	⑦	⑧	⑨	⓪	ⓐ	ⓑ
40	①	②	③	④	⑤	⑥	⑦	⑧	⑨	⓪	ⓐ	ⓑ

理 科 解答用紙

注意事項

1 訂正は、消しゴムできれいに消し、消しくずを残してはいけません。
2 所定欄以外にはマークしたり、記入したりしてはいけません。
3 汚したり、折り曲げたりしてはいけません。

マーク例

良い例	悪い例
●	◐ ⊗ ⊙

受験番号を記入し、その下のマーク欄にマークしなさい。

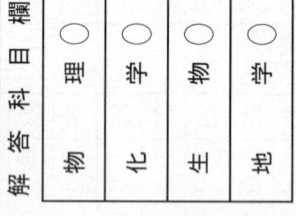

受 験 番 号 欄

千位	百位	十位	一位	英字

・右の解答欄で解答する科目を、1科目だけマークしなさい。
・解答科目欄が無マーク又は複数マークの場合は、0点となります。

解 答 科 目 欄

物 理	○
化 学	○
生 物	○
地 学	○

氏名・フリガナ、試験場コードを記入しなさい。

| フリガナ | |
| 氏 名 | |

| 試験場 コード | 十万位 | 万位 | 千位 | 百位 | 十位 | 一位 |

駿 合 文 庫

解 答 欄

解答番号	1	2	3	4	5	6	7	8	9	0	a	b
1	①	②	③	④	⑤	⑥	⑦	⑧	⑨	⓪	ⓐ	ⓑ
2	①	②	③	④	⑤	⑥	⑦	⑧	⑨	⓪	ⓐ	ⓑ
3	①	②	③	④	⑤	⑥	⑦	⑧	⑨	⓪	ⓐ	ⓑ
4	①	②	③	④	⑤	⑥	⑦	⑧	⑨	⓪	ⓐ	ⓑ
5	①	②	③	④	⑤	⑥	⑦	⑧	⑨	⓪	ⓐ	ⓑ
6	①	②	③	④	⑤	⑥	⑦	⑧	⑨	⓪	ⓐ	ⓑ
7	①	②	③	④	⑤	⑥	⑦	⑧	⑨	⓪	ⓐ	ⓑ
8	①	②	③	④	⑤	⑥	⑦	⑧	⑨	⓪	ⓐ	ⓑ
9	①	②	③	④	⑤	⑥	⑦	⑧	⑨	⓪	ⓐ	ⓑ
10	①	②	③	④	⑤	⑥	⑦	⑧	⑨	⓪	ⓐ	ⓑ
11	①	②	③	④	⑤	⑥	⑦	⑧	⑨	⓪	ⓐ	ⓑ
12	①	②	③	④	⑤	⑥	⑦	⑧	⑨	⓪	ⓐ	ⓑ
13	①	②	③	④	⑤	⑥	⑦	⑧	⑨	⓪	ⓐ	ⓑ
14	①	②	③	④	⑤	⑥	⑦	⑧	⑨	⓪	ⓐ	ⓑ
15	①	②	③	④	⑤	⑥	⑦	⑧	⑨	⓪	ⓐ	ⓑ
16	①	②	③	④	⑤	⑥	⑦	⑧	⑨	⓪	ⓐ	ⓑ
17	①	②	③	④	⑤	⑥	⑦	⑧	⑨	⓪	ⓐ	ⓑ
18	①	②	③	④	⑤	⑥	⑦	⑧	⑨	⓪	ⓐ	ⓑ
19	①	②	③	④	⑤	⑥	⑦	⑧	⑨	⓪	ⓐ	ⓑ
20	①	②	③	④	⑤	⑥	⑦	⑧	⑨	⓪	ⓐ	ⓑ

解 答 欄

解答番号	1	2	3	4	5	6	7	8	9	0	a	b
21	①	②	③	④	⑤	⑥	⑦	⑧	⑨	⓪	ⓐ	ⓑ
22	①	②	③	④	⑤	⑥	⑦	⑧	⑨	⓪	ⓐ	ⓑ
23	①	②	③	④	⑤	⑥	⑦	⑧	⑨	⓪	ⓐ	ⓑ
24	①	②	③	④	⑤	⑥	⑦	⑧	⑨	⓪	ⓐ	ⓑ
25	①	②	③	④	⑤	⑥	⑦	⑧	⑨	⓪	ⓐ	ⓑ
26	①	②	③	④	⑤	⑥	⑦	⑧	⑨	⓪	ⓐ	ⓑ
27	①	②	③	④	⑤	⑥	⑦	⑧	⑨	⓪	ⓐ	ⓑ
28	①	②	③	④	⑤	⑥	⑦	⑧	⑨	⓪	ⓐ	ⓑ
29	①	②	③	④	⑤	⑥	⑦	⑧	⑨	⓪	ⓐ	ⓑ
30	①	②	③	④	⑤	⑥	⑦	⑧	⑨	⓪	ⓐ	ⓑ
31	①	②	③	④	⑤	⑥	⑦	⑧	⑨	⓪	ⓐ	ⓑ
32	①	②	③	④	⑤	⑥	⑦	⑧	⑨	⓪	ⓐ	ⓑ
33	①	②	③	④	⑤	⑥	⑦	⑧	⑨	⓪	ⓐ	ⓑ
34	①	②	③	④	⑤	⑥	⑦	⑧	⑨	⓪	ⓐ	ⓑ
35	①	②	③	④	⑤	⑥	⑦	⑧	⑨	⓪	ⓐ	ⓑ
36	①	②	③	④	⑤	⑥	⑦	⑧	⑨	⓪	ⓐ	ⓑ
37	①	②	③	④	⑤	⑥	⑦	⑧	⑨	⓪	ⓐ	ⓑ
38	①	②	③	④	⑤	⑥	⑦	⑧	⑨	⓪	ⓐ	ⓑ
39	①	②	③	④	⑤	⑥	⑦	⑧	⑨	⓪	ⓐ	ⓑ
40	①	②	③	④	⑤	⑥	⑦	⑧	⑨	⓪	ⓐ	ⓑ

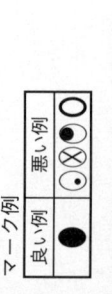

理 科 解答用紙

注意事項
1 訂正は、消しゴムできれいに消し、消しくずを残してはいけません。
2 所定欄以外にはマークしたり、記入したりしてはいけません。
3 汚したり、折りまげたりしてはいけません。

・右の解答欄で解答する科目を、1科目だけマークしなさい。
・解答科目欄が無マーク又は複数マークの場合は、0点となります。

解 答 科 目 欄

| 物 理 ◯ |
| 化 学 ◯ |
| 生 物 ◯ |
| 地 学 ◯ |

受験番号を記入し、その下のマーク欄にマークしなさい。

受 験 番 号 欄

氏名・フリガナ、試験場コードを記入しなさい。

| フリガナ | |
| 氏　名 | |

| 試験場コード | 十万位 万位 千位 百位 十位 一位 |

駿 台 文 庫

解答欄（解答番号 1〜20）

各行 解答番号 1〜20、選択肢 1 2 3 4 5 6 7 8 9 0 a b

解答欄（解答番号 21〜40）

各行 解答番号 21〜40、選択肢 1 2 3 4 5 6 7 8 9 0 a b

理 科 解 答 用 紙

受験番号を記入し，その下のマーク欄にマークしなさい。

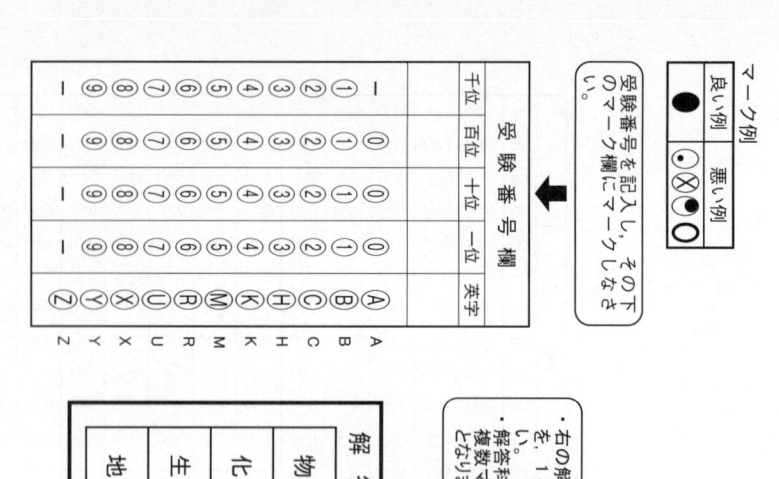

	受 験 番 号 欄				
	千位	百位	十位	一位	英字

フリガナ

氏 名

氏名・フリガナ，試験場コードを記入しなさい。

・右の解答欄で解答する科目を，1科目だけマークしなさい。
・解答科目欄が無マーク又は複数マークの場合は，0点となります。

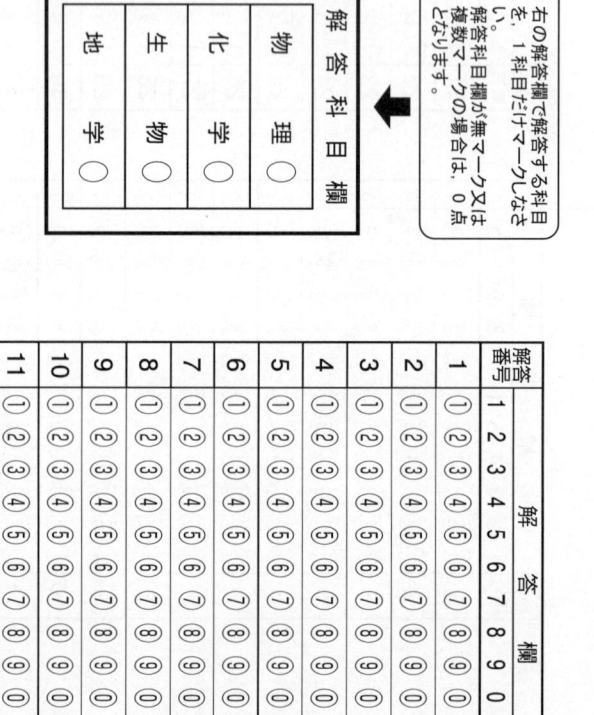

解 答 科 目 欄	
物 理	○
化 学	○
生 物	○
地 学	○

解答番号	1	2	3	4	5	6	7	8	9	0	a	b
1	①	②	③	④	⑤	⑥	⑦	⑧	⑨	⑩	ⓐ	ⓑ
2	①	②	③	④	⑤	⑥	⑦	⑧	⑨	⑩	ⓐ	ⓑ
3	①	②	③	④	⑤	⑥	⑦	⑧	⑨	⑩	ⓐ	ⓑ
4	①	②	③	④	⑤	⑥	⑦	⑧	⑨	⑩	ⓐ	ⓑ
5	①	②	③	④	⑤	⑥	⑦	⑧	⑨	⑩	ⓐ	ⓑ
6	①	②	③	④	⑤	⑥	⑦	⑧	⑨	⑩	ⓐ	ⓑ
7	①	②	③	④	⑤	⑥	⑦	⑧	⑨	⑩	ⓐ	ⓑ
8	①	②	③	④	⑤	⑥	⑦	⑧	⑨	⑩	ⓐ	ⓑ
9	①	②	③	④	⑤	⑥	⑦	⑧	⑨	⑩	ⓐ	ⓑ
10	①	②	③	④	⑤	⑥	⑦	⑧	⑨	⑩	ⓐ	ⓑ
11	①	②	③	④	⑤	⑥	⑦	⑧	⑨	⑩	ⓐ	ⓑ
12	①	②	③	④	⑤	⑥	⑦	⑧	⑨	⑩	ⓐ	ⓑ
13	①	②	③	④	⑤	⑥	⑦	⑧	⑨	⑩	ⓐ	ⓑ
14	①	②	③	④	⑤	⑥	⑦	⑧	⑨	⑩	ⓐ	ⓑ
15	①	②	③	④	⑤	⑥	⑦	⑧	⑨	⑩	ⓐ	ⓑ
16	①	②	③	④	⑤	⑥	⑦	⑧	⑨	⑩	ⓐ	ⓑ
17	①	②	③	④	⑤	⑥	⑦	⑧	⑨	⑩	ⓐ	ⓑ
18	①	②	③	④	⑤	⑥	⑦	⑧	⑨	⑩	ⓐ	ⓑ
19	①	②	③	④	⑤	⑥	⑦	⑧	⑨	⑩	ⓐ	ⓑ
20	①	②	③	④	⑤	⑥	⑦	⑧	⑨	⑩	ⓐ	ⓑ

解答番号	1	2	3	4	5	6	7	8	9	0	a	b
21	①	②	③	④	⑤	⑥	⑦	⑧	⑨	⑩	ⓐ	ⓑ
22	①	②	③	④	⑤	⑥	⑦	⑧	⑨	⑩	ⓐ	ⓑ
23	①	②	③	④	⑤	⑥	⑦	⑧	⑨	⑩	ⓐ	ⓑ
24	①	②	③	④	⑤	⑥	⑦	⑧	⑨	⑩	ⓐ	ⓑ
25	①	②	③	④	⑤	⑥	⑦	⑧	⑨	⑩	ⓐ	ⓑ
26	①	②	③	④	⑤	⑥	⑦	⑧	⑨	⑩	ⓐ	ⓑ
27	①	②	③	④	⑤	⑥	⑦	⑧	⑨	⑩	ⓐ	ⓑ
28	①	②	③	④	⑤	⑥	⑦	⑧	⑨	⑩	ⓐ	ⓑ
29	①	②	③	④	⑤	⑥	⑦	⑧	⑨	⑩	ⓐ	ⓑ
30	①	②	③	④	⑤	⑥	⑦	⑧	⑨	⑩	ⓐ	ⓑ
31	①	②	③	④	⑤	⑥	⑦	⑧	⑨	⑩	ⓐ	ⓑ
32	①	②	③	④	⑤	⑥	⑦	⑧	⑨	⑩	ⓐ	ⓑ
33	①	②	③	④	⑤	⑥	⑦	⑧	⑨	⑩	ⓐ	ⓑ
34	①	②	③	④	⑤	⑥	⑦	⑧	⑨	⑩	ⓐ	ⓑ
35	①	②	③	④	⑤	⑥	⑦	⑧	⑨	⑩	ⓐ	ⓑ
36	①	②	③	④	⑤	⑥	⑦	⑧	⑨	⑩	ⓐ	ⓑ
37	①	②	③	④	⑤	⑥	⑦	⑧	⑨	⑩	ⓐ	ⓑ
38	①	②	③	④	⑤	⑥	⑦	⑧	⑨	⑩	ⓐ	ⓑ
39	①	②	③	④	⑤	⑥	⑦	⑧	⑨	⑩	ⓐ	ⓑ
40	①	②	③	④	⑤	⑥	⑦	⑧	⑨	⑩	ⓐ	ⓑ

試験場コード	十万位	万位	千位	百位	十位	一位

駿 台 文 庫

理 科 解答用紙

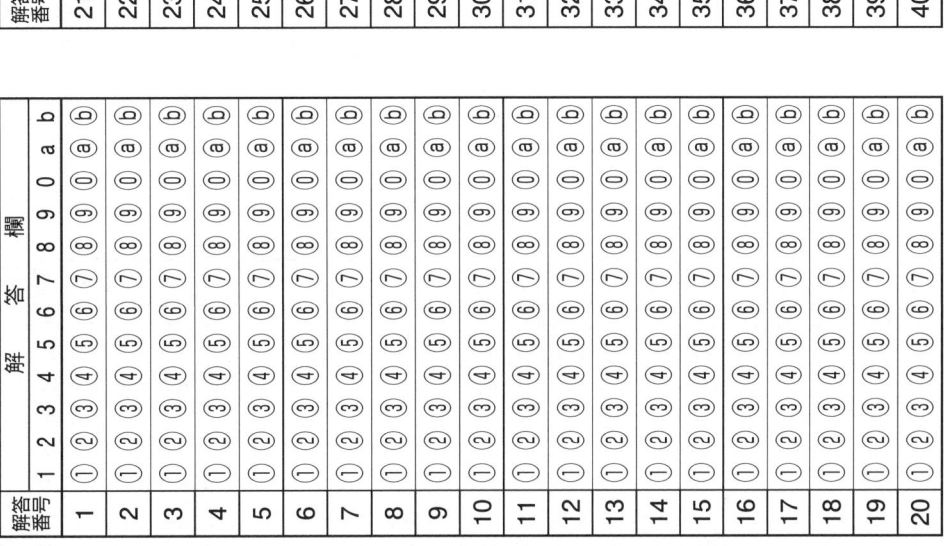

マーク例

良い例	悪い例

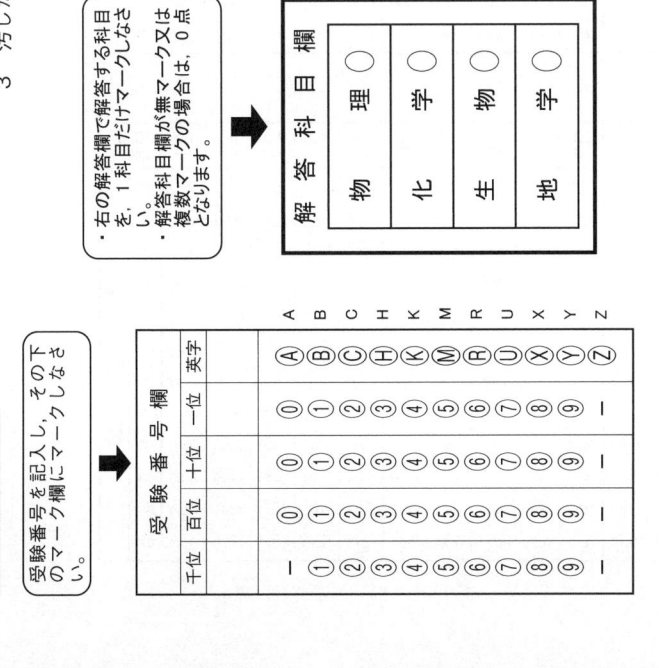

・右の解答欄で解答する科目を、1科目だけマークしなさい。
・解答科目欄が無くマーク又は複数マークの場合は、0点となります。

受験番号を記入し、その下のマーク欄にマークしなさい。

氏名・フリガナ、試験場コードを記入しなさい。

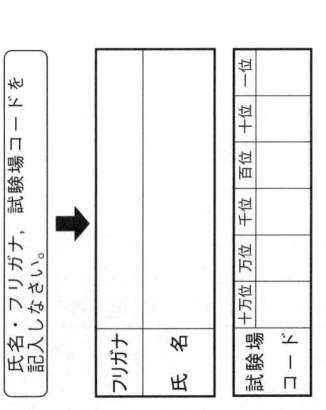

駿 台 文 庫

理　科　解答用紙

1. 訂正は、消しゴムできれいに消し、消しくずを残してはいけません。
2. 所定欄以外にはマークしたり、記入したりしてはいけません。
3. 汚したり、折りまげたりしてはいけません。

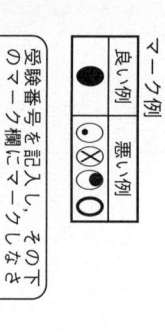

マーク例

良い例	●
悪い例	◐ ⊗ ○

受験番号を記入し、その下のマーク欄にマークしなさい。

受験番号欄

千位	百位	十位	一位	英字
－	－	－	－	－
①	⓪①	⓪①	⓪①	Ⓐ A
②	②	②	②	Ⓑ B
③	③	③	③	Ⓒ C
④	④	④	④	Ⓗ H
⑤	⑤	⑤	⑤	Ⓚ K
⑥	⑥	⑥	⑥	Ⓜ M
⑦	⑦	⑦	⑦	Ⓡ R
⑧	⑧	⑧	⑧	Ⓤ U
⑨	⑨	⑨	⑨	Ⓧ X
				Ⓨ Y
				Ⓩ Z

フリガナ	
氏　名	

氏名・フリガナ、試験場コードを記入しなさい。

試験場コード	十万位	万位	千位	百位	十位	一位

駿台文庫

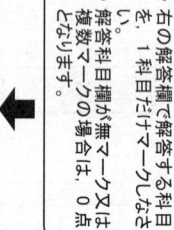

・右の解答欄で解答する科目を、1科目だけマークしなさい。
・解答科目欄が無マーク又は複数マークの場合は、0点となります。

解答科目欄

物理 ○
化学 ○
生物 ○
地学 ○

解答番号	解　答　欄
1	① ② ③ ④ ⑤ ⑥ ⑦ ⑧ ⑨ ⓪ ⓐ ⓑ
2	① ② ③ ④ ⑤ ⑥ ⑦ ⑧ ⑨ ⓪ ⓐ ⓑ
3	① ② ③ ④ ⑤ ⑥ ⑦ ⑧ ⑨ ⓪ ⓐ ⓑ
4	① ② ③ ④ ⑤ ⑥ ⑦ ⑧ ⑨ ⓪ ⓐ ⓑ
5	① ② ③ ④ ⑤ ⑥ ⑦ ⑧ ⑨ ⓪ ⓐ ⓑ
6	① ② ③ ④ ⑤ ⑥ ⑦ ⑧ ⑨ ⓪ ⓐ ⓑ
7	① ② ③ ④ ⑤ ⑥ ⑦ ⑧ ⑨ ⓪ ⓐ ⓑ
8	① ② ③ ④ ⑤ ⑥ ⑦ ⑧ ⑨ ⓪ ⓐ ⓑ
9	① ② ③ ④ ⑤ ⑥ ⑦ ⑧ ⑨ ⓪ ⓐ ⓑ
10	① ② ③ ④ ⑤ ⑥ ⑦ ⑧ ⑨ ⓪ ⓐ ⓑ
11	① ② ③ ④ ⑤ ⑥ ⑦ ⑧ ⑨ ⓪ ⓐ ⓑ
12	① ② ③ ④ ⑤ ⑥ ⑦ ⑧ ⑨ ⓪ ⓐ ⓑ
13	① ② ③ ④ ⑤ ⑥ ⑦ ⑧ ⑨ ⓪ ⓐ ⓑ
14	① ② ③ ④ ⑤ ⑥ ⑦ ⑧ ⑨ ⓪ ⓐ ⓑ
15	① ② ③ ④ ⑤ ⑥ ⑦ ⑧ ⑨ ⓪ ⓐ ⓑ
16	① ② ③ ④ ⑤ ⑥ ⑦ ⑧ ⑨ ⓪ ⓐ ⓑ
17	① ② ③ ④ ⑤ ⑥ ⑦ ⑧ ⑨ ⓪ ⓐ ⓑ
18	① ② ③ ④ ⑤ ⑥ ⑦ ⑧ ⑨ ⓪ ⓐ ⓑ
19	① ② ③ ④ ⑤ ⑥ ⑦ ⑧ ⑨ ⓪ ⓐ ⓑ
20	① ② ③ ④ ⑤ ⑥ ⑦ ⑧ ⑨ ⓪ ⓐ ⓑ

解答番号	解　答　欄
21	① ② ③ ④ ⑤ ⑥ ⑦ ⑧ ⑨ ⓪ ⓐ ⓑ
22	① ② ③ ④ ⑤ ⑥ ⑦ ⑧ ⑨ ⓪ ⓐ ⓑ
23	① ② ③ ④ ⑤ ⑥ ⑦ ⑧ ⑨ ⓪ ⓐ ⓑ
24	① ② ③ ④ ⑤ ⑥ ⑦ ⑧ ⑨ ⓪ ⓐ ⓑ
25	① ② ③ ④ ⑤ ⑥ ⑦ ⑧ ⑨ ⓪ ⓐ ⓑ
26	① ② ③ ④ ⑤ ⑥ ⑦ ⑧ ⑨ ⓪ ⓐ ⓑ
27	① ② ③ ④ ⑤ ⑥ ⑦ ⑧ ⑨ ⓪ ⓐ ⓑ
28	① ② ③ ④ ⑤ ⑥ ⑦ ⑧ ⑨ ⓪ ⓐ ⓑ
29	① ② ③ ④ ⑤ ⑥ ⑦ ⑧ ⑨ ⓪ ⓐ ⓑ
30	① ② ③ ④ ⑤ ⑥ ⑦ ⑧ ⑨ ⓪ ⓐ ⓑ
31	① ② ③ ④ ⑤ ⑥ ⑦ ⑧ ⑨ ⓪ ⓐ ⓑ
32	① ② ③ ④ ⑤ ⑥ ⑦ ⑧ ⑨ ⓪ ⓐ ⓑ
33	① ② ③ ④ ⑤ ⑥ ⑦ ⑧ ⑨ ⓪ ⓐ ⓑ
34	① ② ③ ④ ⑤ ⑥ ⑦ ⑧ ⑨ ⓪ ⓐ ⓑ
35	① ② ③ ④ ⑤ ⑥ ⑦ ⑧ ⑨ ⓪ ⓐ ⓑ
36	① ② ③ ④ ⑤ ⑥ ⑦ ⑧ ⑨ ⓪ ⓐ ⓑ
37	① ② ③ ④ ⑤ ⑥ ⑦ ⑧ ⑨ ⓪ ⓐ ⓑ
38	① ② ③ ④ ⑤ ⑥ ⑦ ⑧ ⑨ ⓪ ⓐ ⓑ
39	① ② ③ ④ ⑤ ⑥ ⑦ ⑧ ⑨ ⓪ ⓐ ⓑ
40	① ② ③ ④ ⑤ ⑥ ⑦ ⑧ ⑨ ⓪ ⓐ ⓑ

理 科 解答用紙

注意事項
1 訂正は、消しゴムできれいに消し、消しくずを残してはいけません。
2 所定欄以外にはマークしたり、記入したりしてはいけません。
3 汚したり、折りまげたりしてはいけません。

マーク例

良い例	悪い例
●	◐ ⊗ ◖ ◯

受験番号を記入し、その下のマーク欄にマークしなさい。

→

受 験 番 号 欄

	千位	百位	十位	一位	英字
A					Ⓐ
B					Ⓑ
C					Ⓒ
H					Ⓗ
K					Ⓚ
M					Ⓜ
R					Ⓡ
U					Ⓤ
X					Ⓧ
Y					Ⓨ
Z					Ⓩ
	Ⓜ	Ⓞ	Ⓞ	Ⓞ	
	Ⓜ	①	①	①	
	②	②	②	②	
	③	③	③	③	
	④	④	④	④	
	⑤	⑤	⑤	⑤	
	⑥	⑥	⑥	⑥	
	⑦	⑦	⑦	⑦	
	⑧	⑧	⑧	⑧	
	⑨	⑨	⑨	⑨	
	Ⓜ	Ⓞ	Ⓞ	Ⓞ	

・右の解答欄で解答する科目を、1科目だけマークしなさい。
・解答科目欄が無マーク又は複数マークの場合は、0点となります。

→

解 答 科 目 欄

物 理	◯
化 学	◯
生 物	◯
地 学	◯

氏名・フリガナ、試験場コードを記入しなさい。

→

フリガナ	
氏 名	

試験場 コード	十万位	万位	千位	百位	十位	一位

駿 台 文 庫

解 答 欄

解答番号	1	2	3	4	5	6	7	8	9	0	a	b
1	①	②	③	④	⑤	⑥	⑦	⑧	⑨	⑩	ⓐ	ⓑ
2	①	②	③	④	⑤	⑥	⑦	⑧	⑨	⑩	ⓐ	ⓑ
3	①	②	③	④	⑤	⑥	⑦	⑧	⑨	⑩	ⓐ	ⓑ
4	①	②	③	④	⑤	⑥	⑦	⑧	⑨	⑩	ⓐ	ⓑ
5	①	②	③	④	⑤	⑥	⑦	⑧	⑨	⑩	ⓐ	ⓑ
6	①	②	③	④	⑤	⑥	⑦	⑧	⑨	⑩	ⓐ	ⓑ
7	①	②	③	④	⑤	⑥	⑦	⑧	⑨	⑩	ⓐ	ⓑ
8	①	②	③	④	⑤	⑥	⑦	⑧	⑨	⑩	ⓐ	ⓑ
9	①	②	③	④	⑤	⑥	⑦	⑧	⑨	⑩	ⓐ	ⓑ
10	①	②	③	④	⑤	⑥	⑦	⑧	⑨	⑩	ⓐ	ⓑ
11	①	②	③	④	⑤	⑥	⑦	⑧	⑨	⑩	ⓐ	ⓑ
12	①	②	③	④	⑤	⑥	⑦	⑧	⑨	⑩	ⓐ	ⓑ
13	①	②	③	④	⑤	⑥	⑦	⑧	⑨	⑩	ⓐ	ⓑ
14	①	②	③	④	⑤	⑥	⑦	⑧	⑨	⑩	ⓐ	ⓑ
15	①	②	③	④	⑤	⑥	⑦	⑧	⑨	⑩	ⓐ	ⓑ
16	①	②	③	④	⑤	⑥	⑦	⑧	⑨	⑩	ⓐ	ⓑ
17	①	②	③	④	⑤	⑥	⑦	⑧	⑨	⑩	ⓐ	ⓑ
18	①	②	③	④	⑤	⑥	⑦	⑧	⑨	⑩	ⓐ	ⓑ
19	①	②	③	④	⑤	⑥	⑦	⑧	⑨	⑩	ⓐ	ⓑ
20	①	②	③	④	⑤	⑥	⑦	⑧	⑨	⑩	ⓐ	ⓑ

解 答 欄

解答番号	1	2	3	4	5	6	7	8	9	0	a	b
21	①	②	③	④	⑤	⑥	⑦	⑧	⑨	⑩	ⓐ	ⓑ
22	①	②	③	④	⑤	⑥	⑦	⑧	⑨	⑩	ⓐ	ⓑ
23	①	②	③	④	⑤	⑥	⑦	⑧	⑨	⑩	ⓐ	ⓑ
24	①	②	③	④	⑤	⑥	⑦	⑧	⑨	⑩	ⓐ	ⓑ
25	①	②	③	④	⑤	⑥	⑦	⑧	⑨	⑩	ⓐ	ⓑ
26	①	②	③	④	⑤	⑥	⑦	⑧	⑨	⑩	ⓐ	ⓑ
27	①	②	③	④	⑤	⑥	⑦	⑧	⑨	⑩	ⓐ	ⓑ
28	①	②	③	④	⑤	⑥	⑦	⑧	⑨	⑩	ⓐ	ⓑ
29	①	②	③	④	⑤	⑥	⑦	⑧	⑨	⑩	ⓐ	ⓑ
30	①	②	③	④	⑤	⑥	⑦	⑧	⑨	⑩	ⓐ	ⓑ
31	①	②	③	④	⑤	⑥	⑦	⑧	⑨	⑩	ⓐ	ⓑ
32	①	②	③	④	⑤	⑥	⑦	⑧	⑨	⑩	ⓐ	ⓑ
33	①	②	③	④	⑤	⑥	⑦	⑧	⑨	⑩	ⓐ	ⓑ
34	①	②	③	④	⑤	⑥	⑦	⑧	⑨	⑩	ⓐ	ⓑ
35	①	②	③	④	⑤	⑥	⑦	⑧	⑨	⑩	ⓐ	ⓑ
36	①	②	③	④	⑤	⑥	⑦	⑧	⑨	⑩	ⓐ	ⓑ
37	①	②	③	④	⑤	⑥	⑦	⑧	⑨	⑩	ⓐ	ⓑ
38	①	②	③	④	⑤	⑥	⑦	⑧	⑨	⑩	ⓐ	ⓑ
39	①	②	③	④	⑤	⑥	⑦	⑧	⑨	⑩	ⓐ	ⓑ
40	①	②	③	④	⑤	⑥	⑦	⑧	⑨	⑩	ⓐ	ⓑ

理 科 解答用紙

注意事項

1 訂正は、消しゴムできれいに消し、消しくずを残してはいけません。
2 所定欄以外にはマークしたり、記入したりしてはいけません。
3 汚したり、折りまげたりしてはいけません。

・右の解答欄で解答する科目を、1科目だけマークしなさい。
・解答科目欄が無マーク又は複数マークの場合は、0点となります。

解答科目欄

物 理	○
化 学	○
生 物	○
地 学	○

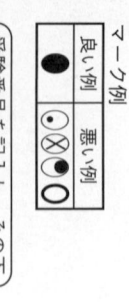

マーク例

良い例 ●　　悪い例 ◑ ⊗ ○

受験番号を記入し、その下のマーク欄にマークしなさい。

受験番号欄

千位	百位	十位	一位	英字
―	―	―	―	
①	⓪	⓪	⓪	Ⓐ A
②	①	①	①	Ⓑ B
③	②	②	②	Ⓒ C
④	③	③	③	Ⓗ H
⑤	④	④	④	Ⓚ K
⑥	⑤	⑤	⑤	Ⓜ M
⑦	⑥	⑥	⑥	Ⓡ R
⑧	⑦	⑦	⑦	Ⓤ U
⑨	⑧	⑧	⑧	Ⓧ X
	⑨	⑨	⑨	Ⓨ Y
				Ⓩ Z

氏名・フリガナ、試験場コードを記入しなさい。

フリガナ	
氏 名	

試験場コード	十万位	万位	千位	百位	十位	一位

駿台文庫

解答欄（解答番号 1〜20）

解答番号 / 解答欄 1 2 3 4 5 6 7 8 9 0 a b

解答番号	1	2	3	4	5	6	7	8	9	0	a	b
1	①	②	③	④	⑤	⑥	⑦	⑧	⑨	⓪	ⓐ	ⓑ
2	①	②	③	④	⑤	⑥	⑦	⑧	⑨	⓪	ⓐ	ⓑ
3	①	②	③	④	⑤	⑥	⑦	⑧	⑨	⓪	ⓐ	ⓑ
4	①	②	③	④	⑤	⑥	⑦	⑧	⑨	⓪	ⓐ	ⓑ
5	①	②	③	④	⑤	⑥	⑦	⑧	⑨	⓪	ⓐ	ⓑ
6	①	②	③	④	⑤	⑥	⑦	⑧	⑨	⓪	ⓐ	ⓑ
7	①	②	③	④	⑤	⑥	⑦	⑧	⑨	⓪	ⓐ	ⓑ
8	①	②	③	④	⑤	⑥	⑦	⑧	⑨	⓪	ⓐ	ⓑ
9	①	②	③	④	⑤	⑥	⑦	⑧	⑨	⓪	ⓐ	ⓑ
10	①	②	③	④	⑤	⑥	⑦	⑧	⑨	⓪	ⓐ	ⓑ
11	①	②	③	④	⑤	⑥	⑦	⑧	⑨	⓪	ⓐ	ⓑ
12	①	②	③	④	⑤	⑥	⑦	⑧	⑨	⓪	ⓐ	ⓑ
13	①	②	③	④	⑤	⑥	⑦	⑧	⑨	⓪	ⓐ	ⓑ
14	①	②	③	④	⑤	⑥	⑦	⑧	⑨	⓪	ⓐ	ⓑ
15	①	②	③	④	⑤	⑥	⑦	⑧	⑨	⓪	ⓐ	ⓑ
16	①	②	③	④	⑤	⑥	⑦	⑧	⑨	⓪	ⓐ	ⓑ
17	①	②	③	④	⑤	⑥	⑦	⑧	⑨	⓪	ⓐ	ⓑ
18	①	②	③	④	⑤	⑥	⑦	⑧	⑨	⓪	ⓐ	ⓑ
19	①	②	③	④	⑤	⑥	⑦	⑧	⑨	⓪	ⓐ	ⓑ
20	①	②	③	④	⑤	⑥	⑦	⑧	⑨	⓪	ⓐ	ⓑ

解答欄（解答番号 21〜40）

解答番号	1	2	3	4	5	6	7	8	9	0	a	b
21	①	②	③	④	⑤	⑥	⑦	⑧	⑨	⓪	ⓐ	ⓑ
22	①	②	③	④	⑤	⑥	⑦	⑧	⑨	⓪	ⓐ	ⓑ
23	①	②	③	④	⑤	⑥	⑦	⑧	⑨	⓪	ⓐ	ⓑ
24	①	②	③	④	⑤	⑥	⑦	⑧	⑨	⓪	ⓐ	ⓑ
25	①	②	③	④	⑤	⑥	⑦	⑧	⑨	⓪	ⓐ	ⓑ
26	①	②	③	④	⑤	⑥	⑦	⑧	⑨	⓪	ⓐ	ⓑ
27	①	②	③	④	⑤	⑥	⑦	⑧	⑨	⓪	ⓐ	ⓑ
28	①	②	③	④	⑤	⑥	⑦	⑧	⑨	⓪	ⓐ	ⓑ
29	①	②	③	④	⑤	⑥	⑦	⑧	⑨	⓪	ⓐ	ⓑ
30	①	②	③	④	⑤	⑥	⑦	⑧	⑨	⓪	ⓐ	ⓑ
31	①	②	③	④	⑤	⑥	⑦	⑧	⑨	⓪	ⓐ	ⓑ
32	①	②	③	④	⑤	⑥	⑦	⑧	⑨	⓪	ⓐ	ⓑ
33	①	②	③	④	⑤	⑥	⑦	⑧	⑨	⓪	ⓐ	ⓑ
34	①	②	③	④	⑤	⑥	⑦	⑧	⑨	⓪	ⓐ	ⓑ
35	①	②	③	④	⑤	⑥	⑦	⑧	⑨	⓪	ⓐ	ⓑ
36	①	②	③	④	⑤	⑥	⑦	⑧	⑨	⓪	ⓐ	ⓑ
37	①	②	③	④	⑤	⑥	⑦	⑧	⑨	⓪	ⓐ	ⓑ
38	①	②	③	④	⑤	⑥	⑦	⑧	⑨	⓪	ⓐ	ⓑ
39	①	②	③	④	⑤	⑥	⑦	⑧	⑨	⓪	ⓐ	ⓑ
40	①	②	③	④	⑤	⑥	⑦	⑧	⑨	⓪	ⓐ	ⓑ

2025

大学入学共通テスト

実戦問題集

物 理

【解答・解説編】

駿台文庫編

2025 共通テスト実戦問題集 物理　出題分野一覧

分　野	内　容	第1回	第2回	第3回	第4回	第5回
力と運動	運動の表し方	○	○	○	○	○
	剛体	○				
	運動の法則	○	○	○	○	○
	運動量と力積	○	○	○	○	○
	仕事と力学的エネルギー	○	○	○	○	○
	円運動と単振動	○	○	○	○	○
	万有引力				○	
熱	熱と温度			○		
	気体分子の運動	○	○		○	○
波　動	波の性質		○	○		○
	音波	○		○	○	
	光波	○			○	○
電磁気	静電気・電場・コンデンサー		○	○	○	○
	電流		○	○	○	○
	電流と磁場	○				○
	電磁誘導・交流・電磁波	○				○
原　子	電子と光	○				○
	原子と原子核					

（注）　本書に掲載されている実戦問題5回分について，出題されている分野を○で上の表に
　　示した。

直前チェック総整理

Ⅰ．力と運動

1　運動の表し方

速度，加速度

$$速度\ v = \frac{\Delta x}{\Delta t} = （x-t \text{ のグラフの接線の傾き}）$$

$$加速度\ a = \frac{\Delta v}{\Delta t} = （v-t \text{ のグラフの接線の傾き}）$$

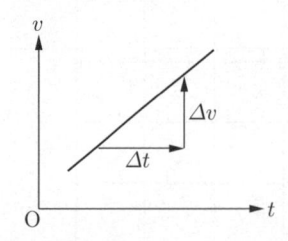

変位

$$変位\ S = （v-t \text{ のグラフの面積}）$$

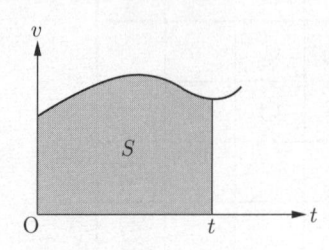

等加速度直線運動の公式

・$v = v_0 + at$

・$x = x_0 + v_0 t + \dfrac{1}{2}at^2$

・$v^2 - v_0{}^2 = 2a(x - x_0)$

相対速度

　速度 $\overrightarrow{v_\mathrm{a}}$ で動く観測者 a から速度 $\overrightarrow{v_\mathrm{b}}$ で動く物体 b を見たとき，観測者に対する物体の相対速度は，

$$\overrightarrow{v_\mathrm{ab}} = \overrightarrow{v_\mathrm{b}} - \overrightarrow{v_\mathrm{a}}$$

自由落下，鉛直打ち上げ

　重力加速度の大きさを $g = 9.8\,\mathrm{m/s^2}$ として，速さ v と落下距離 s は

$$v = gt$$
$$s = \frac{1}{2}gt^2$$

初速度を v_0，打ち上げの位置を $y = 0$ として

$$v = v_0 - gt$$
$$y = v_0 t - \frac{1}{2}gt^2$$

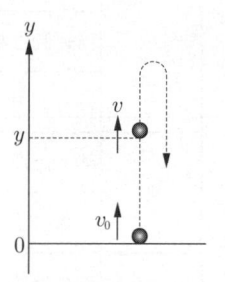

斜方投射（放物運動）

$$\begin{cases} v_x = v_0 \cos\theta \\ v_y = v_0 \sin\theta - gt \end{cases}$$

$$\begin{cases} x = v_0 \cos\theta \cdot t \\ y = v_0 \sin\theta \cdot t - \dfrac{1}{2}gt^2 \end{cases}$$

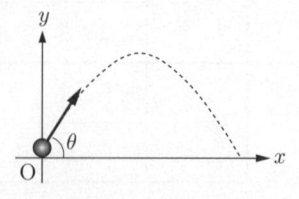

2　いろいろな力

重力

　質量 m，重力加速度の大きさを $g = 9.8\,\mathrm{m/s^2}$ として

$$F = mg （鉛直下向き）$$

ばねの弾性力

　自然長からの変位の大きさを x，ばね定数を k として

$$F = kx （変位の逆向き）$$

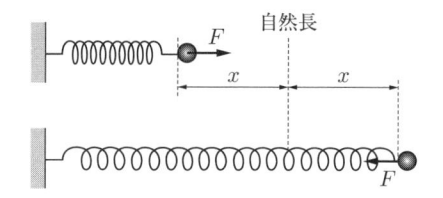

自然長

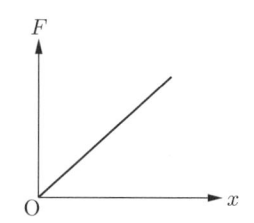

ひもの張力

軽いひもの張力の大きさは,ひものどの点でも等しい。

水圧

・静止物体（液体，気体）中の圧力は，面の向きによらず等しい。

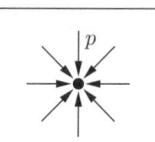

・重力の作用下では，同一水平面内の静止流体の圧力は共通である。
・水深 d の圧力 p は，大気圧を p_0，水の密度を ρ として，断面積 S の水柱のつりあい，$pS = p_0 S + \rho S dg$ から

$$p = p_0 + \rho g d$$

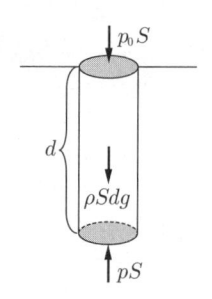

浮力

浮力は流体から物体の表面に垂直にはたらく圧力による力の和であり，その大きさは物体が排除した物体の重さに等しい。物体の体積を V，流体の密度を ρ として

$$F = \rho V g \,(鉛直上向き)$$

この公式は，物体と同形の静止流体を考え，それにはたらく重力と浮力がつりあうことから明らかである。

垂直抗力と摩擦力
・垂直抗力 N：接触面に垂直な力
・摩擦力 R：接触面に平行な力
・最大摩擦力：物体が静止するときの静止摩擦力の限界値

$$R_{\max} = \mu N \,(\mu：静止摩擦係数)$$

・静止摩擦力：$R \leqq \mu N$
・動摩擦力：$R = \mu' N \,(\mu'：動摩擦係数)$

静止摩擦力は摩擦がなければするであろう運動を妨げる向き，動摩擦力は現実の運動を妨げる向き。

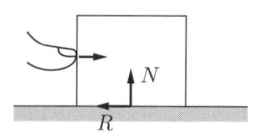

③ 運動の法則
慣性の法則

物体に力が働かない，または働く力がつりあうとき，物体は静止，もしくは等速直線運動を続ける。慣性の法則が成り立つ座標系を慣性系という。

運動方程式

質量 m の物体に働く力の和を $\vec{F}$，生じた加速度を $\vec{a}$ として

$$m\vec{a} = \vec{F}$$

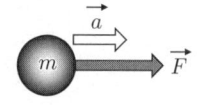

【注意】$\vec{F}$ には物体が他から受ける力だけを含め，物体が他に及ぼす力を入れてはいけない。
【運動方程式の立て方】
① 物体ごとに働く力を調べる。何が何から受けている力か注意する。
② 束縛条件（加速度の関係），向きに注意して加速度を設定する。
③ 未知の力には適当な記号（T，S など）を付ける。
④ 力を分解し，正の向きを決めて，運動方程式を物体ごとに立てる。
⑤ 一般に，張力，垂直抗力などは未知の力として運

動方程式に含まれ，運動方程式と束縛条件を連立して加速度とともに求める。

作用・反作用の法則

物体1が物体2に及ぼす力 $\overrightarrow{F_{12}}$ は，物体2が物体1に及ぼす力 $\overrightarrow{F_{21}}$ と同じ大きさで逆向きである。

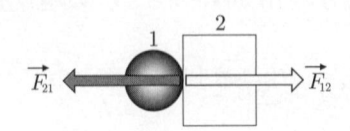

力の単位

・1 N（ニュートン）質量 1 kg の物体に $1\,\mathrm{m/s^2}$ の加速度が生じるとき，働く力の大きさ。
・1 kgw（キログラム重）地表で質量 1 kg の物体に働く重力の大きさ。「重さ」は，重力の大きさを表す。

$$1\,\mathrm{N} = 1\,\mathrm{kg} \times 1\,\mathrm{m/s^2}$$
$$1\,\mathrm{kgw} = 1\,\mathrm{kg} \times 9.8\,\mathrm{m/s^2} = 9.8\,\mathrm{N}$$

4　剛体
2質点の重心

質量 m_1，m_2 の位置を $\overrightarrow{r_1}$，$\overrightarrow{r_2}$，速度を $\overrightarrow{v_1}$，$\overrightarrow{v_2}$ として，

重心の位置　$\overrightarrow{r_c} = \dfrac{m_1\overrightarrow{r_1} + m_2\overrightarrow{r_2}}{m_1 + m_2}$

重心の速度　$\overrightarrow{v_c} = \dfrac{m_1\overrightarrow{v_1} + m_2\overrightarrow{v_2}}{m_1 + m_2}$

系に作用する外力の和がゼロのとき，重心の速度は一定である。

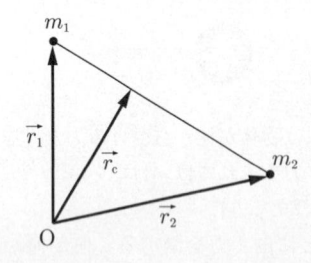

剛体にはたらく力

力の作用点を作用線上で移動しても力の効果は変わらない。

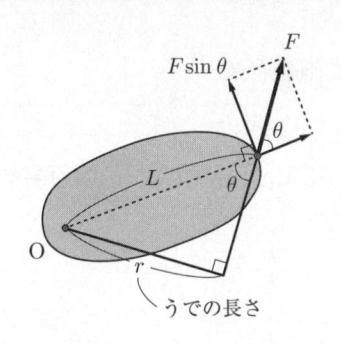

うでの長さ

力のモーメント

剛体を回転させる能力を表す。
O 点のまわりのモーメント

$$M = F\sin\theta \times L = F \times L\sin\theta = F \times r$$

剛体のつりあい

・外力の和 = 0 ←並進運動しない
・任意の点のまわりのモーメントの和 = 0 ←回転運動しない

【注意】　剛体がつりあうとき，外力の作用線は一点で交わる。

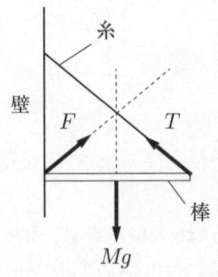

モーメントのつりあいの立て方

① 回転の中心を決める。どこでもよいが，なるべく多くの力の作用点が重なる点をえらぶとよい。
② 反時計回りを正の向きとして，モーメントの符号を決める。
③ 向きに注意してモーメントの和をゼロとおく。

5　仕事と力学的エネルギー
仕事

$$W = Fs\cos\theta$$

$0 \leqq \theta < 90°$ のとき $W > 0$，
$\theta = 90°$ のとき $W = 0$，
$90° < \theta \leqq 180°$ のとき
　$W < 0$

運動エネルギーの変化

$$\frac{1}{2}mv^2 - \frac{1}{2}mv_0{}^2 = W$$

重力の仕事

高さ y_1 から y_2 へ動くとき

$$W = mgy_1 - mgy_2$$

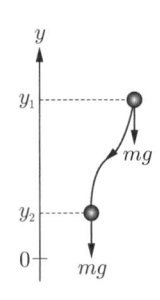

弾性力の仕事

変位 x_1 から x_2 へ動くとき

$$W = \frac{1}{2}kx_1{}^2 - \frac{1}{2}kx_2{}^2$$

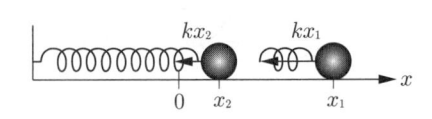

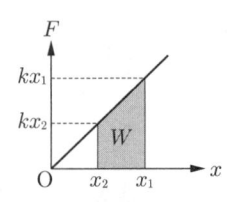

【注意】 重力と弾性力の仕事は，始点と終点の位置により決まり途中の経路によらない。このような力を保存力という。

摩擦の仕事

一定の摩擦力の大きさ R を受けてあらい面を距離 s すべるとき

$$W = -Rs$$

【注意】 摩擦の仕事は途中の経路による。摩擦は非保存力。

位置エネルギー

ある点 P の位置エネルギーは，基準点から点 P まで物体をゆっくり移動させるとき，保存力に逆らう力の仕事がエネルギーとして蓄えられたものである。また，点 P の位置エネルギーは，物体が点 P から基準点まで移動するとき，保存力がする仕事に等しい。

① 重力の位置エネルギー

$$U = mgy$$

② ばねの弾性力の位置エネルギー（弾性エネルギー）

$$U = \frac{1}{2}kx^2 \text{（自然長 } x = 0 \text{ を基準）}$$

力学的エネルギー

・力学的エネルギー ＝（運動エネルギー）＋（位置エネルギー）である。

・一般に，運動エネルギーの変化＝物体がされた全仕事 ＝（保存力の仕事）＋（非保存力の仕事)である。

・点 P から点 Q へ物体が運動するとき，点 P の運動エネルギーと位置エネルギーを K_P, U_P, 点 Q の運動エネルギーと位置エネルギーを K_Q, U_Q とする。保存力の仕事は $(U_P - U_Q)$ である。非保存力の仕事を W' として，運動エネルギーの変化は

$$K_Q - K_P = (U_P - U_Q) + W'$$

また，力学的エネルギーの変化は非保存力の仕事に等しい。

$$(K_Q + U_Q) - (K_P + U_P) = W'$$

力学的エネルギー保存則

保存力だけが仕事をする場合 $(W' = 0)$

$$(K_Q + U_Q) - (K_P + U_P) = 0$$
$$\therefore \quad K_Q + U_Q = K_P + U_P$$

① 重力だけが仕事をする場合

$$\frac{1}{2}mv^2 + mgy = \text{一定}$$

② 弾性力だけが仕事をする場合

$$\frac{1}{2}mv^2 + \frac{1}{2}kx^2 = \text{一定}$$

⑥ 力積と運動量

力積と運動量

物体にはたらく力を $\vec{F}$, 力の作用時間を Δt とする。力が一定のとき，

力積 $\quad \vec{I} = \vec{F}\Delta t$

力積は力と時間グラフと時間軸の間の面積に等しい。

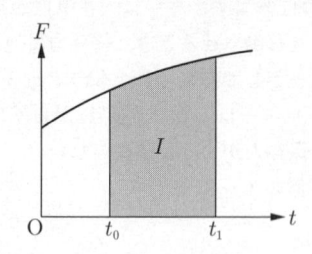

運動量の変化 = 力積

$$\vec{mv_1} - \vec{mv_0} = \vec{I}$$

運動量保存則

物体系に外から力がはたらかない場合,

$$\vec{m_1v_1'} + \vec{m_2v_2'} = \vec{m_1v_1} + \vec{m_2v_2}$$

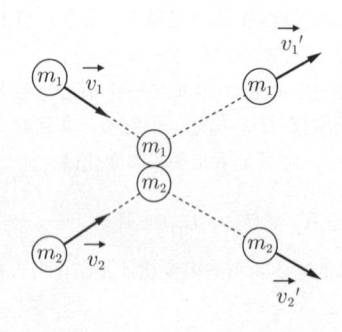

はねかえり係数

$$e = \frac{|衝突後の相対速度の衝突面に垂直な成分|}{|衝突前の相対速度の衝突面に垂直な成分|}$$

$e = 1$ （完全)弾性衝突
$0 < e < 1$ 非弾性衝突
$e = 0$ 完全非弾性衝突

一直線上の衝突の場合,

$$e = -\frac{v'_1 - v'_2}{v_1 - v_2}$$

$$v_1 \quad v_2 \qquad v_1' \quad v_2'$$

7 いろいろな運動

単振動

物体にはたらく復元力を $F = -kx$, 物体の加速度を a, 質量を m として, 単振動の運動方程式は,

$$ma = -kx$$

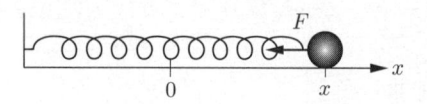

角振動数を $\omega = \sqrt{\dfrac{k}{m}}$ として, 位置 x と速度 v は,

$$x = A\sin(\omega t + \theta_0)$$
$$v = A\omega\cos(\omega t + \theta_0)$$

ここで, A と θ_0 は初期条件で決まる定数。
単振動の周期は,

$$T = \frac{2\pi}{\omega} = 2\pi\sqrt{\frac{m}{k}}$$

単振動の力学的エネルギー保存則は,

$$\frac{1}{2}mv^2 + \frac{1}{2}kx^2 = \frac{1}{2}kA^2$$

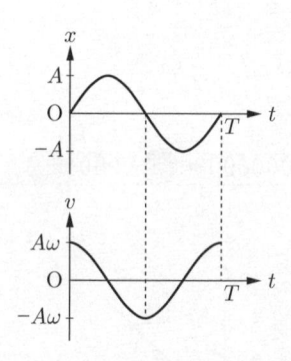

円運動

角速度を ω, 半径を R, 速度を v として,

$$v = R\omega$$

加速度の向心成分 $\qquad a_1 = \dfrac{v^2}{R} = R\omega^2$

接線成分 $\qquad a_2 = \dfrac{\Delta v}{\Delta t}$

運動方程式の向心成分 $\quad m\dfrac{v^2}{R} = F_1（向心力)$

接線成分 $\qquad m\dfrac{\Delta v}{\Delta t} = F_2$

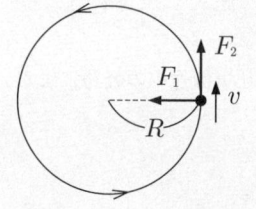

万有引力の法則

質量 M, m の2物体間の距離を r, 万有引力定数を $G = 6.7 \times 10^{-11} \mathrm{Nm^2/kg^2}$ として,

万有引力の大きさ　$F = G\dfrac{Mm}{r^2}$

位置エネルギー　$U = -G\dfrac{Mm}{r}$（無限遠を基準）

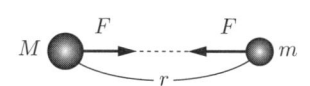

万有引力のみが仕事をする運動では力学的エネルギーが保存する。

$$\frac{1}{2}mv^2 + \left(-G\frac{Mm}{r}\right) = \text{一定}$$

ケプラーの法則

・第1法則：惑星は太陽を1つの焦点とする楕円軌道（円軌道を含む）を描く。
・第2法則：太陽と惑星を結ぶ線分が，単位時間に描く面積は常に一定である。
・第3法則：惑星の公転周期を T, 楕円軌道の長半径を a とすると，T^2/a^3 の値はどの惑星についても一定である。

これらの法則は太陽と惑星の運動のみならず，地球と地球を周回する人工衛星の運動についても成立する。

面積速度　$\dfrac{1}{2}rv\sin\theta = \text{一定}$

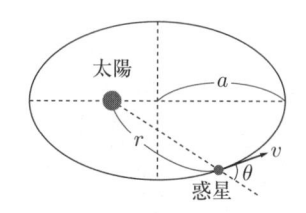

慣性力

ニュートンの運動方程式が成り立つ座標系を慣性系といい，それに対して加速度を持って動く座標系を非慣性系という。慣性系に対する非慣性系の加速度を $\vec{a}$, 物体の質量を m として，非慣性系ではみかけの力（慣性力）

$$F = -m\vec{a}$$

が作用するように見える。

角速度 ω で回転する非慣性系で，回転中心から見て外向きの慣性力を遠心力という。回転の半径を r として

遠心力の大きさは，

$$F = mr\omega^2$$

II. 熱と気体

1 熱と温度

温度

温度は物質を構成する分子の熱運動の激しさを表す尺度である。セルシウス温度 t〔℃〕と絶対温度 T〔K〕の関係は

$$T = t + 273$$

熱量

熱は分子の熱運動エネルギーの流れである。熱は自然に高温物体から低温物体へ流れ，やがて2つの物体は等しい温度になる。この状態を熱平衡という。

熱量保存

高温物体と低温物体が接触するとき
（高温物体が失った熱量）＝（低温物体が得た熱量）

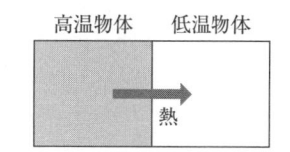

比熱・熱容量

物体の質量を m, 比熱を c として，熱容量は，$C = mc$ である。温度変化を ΔT として，物体が吸収した熱量は

$$Q = mc\Delta T$$

物質の状態変化

物質の三態は固体，液体，気体である。物質に熱を加えて温めたり，熱を奪って冷やすと状態が変化する。

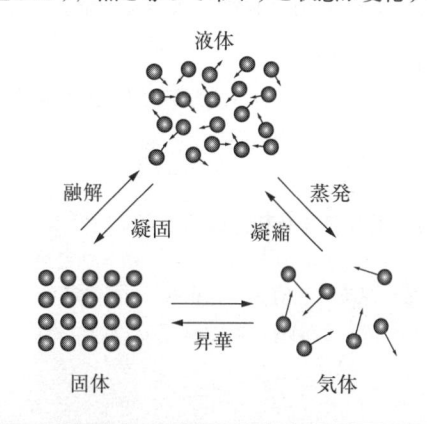

潜熱

物質が熱を得て，融解，または蒸発する間は，加えた熱は分子の熱運動を激しくするわけではなく，分子の結合をゆるめたり断ち切るために使われるため，温度は変化しない。このように物質の状態変化に使われる熱を潜熱という。例えば，1気圧のもとで氷の融解熱は334J/g，水の蒸発熱は2257J/gである。

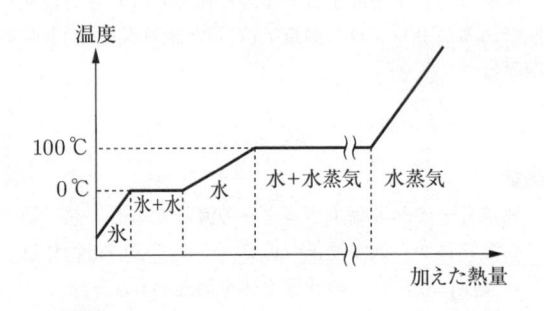

2 気体

ボイル・シャルルの法則

一定量の気体に対して，圧力 P，体積 V，絶対温度 T の関係は

$$\frac{PV}{T} = 一定$$

気体分子運動論

気体分子の熱運動において，

$$\frac{1}{2} m \langle v_x{}^2 \rangle = \frac{1}{2} m \langle v_y{}^2 \rangle = \frac{1}{2} m \langle v_z{}^2 \rangle = \frac{1}{2} kT$$

$$\frac{1}{2} m \langle v^2 \rangle = \frac{3}{2} kT$$

が成り立つ。ここで，

$T = (273 + t) \,[\text{K}] : t \,[℃]$ における絶対温度
m：分子質量，$\langle v^2 \rangle$：v^2 の平均値
$k = 1.38 \times 10^{-23} \text{J/K}$：ボルツマン定数

理想気体の状態方程式

理想気体（分子の大きさ，分子間の相互作用を無視しうる気体）の状態方程式は，

$$pV = nRT$$

p：圧力，V：体積，n：モル数
$N_A = 6.02 \times 10^{23} \text{/mol}$：アボガドロ定数
$R = N_A k = 8.31 \text{J/(mol·K)}$：気体定数
$T = (\theta + 273)\text{K}$：絶対温度（$\theta\,[℃]$は摂氏温度）

理想気体の内部エネルギー

気体分子の運動エネルギーの総和であり，絶対温度に比例する。

定積モル比熱を C_v として，内部エネルギーの変化分は，

$$\Delta U = nC_v \Delta T$$

内部エネルギーは，単原子分子の場合には分子の並進運動エネルギーの総和として，

$$C_v = \frac{3}{2} R$$

2原子分子の場合には，分子の並進運動エネルギーと回転運動エネルギーの総和として，

$$C_v = \frac{5}{2} R$$

である。

気体が外へした仕事

一定の圧力 P で体積が ΔV 変化したとき

$$W_{\text{out}} = P\Delta V$$

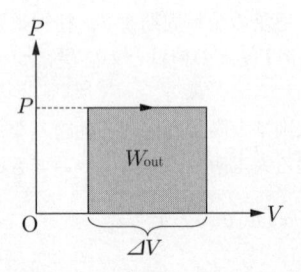

一般に，気体が外へした仕事 W_{out} は P–V 図のグラフと V 軸で囲まれた面積に等しい。

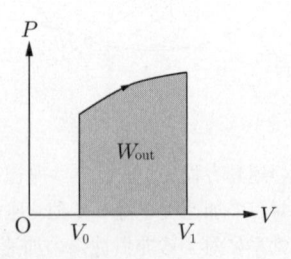

熱力学第1法則

気体が吸収した熱量 Q は，内部エネルギーの変化 ΔU と気体が外へした仕事 W_{out} の和に等しい。

$$Q = \Delta U + W_{\text{out}}$$

気体の内部エネルギーの変化は，気体が吸収した熱量と気体がされた仕事 W_{in} の和に等しい。

$$\Delta U = Q + W_{\text{in}}$$

ここで，$W_{\text{in}} = - W_{\text{out}}$ である。

モル比熱
1 モルあたり温度を 1 K だけ上げるのに必要な熱量。

$$C = \frac{Q}{n\Delta T} \quad (Q = nC\Delta T)$$

定圧モル比熱

$$C_p = C_v + R$$

単原子分子の場合は，$C_v = \dfrac{3}{2} R,\ C_p = \dfrac{5}{2} R$

2 原子分子の場合は，$C_v = \dfrac{5}{2} R,\ C_p = \dfrac{7}{2} R$

等温変化
等温変化では内部エネルギーは一定である。
ボイルの法則：$PV = $ 一定
熱力学第 1 法則は，

$$Q = W_{\text{out}}$$
$$0 = Q + W_{\text{in}}$$

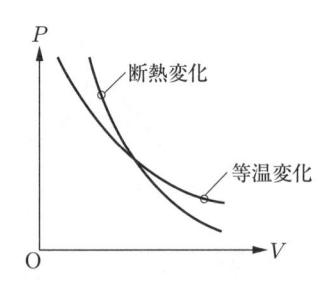

断熱変化
熱力学第 1 法則は，

$$0 = \Delta U + W_{\text{out}}$$
$$\Delta U = W_{\text{in}}$$

断熱膨張：気体が外へ仕事をし，内部エネルギーが減少
→温度が下がる。
断熱圧縮：気体が外から仕事をされ，内部エネルギーが増加
→温度が上がる。
断熱変化におけるポアソンの公式は，比熱比を $\gamma = \dfrac{C_p}{C_v}$ として，

$$pV^\gamma = \text{一定}$$
$$TV^{\gamma-1} = \text{一定}$$

熱機関
1 サイクルで，熱機関が高熱熱源から得た熱を Q_+，低温熱源に放出した熱を Q_- とすると

正味外へした仕事 $\quad W = Q_+ - Q_-$

熱効率 $\qquad e = \dfrac{W}{Q_+} = 1 - \dfrac{Q_-}{Q_+} \quad (< 1)$

熱力学第 2 法則
高温物体から低温物体へ自然に熱は流れる。
熱効率 100 % の熱機関は存在しない。

III. 波

1 波の性質
波の基本量，グラフ

振幅：A
波長：λ
周期：T

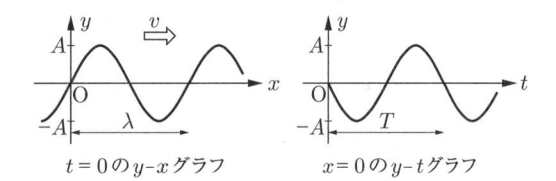

$t = 0$ の y-x グラフ　　　　$x = 0$ の y-t グラフ

波の基本式

振動数：$f = \dfrac{1}{T}$

波の速さ：$v = \dfrac{\lambda}{T} = f\lambda$

正弦進行波
波源（原点 $x = 0$）の変位を

$$y(0,\, t) = A\sin\left(\frac{2\pi}{T} t + \delta\right) \text{とする。}$$

x 軸の正の向きに伝わる波の式

$$y(x,\, t) = y\left(0,\, t - \frac{x}{v}\right)$$
$$= A\sin\left\{2\pi\left(\frac{t}{T} - \frac{x}{\lambda}\right) + \delta\right\}$$

x 軸の負の向きに伝わる波の式

$$y(x, t) = y\left(0, t + \frac{x}{v}\right)$$
$$= A\sin\left\{2\pi\left(\frac{t}{T} + \frac{x}{\lambda}\right) + \delta\right\}$$

横波・縦波

　横波：媒質の振動方向と波の進む向きが垂直（例，弦を伝わる波）

　縦波：媒質の振動方向と波の進む向きが平行（例，空気中を伝わる音波）

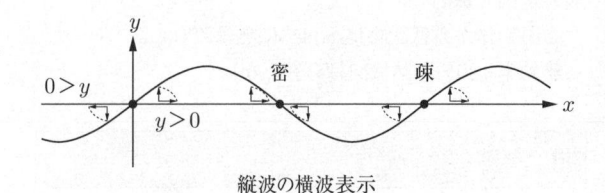

縦波の横波表示

波の重ね合わせの原理

　合成波の変位は各波の変位の和に等しい。

$$Y = y_1 + y_2$$

波の反射

① 　自由端において 　$y_{反射} = y_{入射}$

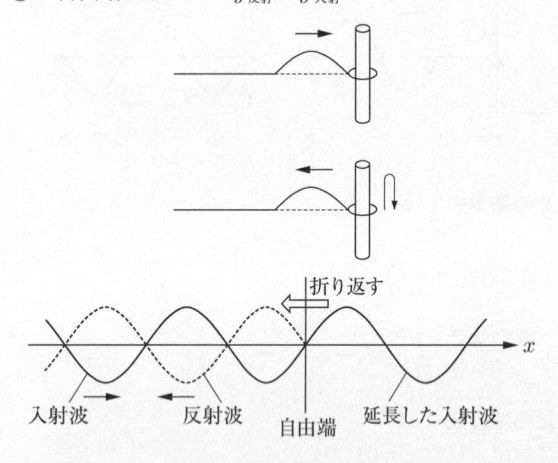

入射波　　　反射波　　　自由端　　延長した入射波

② 　固定端において 　$y_{反射} = -y_{入射}$

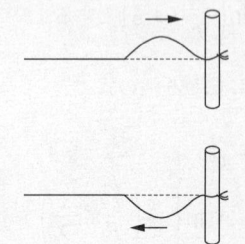

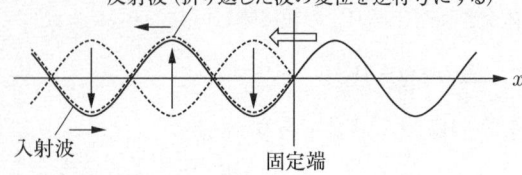

反射波（折り返した波の変位を逆符号にする）

入射波　　　　　固定端

定在波（定常波）

・進む向きだけが違う進行波が重なると，膨らんだりしぼんだりを繰り返す進まない波が生じる。

・節と腹が間隔 $\dfrac{\lambda}{4}$ で交互に並ぶ。

・固定端→節，自由端→腹

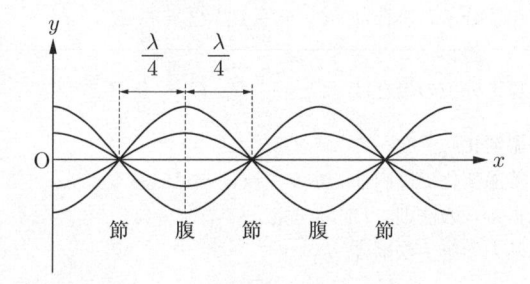

節　腹　節　腹　節

周期を T として，時間 $\dfrac{T}{4}$ ごとに波を示すと

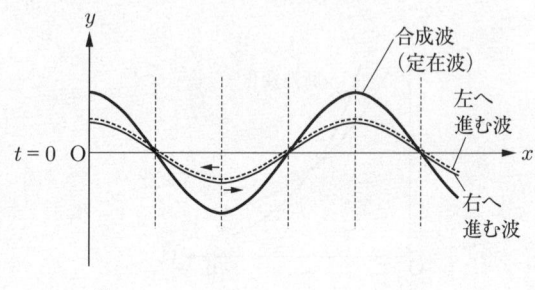

合成波（定在波）　左へ進む波　右へ進む波

$t = 0$

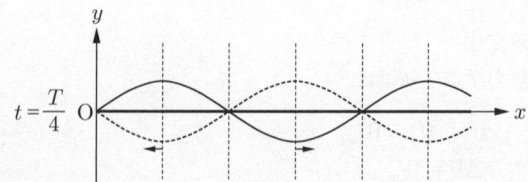

$t = \dfrac{T}{4}$

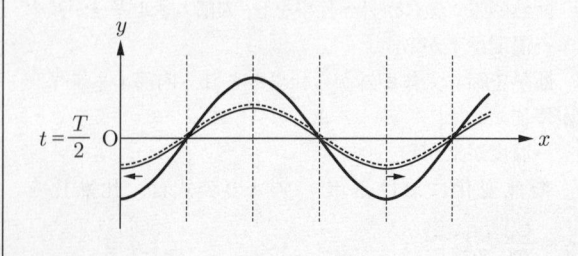

$t = \dfrac{T}{2}$

2 力学的な波動

固有振動

① 弦：固定端で節

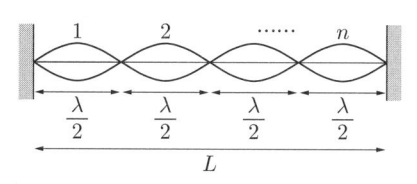

腹の数が n 個のとき
波長

$$\frac{\lambda}{2} \times n = L \ \text{より} \ \lambda = \frac{2L}{n}$$

固有振動数 $f = \dfrac{v}{\lambda} = \dfrac{nv}{2L}$ $(n = 1, 2, \cdots)$

v：弦を伝わる横波の速さ

② 気柱：閉端で節，開口で腹

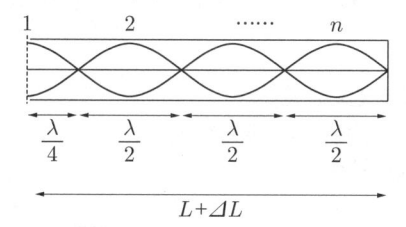

腹の数が n 個のとき
波長

$$\frac{\lambda}{4} + \frac{\lambda}{2} \times (n - 1) = L + \Delta L \ \text{より}$$

$$\lambda = \frac{4(L + \Delta L)}{2n - 1}$$

固有振動数 $f = \dfrac{v}{\lambda} = \dfrac{(2n - 1)V}{4(L + \Delta L)}$ $(n = 1, 2, \cdots)$

V：音速
ΔL：開口端補正

気柱の共鳴

外部音源の振動数が気柱の固有振動数に一致するとき，気柱から大きな音が響く。

うなり

振動数がわずかに異なる 2 つの音(f_1, f_2)を同時に聞くとき合成波の振幅が時間変化し，音の強弱が繰り返される。

単位時間当たりのうなりの回数

$$|f_1 - f_2|$$

ドップラー効果

速度 v_s で運動している音源から，速度 v_o で運動する観測者に届く音波の

$$波長 \ \lambda = \frac{c - v_\mathrm{s}}{f_0}$$

$$振動数 \ f = \frac{c - v_\mathrm{o}}{\lambda} = \frac{c - v_\mathrm{o}}{c - v_\mathrm{s}} f_0$$

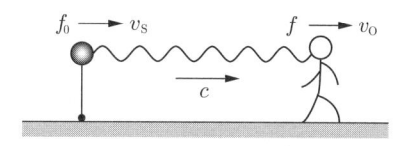

ただし，速度は音が伝わる向きを正とする。

水面波の干渉

同位相の波源 S_1，S_2 から出た波の干渉

$$経路差 \ |S_1P - S_2P| = \begin{cases} m\lambda \ (強め合う) \\ \left(m + \dfrac{1}{2}\right)\lambda \ (弱め合う) \end{cases}$$

$$(m = 0, 1, 2, \cdots)$$

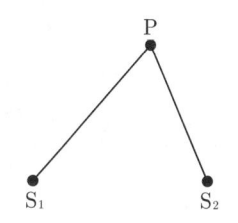

例えば，$S_1S_2 = 3\lambda$ の場合の節線（実戦）と腹線（点線）を示すと

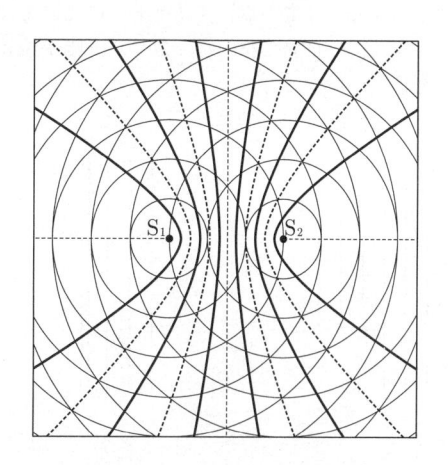

水面上の点 P に対して，
強め合う条件

$$|S_1P - S_2P| = 0, \lambda, 2\lambda, 3\lambda$$

弱め合う条件

$$|S_1P - S_2P| = \frac{\lambda}{2}, \frac{3}{2}\lambda, \frac{5}{2}\lambda$$

逆位相の波源の場合には

$$経路差 |S_1P - S_2P| = \begin{cases} \left(m + \dfrac{1}{2}\right)\lambda \ (強め合う) \\ m\lambda \ (弱め合う) \end{cases}$$

ホイヘンスの原理

　音源や光波は波面（同位相面）上の各点から出た球面波（素元波）の重ね合わせとして伝わり，次の瞬間の波面は各球面波に共通に接する面である。

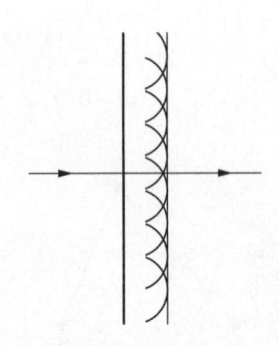

回折

　スリットなどの狭いすき間を通過する波は障害物の後ろに回り込むように広がる。スリット幅に比べて波長が小さいとき回折は目立たないが，スリット幅が波長程度になると目立つ。

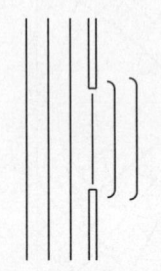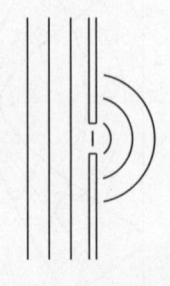

反射と屈折

① 　反射の法則

$$\theta = \theta'$$

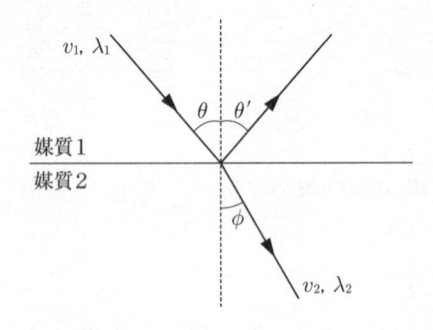

② 　屈折の法則

$$\frac{\sin\theta}{\sin\phi} = \frac{v_1}{v_2} = \frac{\lambda_1}{\lambda_2} = n_{12}$$

n_{12}：媒質 1 に対する 2 の屈折率（相対屈折率）

3 　光

媒質中の光速と波長

　真空中の光速を c，波長を λ として，屈折率（絶対屈折率）n の媒質中の

$$光速 \ v = \frac{c}{n}$$

$$波長 \ \lambda' = \frac{\lambda}{n}$$

真空中と媒質中で振動数は同じ。

光の屈折

　媒質 1，2 の絶対屈折率を n_1，n_2 として

$$\frac{\sin\theta_1}{\sin\theta_2} = \frac{n_2}{n_1} = n_{12}$$

または

$$n_1\sin\theta_1 = n_2\sin\theta_2$$

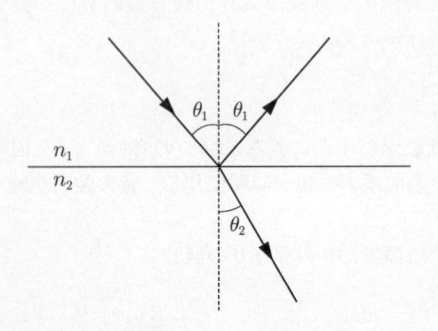

臨界角，全反射

臨界角 θ_0：屈折角が $90°$ のときの入射角

$$\sin\theta_0 = \frac{n_2}{n_1}$$

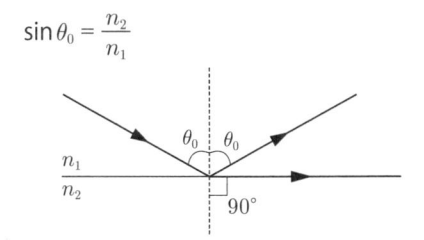

入射角が θ_0 をこえると屈折光が消え全反射する。

レンズ

凸レンズを通過する光の進み方（下の図参照）

(i) 光軸に平行に凸レンズに入射した光線は，レンズを通過後，後方の焦点 F' を通過する。

(ii) 凸レンズの中心を通過する光線は，そのまま直進する。

(iii) 手前の焦点 F を通過して凸レンズに入射した光線は，レンズを通過後，光軸に平行に進む。

凸レンズの公式

$$\frac{1}{a} + \frac{1}{b} = \frac{1}{f}$$

a：物体とレンズの距離

b：レンズと像の距離

f：焦点距離

$a > f$ のとき　$b > 0$，レンズの後方に倒立実像

$a < f$ のとき　$b < 0$，レンズの手前に正立虚像

倍率は

$$m = \frac{|b|}{a}$$

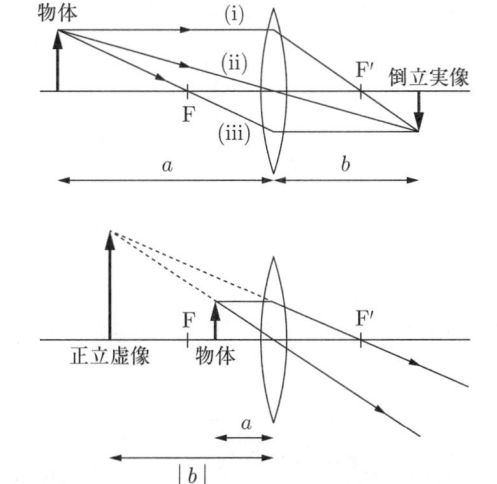

凹レンズを通過する光の進み方（下の図参照）

(i) 光軸に平行に凹レンズに入射した光線は，レンズを通過後，手前の焦点 F から発するように進む。

(ii) 後方の焦点 F' に向かって凹レンズに入射した光線は，レンズを通過後，光軸に平行に進む。

(iii) 凹レンズの中心を通過する光線は直進する。

凹レンズの公式

$$\frac{1}{a} - \frac{1}{|b|} = -\frac{1}{f}$$

常にレンズの手前に正立虚像

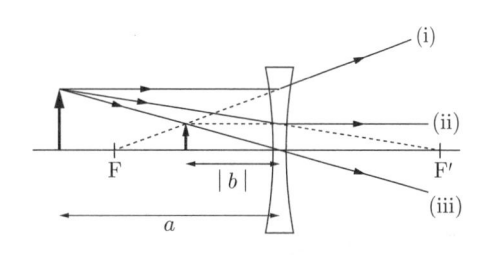

光の分散

波長が短い光ほど媒質の屈折率が大きく，光の波長により屈折角が異なる。これにより，白色光がプリズムを通るとき光が色分けされる。

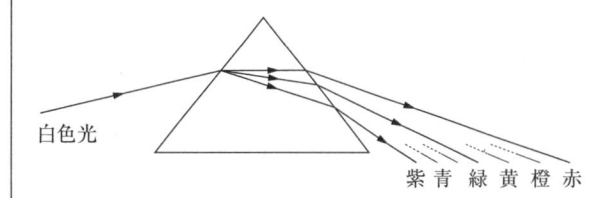

光の散乱

光が空気中を通過するとき，空気中の微粒子により散乱される。波長が短い光ほど大きく散乱されるため昼間の空は青く見え，夕焼け空は赤く見える。

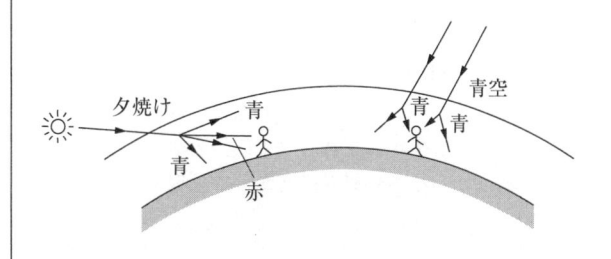

偏光

光は横波である。特定の方向にのみ振動する光を偏光という。振動が特定の方向に偏っていない光を自然光という。液晶板は偏光を利用したものである。

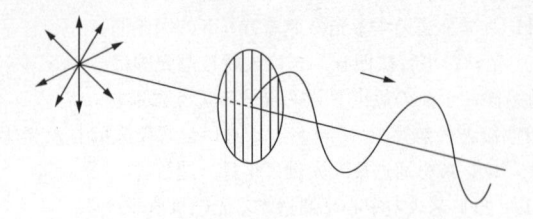

ヤングの実験

$$経路差\ |l_2 - l_1| = \frac{xd}{L} = \begin{cases} m\lambda\ \ (強め合う) \\ \left(m + \dfrac{1}{2}\right)\lambda\ \ (弱め合う) \end{cases}$$
$$(m = 0,\ 1,\ 2,\ \cdots)$$

$$明線の間隔\ \Delta x = \frac{L\lambda}{d}$$

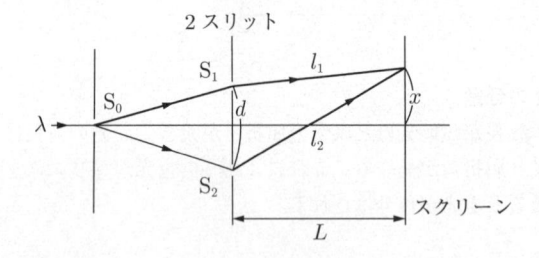

回折格子

強め合う条件

$$d\sin\theta = m\lambda\ \ (m = 0,\ 1,\ 2,\ \cdots)$$

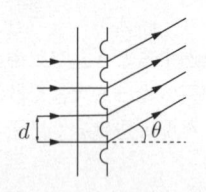

反射による位相のずれ

屈折率が小さい媒質から大きい媒質に向かって光が反射するとき，位相が π ずれる（半波長分ずれる）。逆に，大きい媒質から小さい媒質に向かって反射するときはずれない。

薄膜による光の干渉

空気中にある薄膜（屈折率 $n > 1$）の薄膜の表と裏で反射した光が干渉するとき

$$光路差\ 2nd\cos\phi = \begin{cases} \left(m + \dfrac{1}{2}\right)\lambda\ \ (強め合う) \\ m\lambda\ \ (弱め合う) \end{cases}$$
$$(m = 0,\ 1,\ 2,\ \cdots)$$

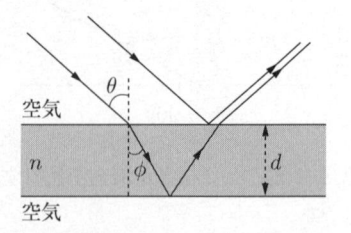

Ⅳ. 電気と磁気

1 静電気

原子・原子核

原子の中心には正電荷をもつ原子核があり，その周りを負電荷をもつ電子が運動している。原子が電子を失うと陽イオンになり，電子をとり込むと陰イオンになる。

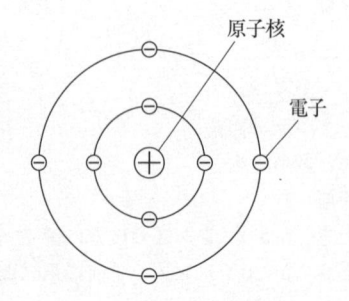

静電誘導

導体（金属）に帯電体を近づけると，導体中の自由電子が移動し，導体の表面に電荷が分布する。

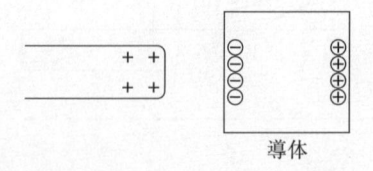

誘電分極

不導体（誘電体）に帯電体を近づけると，不導体を構成する分子内部の正負の電荷がずれ，不導体の表面に電荷がにじみ出る。

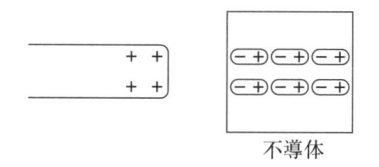

不導体

② 電場と電位

電場（電界）

電場は電荷に力を及ぼす空間を表し，単位電気量あたりの力で定義される。

電荷 q が電場 $\vec{E}$ から受ける力

$$\vec{F} = q\vec{E}$$

電位

単位電気量あたりの位置エネルギーを電位という。
電位 ϕ の位置で電荷 q がもつ位置エネルギー

$$U = q\phi$$

点電荷のつくる電場と電位（クーロンの法則）

点電荷の電気量を Q，距離を r，クーロンの法則の比例定数を k として，

電場　$E = k\dfrac{Q}{r^2}$

電位　$\phi = k\dfrac{Q}{r}$（無限遠を基準）

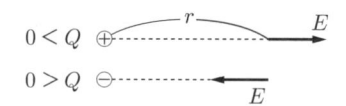

点電荷 Q, q の間のクーロン力と位置エネルギー

$$F = k\frac{Qq}{r^2} \quad (Q, q \text{ が同符号のとき斥力, 異符号のとき引力})$$

$$U = k\frac{Qq}{r} \quad (\text{無限遠を基準})$$

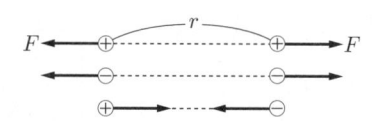

重ね合わせ

電場　$\vec{E} = \vec{E_1} + \vec{E_2} + \cdots$

電位　$\phi = \phi_1 + \phi_2 + \cdots$

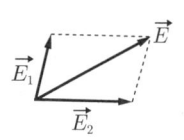

ガウスの法則

電場 E の方向に垂直な面の単位面積あたりに E 本の電気力線を引くことにする。分布する電荷を囲む閉曲面を外向きに貫く電気力線の総本数 N は，閉曲面に囲まれた総電気量 Q と真空の誘電率 ε_0 を用いて，

$$N = \frac{Q}{\varepsilon_0}$$

平面電荷のつくる電場

十分に広い平面（面積 S）に一様に分布する電荷を Q として，

$$E = \frac{Q}{2\varepsilon_0 S}$$

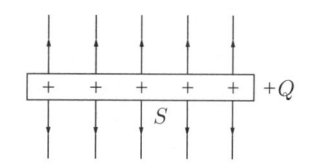

ここで，ε_0 は真空の誘電率である。

平行板コンデンサー

極板間が真空の場合

極板間の電場　　$E = \dfrac{Q}{\varepsilon_0 S}$

電位差　　　　　$V = Ed$

電気容量　　　　$C = \dfrac{Q}{V} = \varepsilon_0 \dfrac{S}{d}$

静電エネルギー　$U = \dfrac{1}{2}QV = \dfrac{1}{2}CV^2 = \dfrac{Q^2}{2C}$

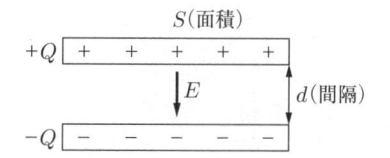

誘電体を挿入した場合　　比誘電率を ε_r として,

誘電体内部の電場　$E' = \dfrac{E}{\varepsilon_r}$

電気容量　　　　　$C' = \varepsilon_r C$

合成容量

2つのコンデンサーの電気容量を C_1, C_2 として,

直列合成容量　　　$C = \left(\dfrac{1}{C_1} + \dfrac{1}{C_2} \right)^{-1}$

並列合成容量　　　$C = C_1 + C_2$

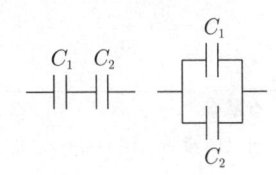

3　電流

電流

電流の強さは,導線の断面を単位時間当たり通過する電気量の大きさを表す。

導体を流れる電流の担い手は**自由電子**である。電流の向きと自由電子が移動する向きは逆である。

電流の強さ　$I = enSv$

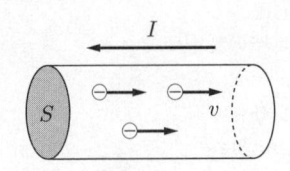

e：電気素量
n：単位体積当たりの自由電子数
S：導体の断面積
v：自由電子の速さ

オームの法則

電圧 $V = RI$

抵抗 $R = \rho\dfrac{L}{S}$

ρ：抵抗率

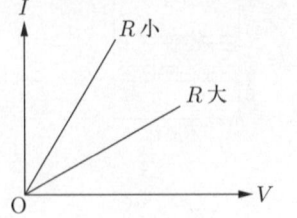 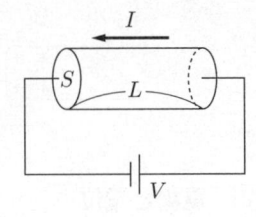

キルヒホッフの法則

第1法則：回路の分岐点で,

（流れ込む電流の和）＝（流れ出る電流の和）

第2法則：任意の閉回路で,

（起電力の和）＝（電圧降下の和）

または,回路の2点間の電位差はどんな経路に沿って測っても等しい。

抵抗の接続

直列合成　$R = R_1 + R_2$

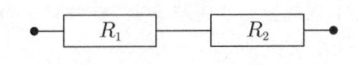

並列合成　$\dfrac{1}{R} = \dfrac{1}{R_1} + \dfrac{1}{R_2}$

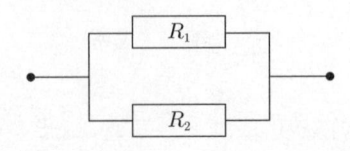

供給電力

単位時間当たり電源が供給する電力は

$P = VI$
V：起電力　I：電流

時間 t に供給する電力量は

$W = Pt$

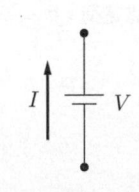

消費電力

抵抗で消費された電気的エネルギーは抵抗で熱に変わる。単位時間当たり抵抗で生じるジュール熱は

$$P = VI = RI^2 = \dfrac{V^2}{R}$$

時間 t に抵抗で生じるジュール熱は

$Q = Pt$

半導体

　ケイ素（Si）やゲルマニウム（Ge）の結晶にリン（P）やアンチモン（Sb）を微量混入した半導体は n 型，アルミニウム（Al）やインジウム（In）を微量混入した半導体は p 型である。

	電流の担い手(キャリア)
n 型	電子
p 型	ホール（正孔）

半導体ダイオード

　p 型半導体と n 型半導体を接合したもので，整流作用をもつ素子である。

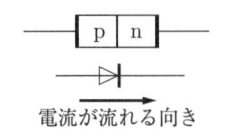

電流が流れる向き

4　磁場（磁界）

磁場

　磁場は電流に力を及ぼす空間の性質を表す。磁場は電流により作られる。磁石の周りの磁場や磁石を構成する各原子が微小電流のように振舞い磁場を作ることによる。

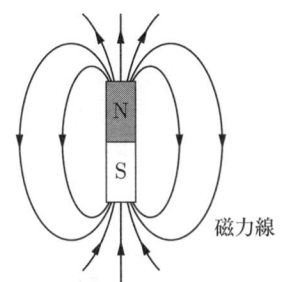

磁力線

電流が作る磁場－右ねじの法則－

　電流 I が作る磁場 H の向きは，電流の向きを右ねじの進む向きとして，右ねじが回る向き。

① 直線電流

$$H = \frac{I}{2\pi r}$$

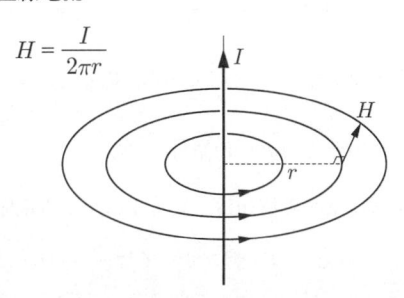

② 円電流の中心

$$H = \frac{I}{2r}$$

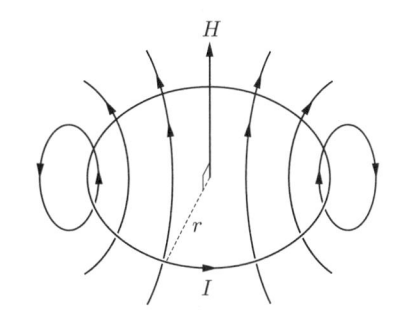

③ ソレノイドの内部

$$H = nI$$

　　（n：単位長さ当たりのコイルの巻き数）

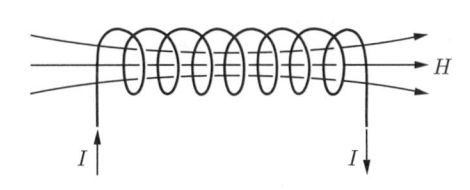

円電流の中心とソレノイドの内部の磁場の向きは，電流を右ねじが回る向きとして，右ねじが進む向きとして考えてもよい。

磁束密度

　真空の透磁率を μ_0 として，

$$\vec{B} = \mu_0 \vec{H}$$

電流が磁場から受ける力－フレミングの左手の法則－

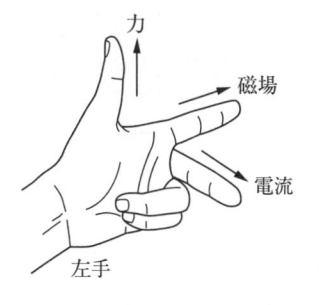

力　磁場　電流　左手

力の大きさ　$F = LIB\sin\theta$

　　　　L：電流の長さ　B：磁束密度の大きさ

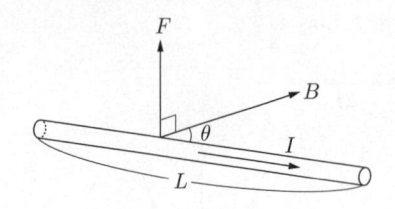

荷電粒子が磁場から受ける力

ローレンツ力の大きさ　$f = |q|vB\sin\theta$

q：電荷　　v：速さ　　B：磁束密度の大きさ

ローレンツ力の向きは，$\vec{v}$ と $\vec{B}$ に垂直で，$q > 0$ の場合，$\vec{v}$ から $\vec{B}$ の向きへ右ねじを回したとき右ねじが進む向き。

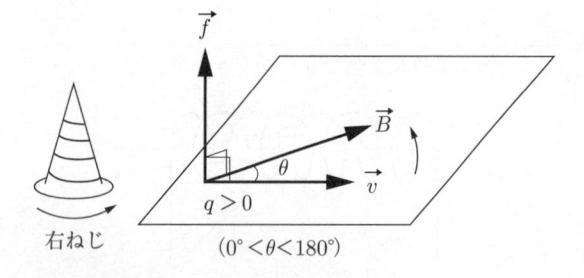

右ねじ　　　$(0° < \theta < 180°)$

5　電磁誘導

電磁誘導

コイルに生じる誘導起電力の大きさは，コイルを貫く磁力線の数の時間変化率に比例する。

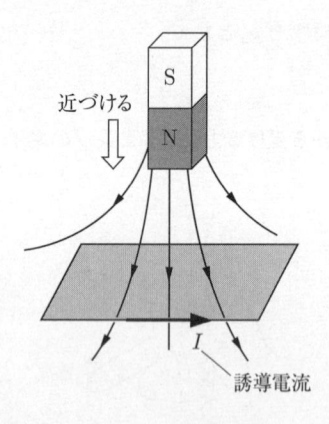

近づける

誘導電流

レンツの法則

誘導起電力により流れる誘導電流の向きは，その電流が作る磁場がコイルを貫く磁力線の数の変化を妨げるような向きである。

ファラデーの法則

コイルを貫く磁束 $\Phi = BS\cos\theta$ （$\vec{B}$ が一様な場合）

N 巻きのコイルに生じる誘電起電力 $V = -N\dfrac{\Delta\Phi}{\Delta t}$

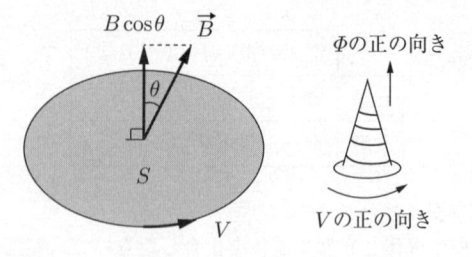

Φ の正の向き

V の正の向き

自己誘導

自己インダクタンスを L として，

自己誘導起電力　　　$V_L = -L\dfrac{\Delta I}{\Delta t}$

コイルのエネルギー　$U_L = \dfrac{1}{2}LI^2$

V_L の正の向き

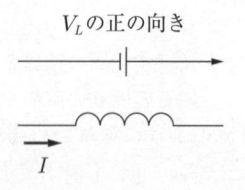

6　交流と電磁波

交流の電圧

周波数 $f = \dfrac{1}{T}$

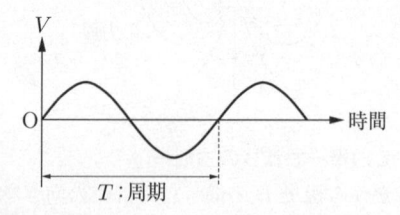

T：周期

交流回路

電流の実効値：$I_e = \dfrac{I_0}{\sqrt{2}}$

電圧の実効値：$V_e = \dfrac{V_0}{\sqrt{2}}$　　（I_0, V_0 は振幅）

抵抗の消費電力の平均値：$\overline{P} = I_e V_e = \dfrac{1}{2}I_0 V_0$

コイルに流れる電流の位相は，コイルにかかる電圧の位相に比べ $\dfrac{\pi}{2}$ 遅れる。コンデンサーでは $\dfrac{\pi}{2}$ 進む。

$$リアクタンス = \frac{電圧の実効値}{電流の実効値}$$

コイルのリアクタンス　ωL（ωは角周波数）

コンデンサーのリアクタンス　$\dfrac{1}{\omega C}$

コイルとコンデンサーで電力は消費されず，蓄えられたエネルギーは回路に戻される。

変圧器

相互誘導により，1次側と2次側のコイルの電圧 V_1，V_2，巻き数 N_1，N_2 の関係は

$$\frac{V_2}{V_1} = \frac{N_2}{N_1}$$

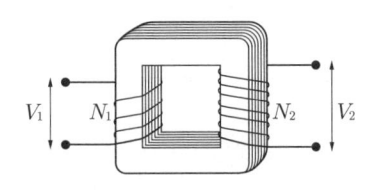

電磁波

電界と磁界の振動が波となって空間を伝わる。電磁波が真空中を伝わる速さは光速に等しく，$c = 3.0 \times 10^8 \mathrm{m/s}$ である。

$$c = f\lambda$$

f：周波数（振動数）　　λ：波長

電磁波の種類と対応する波長〔m〕

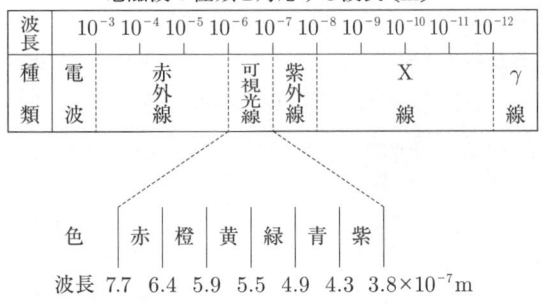

V. 原子

真空放電

薄い気体を封入したガラス管の両端に数千 V の高電圧をかけると，陰極から飛び出した電子（陰極線）が気体に衝突し，気体が発光する。

光の粒子性

プランク定数を h，光速を c，光の振動数を ν，波長を λ として，

光子の運動量　$p = \dfrac{h}{\lambda}$

光子のエネルギー　$E = h\nu$

光電効果

図1は光電効果を調べる実験装置，図2は陰極 C に対する陽極 P の電位 V と光電流 I の関係を示したグラフである。

光電子の運動エネルギー

$$K = h\nu - W$$

h：プランク定数，ν：光の振動数，W：仕事関数

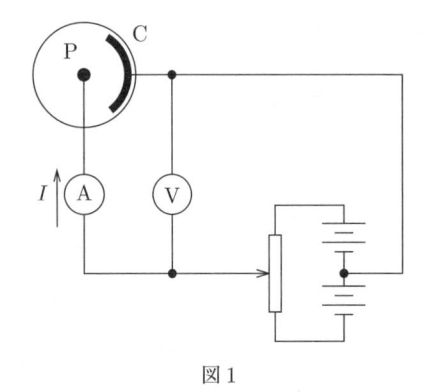

図1

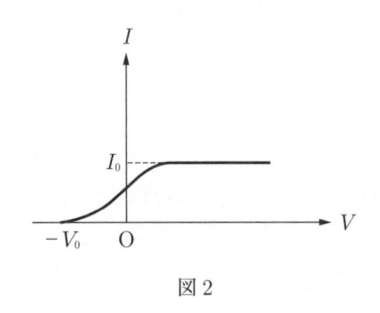

図2

X 線

連続 X 線

X 線の最短波長を $\lambda_{\min}$，加速電圧を V，電子の電気量の大きさを e として，

$$h \frac{c}{\lambda_{\min}} = eV$$

固有 X 線

固有 X 線光子のエネルギーは，陽極原子のエネルギー準位の差に等しい。

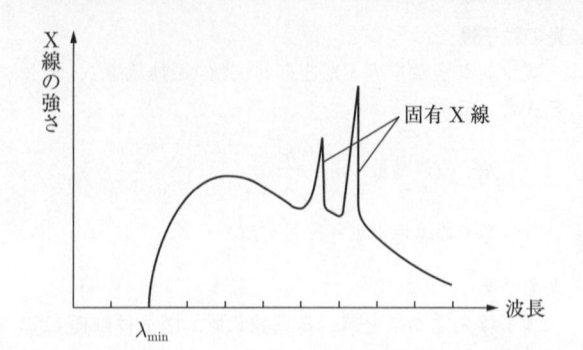

粒子の波動性

粒子の質量を m，速さを v として，ドブロイ波（物質波）の波長は，

$$\lambda = \frac{h}{mv}$$

ボーアの原子模型

① 量子条件

水素原子が定常状態にあるとき，電子の質量を m，電子の軌道半径を r，電子の速さを v として，

$$rmv = n\frac{h}{2\pi} \quad (n = 1, 2, 3, \cdots)$$

または

$$2\pi r = n\frac{h}{mv}$$

を満たすものに限る。n は量子数である。

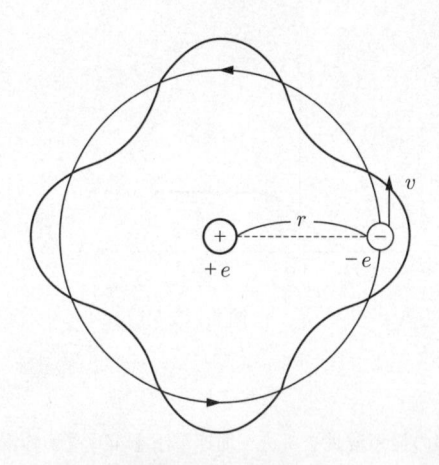

電子のドブロイ波

② 振動数条件

水素原子がエネルギー準位 E_n から $E_{n'}$ へ遷移するとき，放出される光子のエネルギーは，

$$h\nu = E_n - E_{n'}$$

静止エネルギー

光速を c として質量 m の物体のもつ静止エネルギーは，

$$E = mc^2$$

質量とエネルギーは等価である。

原子核

陽子の質量を m_p，中性子の質量を m_n として，質量 M の原子核（質量数 A，原子番号 Z）の質量欠損は，

$$\Delta M = Zm_p + (A - Z)m_n - M$$

結合エネルギーは，

$$B = \Delta Mc^2$$

核子 1 個あたりの結合エネルギーが大きいほど，原子核は安定である。

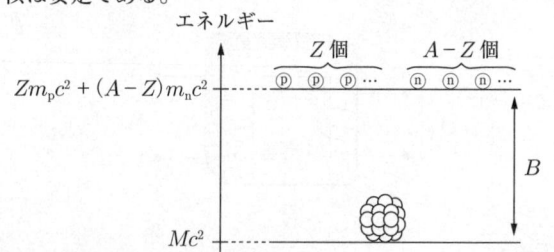

原子核反応

原子核反応の前後で保存される量

①電荷　②質量数　③エネルギー　④運動量

放射性崩壊

半減期を T として，未崩壊の放射性原子核数は，

$$N(t) = N(0)\left(\frac{1}{2}\right)^{\frac{t}{T}}$$

α 崩壊　^{4}He の原子核（α 線）を放出

β 崩壊　高速の電子（β 線）とニュートリノを放出

γ 崩壊　波長の短い電磁波（γ 線）を放出

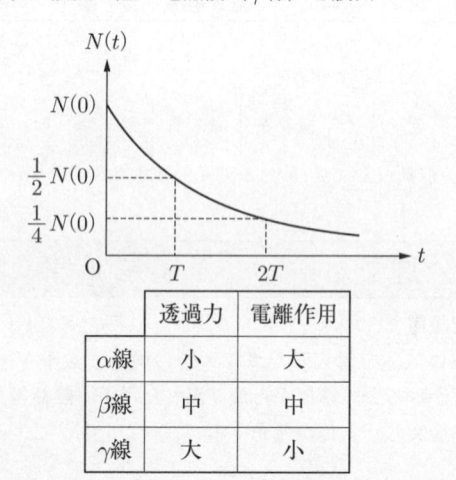

	透過力	電離作用
α線	小	大
β線	中	中
γ線	大	小

第 1 回
実 戦 問 題

解答・解説

物　　理　　第1回　　（100点満点）

（解答・配点）

問題番号 （配点）	設問（配点）		解答番号	正　解	自己採点欄	問題番号 （配点）	設問（配点）		解答番号	正　解	自己採点欄
第1問 （28）	1	（5）	1	⑤		第3問 （21）	A	1　（5）	14	②	
	2	（3）	2	③				2　（3）	15	②	
		（3）	3	①				（3）	16	③	
	3	（3）*1	4	②			B	3　（5）	17	④	
		（3）*2	5	④				4　（5）	18	⑤	
	4	（5）*3	6	③			小　　　計					
	5	（3）	7	③		第4問 （26）	1	（3）	19	②	
		（3）	8	③				（3）	20	③	
	小　　　計						2	（5）	21	③	
第2問 （25）	A	1　（5）	9	⑥			3	（5）	22	③	
		2　（5）	10	②			4	（5）	23	⑥	
		3　（5）	11	②			5	（5）	24	③	
	B	4　（5）	12	②			小　　　計					
		5　（5）	13	①			合　　　計					
	小　　　計										

（注）

＊1は，④を解答した場合は1点を与える。

＊2は，③を解答した場合は1点を与える。

＊3は，④を解答した場合は2点を与える。

解　説

第1問　小問集合

力学，熱，電磁気，波動について基本的な知識や法則の理解度をみる問題。

問1　1　正解⑤

図1の単振り子の周期は，重力加速度の大きさを g とすると，

$$T = 2\pi\sqrt{\frac{\ell}{g}}$$

である。糸の長さを 2ℓ にした単振り子の周期，

$$2\pi\sqrt{\frac{2\ell}{g}} = \sqrt{2}\,T$$

である。

糸の長さ ℓ，小球の質量 $2m$ の単振り子の周期は T に等しい。単振り子の周期は質量によらないことに注意しよう。

問2　2　正解③　3　正解①

分子について運動量の変化と受けた力積の関係の x 成分を壁 S_x との弾性衝突の前後で考えると，力積の x 成分を I_x として，

$$m(-v_x) - mv_x = I_x$$

である。これより，

$$I_x = -2mv_x$$

となる。壁 S_x が受ける力積は**作用反作用の法則**から I_x と同じ大きさで逆向きの $2mv_x$ となる。

分子が壁 S_x に衝突する周期は分子が $x = 0$ と $x = L$ の間を一往復する時間であるので，$\dfrac{2L}{v_x}$ である。この分子が壁 S_x に与える力の大きさの時間平均値は，

$$\overline{f} = 2mv_x \times \frac{1}{\dfrac{2L}{v_x}} = \frac{mv_x^2}{L}$$

となる。N 個の分子が壁 S_x に与える力の大きさ F は，上の $\overline{f}$ を j ($= 1, 2, 3, \cdots, N$) 番目の分子から受ける力の大きさ $\overline{f_j}$ に，v_x^2 を $v_{j,x}^2$ に変えて，$\overline{f_j}$ を N 個の分子について合計して求めると，

$$F = \sum_{j=1}^{N} \overline{f_j}$$

$$= \sum_{j=1}^{N} \frac{mv_{j,x}^2}{L}$$

$$= \frac{Nm}{L} \times \frac{1}{N}\sum_{j=1}^{N} v_{j,x}^2$$

$$= \frac{Nm}{L} \times \langle v_x^2 \rangle$$

$$= \frac{Nm}{L} \times \frac{1}{3}\langle v^2 \rangle$$

$$= \frac{Nm}{3L} \langle v^2 \rangle$$

となる，よって，壁 S_x の面積は L^2 だから圧力 p は，

$$p = \frac{F}{L^2} = \frac{Nm\,\langle v^2 \rangle}{3L^3}$$

となる。

問3　4　正解②　5　正解④

地面に対して加速度運動する台車から直方体の運動を観測するとき，直方体には慣性力がはたらくように見える。この場合の直方体に加わる力の作図は，慣性力が重力と同様に直方体の重心に作用するとして，図1-1のようになる。ここで，m は直方体の質量，R と N はそれぞれ台車から直方体が受ける静止摩擦力の大きさと垂直抗力の大きさである。

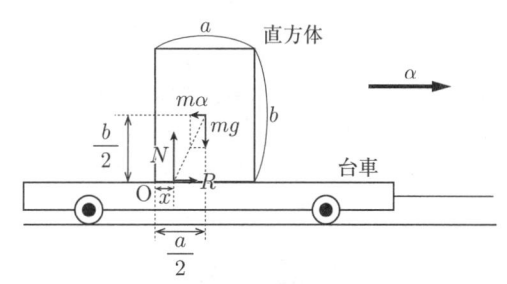

図1-1

直方体の**運動方程式**を記すと，以下のようになる。

$$水平方向右向き正：m\cdot 0 = R - m\alpha \quad \cdots (1-1)$$

$$鉛直方向上向き正：m\cdot 0 = N - mg \quad \cdots (1-2)$$

台車上で直方体が滑らない条件は，

$$R \leq \mu N \quad \cdots (1-3)$$

であるから $(1-1)(1-2)(1-3)$ 式より，

$$\mu \geq \frac{\alpha}{g}$$

となる。

また，直方体が転倒しないとき，力のモーメントのつりあいが成立する。直方体の左隅を点 O とすると，点 O のまわりの力のモーメントのつりあいは反時計回りを正の向きとして，

$$0 = m\alpha \times \frac{b}{2} - mg \times \frac{a}{2} + N \times x + R \times 0 \quad \cdots (1-4)$$

となる。ただし，x は垂直抗力の作用点と点 O の間の距離である。$(1-2)(1-4)$ 式より，

$$x = \frac{a}{2} - \frac{\alpha}{2g}b \qquad \cdots (1-5)$$

となる。台車から直方体が受ける垂直抗力は，直方体と台車の接触面で台車から受ける力の合力だから，垂直抗力の作用点は台車と直方体の接触面内に存在する。すなわち，

$$0 \leqq x \leqq a \qquad \cdots (1-6)$$

である。$(1-5)(1-6)$式より，

$$\frac{b}{a} \leqq \frac{g}{\alpha}$$

となる。これは転倒しない条件であるから転倒するとき，

$$\underline{\frac{b}{a} > \frac{g}{\alpha}}$$

となる。

問4 $\boxed{6}$ **正解③**

磁石のつくる磁場はN極から湧き出してS極に引き込まれる向きである。磁石がコイルを通過する前は，コイルの位置で磁石のつくる下向きに貫く磁場が強くなる。**レンツの法則**から誘導電流がつくる磁場はこれを妨げる向きで，上向きに生じる。したがって誘導電流は上からみて反時計回りの向きである（図1-2）。図4のコイルの線の巻き方をたどることにより，抵抗では上向きに誘導電流が流れることがわかるので，端子aは端子bより低電位である。したがって$V < 0$である。

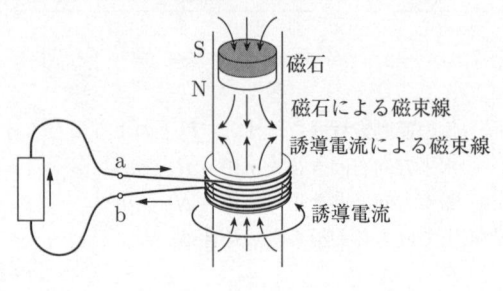

図1-2

また，磁石がコイルを通過した後は，コイルの位置で磁石のつくる下向きに貫く磁場が弱くなる。レンツの法則から誘導電流がつくる磁場はこれを妨げる向きで，下向きに生じる。したがって誘導電流は上からみて時計回りである（図1-3）。抵抗では下向きに誘導電流が流れるので，端子aは端子bより高電位である。したがって$V > 0$である。正解は③である。

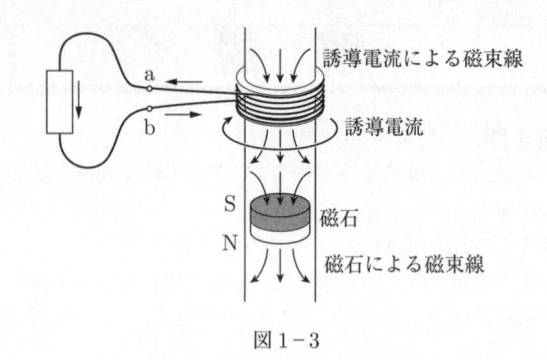

図1-3

【参考】

磁石の落下は重力により次第に速さを増していく現象である。したがって，磁石がコイルを通過する前と通過した後では通過した後の方が速くなっていて，コイルを貫く磁束の時間変化率も大きくなっている。したがって$|V|$の極大値も通過後の方が通過前より大きくなっているのである。

となる。

問5 $\boxed{7}$ **正解③** $\boxed{8}$ **正解③**

開管Aと閉管Bの長さをLとする。

開管A内の気柱が音源Sに共鳴して固有振動をするとき，管の両端を腹とする定在波（定常波）が生じる。図1-4(a)は開管A内の気柱の基本振動（節は1個）の様子を示している。この基本振動数はf_0に等しい。図1-4(b), (c)は，開管A内の気柱が固有振動をしているときの様子を示している。それぞれの節の数は2個，3個であり，波長は基本振動の$\frac{1}{2}$倍，$\frac{1}{3}$倍である。よって，固有振動数は，順に$2f_0$, $3f_0$となる。

閉管B内の気柱が音源Sに共鳴して固有振動をするとき，管の開口端を腹，閉口端を節とする定在波が生じる。図1-5(a)は，閉管B内の気柱の基本振動（節は1個）の様子を示している。この定在波の波長は図1-4(a)の2倍であるから，振動数は$\frac{1}{2}f_0$である。図1-5(b), (c)は，閉管B内の気柱が固有振動をしているときの様子を示している。それぞれの節の数は2個，3個であり，波長は基本振動の$\frac{1}{3}$倍，$\frac{1}{5}$倍である。よって，固有振動数は，順に$\frac{3}{2}f_0$, $\frac{5}{2}f_0$となる。

音源Sの振動数を0 Hzから$3f_0$に大きくするとき，開管Aと閉管Bはともに$\underline{3}$回共鳴する。

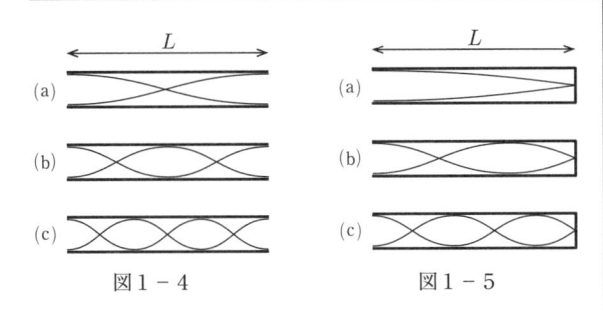

図 1 － 4　　　　　図 1 － 5

第 2 問　力学

　A 輪ゴムをとりつけた五円硬貨の水平投射に関する探究活動，**B** ばねに連結した 2 物体の運動について，力学の基本的な知識や法則の理解度をみる問題。

問 1　 9 　正解 ⑥

　水平投射された後の五円硬貨がうける力は空気抵抗を無視すると重力のみである。重力は鉛直下方に大きさ mg である。したがって水平投射された五円硬貨の鉛直方向の運動は自由落下と同じであるから，

$$h = \frac{1}{2}gt^2 \qquad \cdots (2-1)$$

である。また水平方向の運動は等速度運動であるから，変位の大きさは $v_0 t$ である。式(2-1)により，$t = \sqrt{\dfrac{2h}{g}}$ であり，

$$L = v_0 t = v_0\sqrt{\frac{2h}{g}}$$

となる。

問 2　 10 　正解 ②

　輪ゴムの長さが 8.0 cm のとき，表 1 からおもりの個数は 12 個であることがわかる。12 個のおもりが入った袋の力のつりあいから，

$$\begin{aligned} f &= (12 \times 7.0\,\text{g} + 5.0\,\text{g}) \times 9.8\,\text{m/s}^2 \\ &= 89\,\text{g} \times 9.8\,\text{m/s}^2 \\ &= 89 \times 10^{-3}\,\text{kg} \times 9.8\,\text{m/s}^2 \\ &= 872.2 \times 10^{-3}\,\text{N} \\ &\fallingdotseq 8.7 \times 10^{-1}\,\text{N} \end{aligned}$$

となる。

問 3　 11 　正解 ②

　仕事は図 3 (a) 内の塗りつぶした面積 S_1 の値に等しい。

　式(1)により板から飛び出した五円硬貨の運動エネルギーは，

$$\frac{1}{2}mv_0{}^2 = \frac{mgL^2}{4h}$$

であり，L^2 に比例する。また，式(2)により，この運動エネルギーは W に等しく，$L = 48$ cm に対して，

$$W = \frac{mgL^2}{4h} = \frac{mg}{4h} \times (0.48\,\text{m})^2 \qquad \cdots (2-2)$$

が成り立つ。

　摩擦の影響を考える。板から五円硬貨にはたらく摩擦力がした仕事を W_R とする。この場合，板から飛び出した五円硬貨の運動エネルギーは，された仕事の合計 $W + W_\text{R}$ に等しい。このとき，式(2-2)と同様に実験値 $L = 36$ cm に対しても，運動エネルギーと L^2 が比例し，

$$W + W_\text{R} = \frac{mg}{4h} \times (0.36\,\text{m})^2 \qquad \cdots (2-3)$$

が成り立つ。式(2-3)を式(2-2)で割ると，

$$\frac{W + W_\text{R}}{W} = \left(\frac{0.36\,\text{m}}{0.48\,\text{m}}\right)^2 = \frac{9}{16}$$

となる。これより，

$$W + W_\text{R} = \frac{9}{16}W$$

$$\therefore\quad W_\text{R} = -\frac{7}{16}W$$

となる。

B

問4 ☐12☐ 正解②

物体 A について，**力学的エネルギー保存則**により，

$$0 + \frac{1}{2}kd^2 = \frac{1}{2}mv_0{}^2 + 0$$

$$\therefore\quad d = v_0\sqrt{\frac{m}{k}}$$

となる（図2－1）。

ばねが自然長に戻るとき，力学的エネルギー保存則
より A の速度の大きさは v_0 であり，その向きは図の右
向きである（図2－1）。A に速度を与えてからばねが
自然長に戻るまでの時間はばね振り子の単振動の周期
$2\pi\sqrt{\dfrac{m}{k}}$ の $\dfrac{1}{2}$ 倍であるから，$T = \pi\sqrt{\dfrac{m}{k}}$ となる。

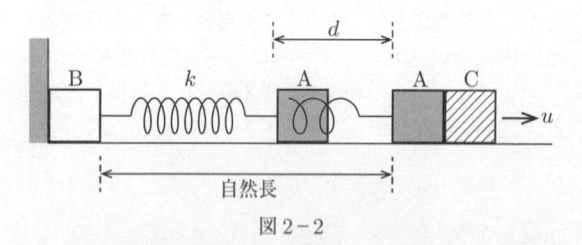

図2－1

問5 ☐13☐ 正解①

A と C が衝突する直前の A の速度の向きは図の右向き
きであり，力学的エネルギー保存則によりその大きさは
v_0 に等しい。衝突直後の A と C の速度を u（図の右向き
きを正）とする（図2－2）。**運動量保存則**により，

$$2mu = mv_0 + 0$$

$$\therefore\quad u = \frac{1}{2}v_0$$

となる。

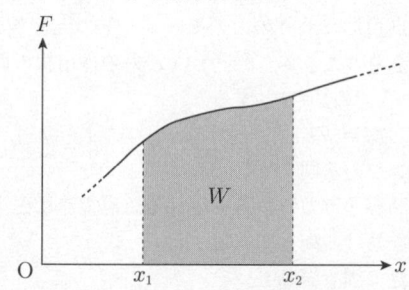

図2－2

B が壁から離れた後，A，B，C の全運動量は保存す
るから，A，B，C の重心の速度（＝全運動量／全質量）
は一定である。重心の速度 v_G（図の右向きを正）は，

$$v_G = \frac{0 + 2mu}{m + 2m} = \frac{2}{3}u = \frac{1}{3}v_0$$

となる。

〔補足〕　A と C の衝突前後における運動エネルギー

の

和の減少分は，

$$\frac{1}{2}mv_0{}^2 - \frac{1}{2}\times 2mu^2 = \frac{1}{4}mv_0{}^2$$

となる。

━ ポイント ━

・運動エネルギーと仕事の関係

質量 m の物体が仕事 W を受けて，速さが v_1 か
ら v_2 に変化するとき，

$$\frac{1}{2}mv_2{}^2 - \frac{1}{2}mv_1{}^2 = W$$

・仕事

一直線上を物体が一定の力（大きさ F）を受けて
その力の向きに距離 x だけ移動する場合には仕事
は，

$$W = Fx$$

である。力が一定でない場合には力 F と物体の位
置 x の関係を表すグラフが x 軸との間につくる面
積となる。例えば，位置 x_1 から x_2 に移動するとき
の仕事 W は図に示す面積になる。

・力学的エネルギー保存則

物体の質量を m，速さを v，ばね定数を k，ばねの
自然長からの変位を x として，弾性力のみが仕事を
するとき，

$$\frac{1}{2}mv^2 + \frac{1}{2}kx^2 = 一定$$

・運動量保存則

2物体の質量を m_1，m_2，速度を $\vec{v_1}$，$\vec{v_2}$ とすると，
2物体に外力が作用しないとき，

$$m_1\vec{v_1} + m_2\vec{v_2} = 一定$$

第3問　**熱力学，波動**

A 熱サイクル，**B** 光の干渉について，熱力学と波動
の現象の理解をみる問題。

A

問1 ☐14☐ 正解②

状態1から状態2の変化は定積変化であるから，気

体がする仕事は 0 である。**熱力学第 1 法則**により，このとき気体が吸収した熱量は気体の内部エネルギーの変化に等しい。よって，

$$Q_1 = \frac{3}{2} nR(T_2 - T_1)$$

となる。

問2 15 正解② 16 正解③

状態 2 から状態 3 の変化は断熱変化であるから，気体が吸収する熱量は 0 である。熱力学第 1 法則により，

$$0 = \frac{3}{2} nR(T_3 - T_2) + W_2$$

$$\therefore \quad W_2 = \frac{3}{2} nR(T_2 - T_3)$$

となる。

1 サイクルの変化では気体の内部エネルギーの変化の合計は 0 になる。熱力学第 1 法則により，1 サイクルで気体がした仕事の合計は，1 サイクルで気体が実際に吸収した熱量と放出した熱量の差に等しい。図 1 の熱サイクルでは，1 サイクルで気体がした仕事の合計 W は，

$$W = Q_1 - Q_2$$

である。熱効率は 1 サイクルで気体が実際に吸収した熱量に対する 1 サイクルで気体がした仕事の合計の割合であるから，

$$e = \frac{W}{Q_1} = 1 - \frac{Q_2}{Q_1}$$

となる。

B

問3 17 正解④

A 層の厚さは 60 nm であり，光 12 の経路差は光が A 層内を往復する距離に等しいから，60 nm × 2 = 120 nm である。これに A 層の屈折率 5 をかけて光路差

は，

$$5 \times 120\,\text{nm} = \underset{\sim\sim\sim}{600\,\text{nm}}$$

となる。

光 13 の光路差は，光 12 の光路差に光が B 層（空気の屈折率は 1）内を往復する光路差 300 nm × 2 = 600 nm を加えて，

$$600\,\text{nm} + 600\,\text{nm} = 1200\,\text{nm}$$

である。光 14 の光路差は，光 13 の光路差に境界面 3 と 4 の間の A 層内を往復する光路差を加えて，

$$1200\,\text{nm} + 600\,\text{nm} = 1800\,\text{nm}$$

である。光 15 の光路差は，光 14 の光路差に境界面 4 と 5 の間の B 層内を往復する光路差を加えて，

$$1800\,\text{nm} + 600\,\text{nm} = 2400\,\text{nm}$$

である。

図 2 において，どの光 jk についても，光路差は 600 nm の整数倍である（図 3 − 1）。

境界面 1 での反射で光の位相は π ずれるから，光 12 が強め合う条件は，整数を $m(m = 0,\ 1,\ 2,\ \cdots)$ として，

$$600\,\text{nm} = \left(m + \frac{1}{2}\right)\lambda = (2m + 1) \times \frac{\lambda}{2}$$

となる。この光路差は $\frac{\lambda}{2}$ の奇数倍に等しい。

【補足】 光 12 が弱め合う条件は，整数を $m(m = 1,\ 2,\ 3,\ \cdots)$ として，

$$600\,\text{nm} = m\lambda = 2m \times \frac{\lambda}{2}$$

となる。この光路差は $\frac{\lambda}{2}$ の偶数倍に等しい。

問4 18 正解⑤

光 12 と光 14 では，光の位相が π ずれる反射が 1 回あるので，

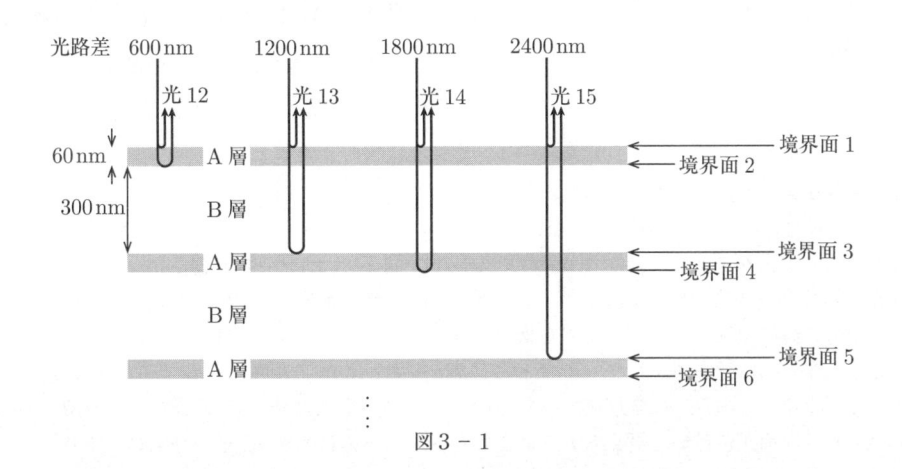

図3 − 1

光が強め合うとき，光路差 $= \dfrac{\lambda}{2} \times$ 奇数

光が弱め合うとき，光路差 $= \dfrac{\lambda}{2} \times$ 偶数

である。

光13と光15では，光の位相が π ずれる反射が2回あるので，

光が強め合うとき，光路差 $= \dfrac{\lambda}{2} \times$ 偶数

光が弱め合うとき，光路差 $= \dfrac{\lambda}{2} \times$ 奇数

である。

$\lambda = 600\,\mathrm{nm}$ の光に対して，$\dfrac{\lambda}{2} = 300\,\mathrm{nm}$ である。この光について干渉条件を計算して確かめると，

　　光12：光路差 $600\,\mathrm{nm} = 300\,\mathrm{nm} \times 2$（偶数）より，
　　　　　弱め合う
　　光13：光路差 $1200\,\mathrm{nm} = 300\,\mathrm{nm} \times 4$（偶数）より，
　　　　　強め合う
　　光14：光路差 $1800\,\mathrm{nm} = 300\,\mathrm{nm} \times 6$（偶数）より，
　　　　　弱め合う
　　光15：光路差 $2400\,\mathrm{nm} = 300\,\mathrm{nm} \times 8$（偶数）より，
　　　　　強め合う

となる。よって，光13と光15について強め合う。

【補足】 $\lambda = 400\,\mathrm{nm}$ の光に対して，$\dfrac{\lambda}{2} = 200\,\mathrm{nm}$ である。

　　光12：光路差 $600\,\mathrm{nm} = 200\,\mathrm{nm} \times 3$（奇数）より，
　　　　　強め合う
　　光13：光路差 $1200\,\mathrm{nm} = 200\,\mathrm{nm} \times 6$（偶数）より，
　　　　　強め合う
　　光14：光路差 $1800\,\mathrm{nm} = 200\,\mathrm{nm} \times 9$（奇数）より，
　　　　　強め合う
　　光15：光路差 $2400\,\mathrm{nm} = 200\,\mathrm{nm} \times 12$（偶数）より，強め合う

となる。

【補足】 多層膜構造の意味を考えよう。単層膜であっても，光路差が条件を満たせば特定の波長の光が強められる。ただし，層に入射した光は，反射率が1でない場合，反射する光と屈折して透過する光に分かれる。図2の多層膜で反射光が強め合う波長 $400\,\mathrm{nm}$ の光は，層を通過した光でも，その下の層で反射して戻ってくる機会が何度もあるため，結果としてそのエネルギーのほとんどが反射されることになる。このように多層膜では特定の波長の光が強められ，表面が色付いて見える。このような光の色を構造色という。

┌─ **ポイント** ─────────

・**熱力学第1法則**

気体が吸収した熱量を Q，気体の内部エネルギーの変化を ΔU，気体がした仕事を W として，
$$Q = \Delta U + W$$

・**熱サイクル**

熱機関が1サイクルで吸収した熱量を Q_+，放出した熱量を Q_- として，

正味外へした仕事　$W = Q_+ - Q_-$

熱効率　$e = \dfrac{W}{Q_+}$

・**光の干渉**

光路差は光学距離（媒質の屈折率×距離）の差である。

2つの光の経路の途中に反射がない，または，位相が π ずれる反射が合計偶数回ある場合，
　・強め合うとき，光路差 = 波長×整数 = 半波長×偶数
　・弱め合うとき，光路差 = 波長×（整数 + 1/2）= 半波長×奇数

2つの光の経路の途中に位相が π ずれる反射が合計奇数回ある場合，
　・強め合うとき，光路差 = 波長×（整数 + 1/2）= 半波長×奇数
　・弱め合うとき，光路差 = 波長×整数 = 半波長×偶数

────────────────────

第4問　原子

光電効果，コンプトン効果について，原子物理の理解をみる問題。

問1　| 19 |　正解②　| 20 |　正解③

光子仮説により，光子の運動量は，$p = \dfrac{h}{\lambda}$，エネルギーは，$E = h\nu$ である。

$\nu = \dfrac{c}{\lambda}$ であるから，$E = h\dfrac{c}{\lambda}$ のように表すこともできる。

問2　| 21 |　正解③

電子が吸収した光子のエネルギー $h\nu$ から，金属イオンの束縛から逃れて金属の外へ飛び出すために必要な最小のエネルギー，つまり仕事関数 W を差し引いたものが金属陰極Kから飛び出す光電子のもつ運動エネルギーの最大値 $K_{\max}$ に等しい。よって，

$$K_{\max} = h\nu - W$$

光速を c として，$\nu = \dfrac{c}{\lambda}$ であるから，

$$K_{\max} = h\dfrac{c}{\lambda} - W$$

となる。

図2の阻止電圧を V_0 とする。K に対する陽極 P の電位 V が $V = -V_0$ のとき，K から最大の運動エネルギーをもって飛び出す光電子でさえ P に到達することができなくなる。光電子が K から P へ運動するとき，KP 間の電場からされる仕事は，$-eV_0$ である。これが光電子の運動エネルギーの変化分に等しいから，運動エネルギーの最大値 $K_{\max}$ は，

$$0 - K_{\max} = -eV_0$$
$$\therefore \quad K_{\max} = eV_0$$

となる。よって，

$$eV_0 = h\dfrac{c}{\lambda} - W$$

波長が短い光に対して，阻止電圧は大きくなる。つまり，電流が0になる電圧はグラフの左へずれる。

波長が短い光ほど，光子1個のエネルギーは大きくなる。光の強度を一定に保って，波長を短くすると，単位時間あたり K に入射する光子の数は減少し，単位時間あたり K から飛び出す光電子の数が減少する。したがって，正の電圧で実験したときの電流は減少することになる。最も適当なグラフは③である。

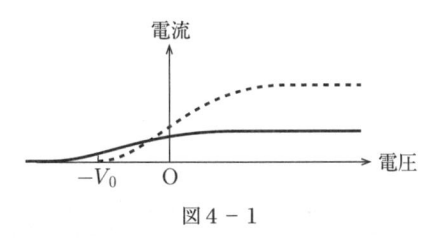

図4-1

問3 　22 　正解③

限界振動数で実験するとき，$K_{\max} = 0$ である。限界振動数に対する光の波長を λ_0 として，

$$0 = h\dfrac{c}{\lambda_0} - W$$

$$\therefore \quad W = h\dfrac{c}{\lambda_0}$$

である。

ナトリウム金属に対して，

$$2.4\,\mathrm{eV} = h\dfrac{c}{5.3 \times 10^{-7}\mathrm{m}}$$

である。亜鉛の仕事関数を $W(\mathrm{Zn})$ とする。亜鉛に対して，

$$W(\mathrm{Zn}) = h\dfrac{c}{3.0 \times 10^{-7}\mathrm{m}}$$

である。

これら2式から，

$$W(\mathrm{Zn}) = \dfrac{5.3 \times 10^{-7}\mathrm{m}}{3.0 \times 10^{-7}\mathrm{m}} \times 2.4\,\mathrm{eV} \fallingdotseq 4.2\,\mathrm{eV}$$

となる。

〔補足〕限界振動数を ν_0 として，$W = h\nu_0$ であるから，

$$K_{\max} = h\nu - W = h(\nu - \nu_0)$$

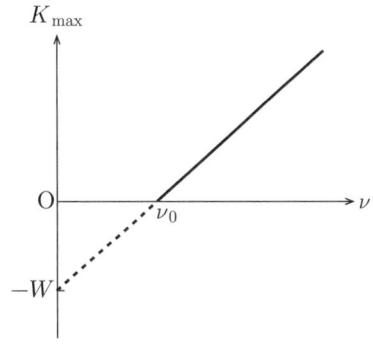

図4-2

問4 　23 　正解⑥

X線は波長が 10^{-10} m 程度の電磁波である。散乱によって波長が長くなった X 線の振動数は減少するから，その光子のエネルギーは減少する。また，運動量の大きさも減少する。正しい記述は⑥である。

問5 　24 　正解③

入射 X 線の運動量の大きさは $\dfrac{h}{\lambda_0}$ であり，散乱 X 線の運動量の大きさは，$\dfrac{h}{\lambda_0 + \Delta\lambda}$ である。X 線の散乱角が $180°$ のとき，電子は前方に弾き飛ばされる。X 線が入射してきた方向を正の向きとして，**運動量保存則**により，

$$P_e - \dfrac{h}{\lambda_0 + \Delta\lambda} = \dfrac{h}{\lambda_0}$$

$$P_e = \dfrac{h}{\lambda_0} + \dfrac{h}{\lambda_0 + \Delta\lambda}$$

となる。$\Delta\lambda = \dfrac{\lambda_0}{10}$ のとき，

$$P_e = \dfrac{21}{11} \times \dfrac{h}{\lambda_0}$$

となり，散乱された電子の運動量の大きさ P_e は入射 X 線の運動量の大きさ $\dfrac{h}{\lambda_0}$ の $\dfrac{21}{11}$ 倍になる。

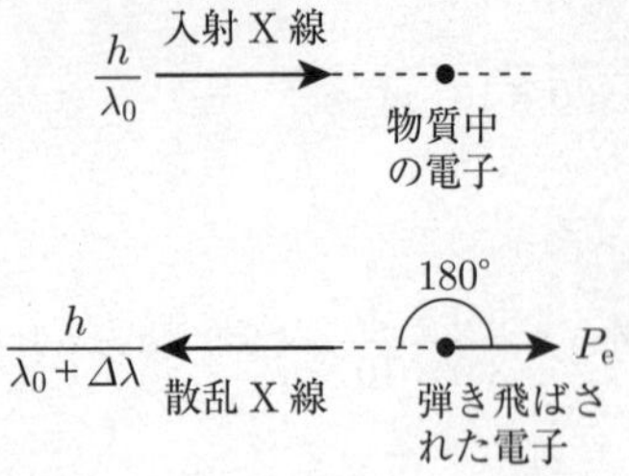

図 4 − 3

ポイント

・光子

波長 λ, 振動数 ν の光の光子の運動量 p は

$$p = \frac{h}{\lambda}$$

光速を c として, 光子のエネルギー ε は

$$\varepsilon = h\nu = h\frac{c}{\lambda} = pc$$

第2回

実 戦 問 題

解答・解説

（解答・配点）

問題番号（配点）	設問（配点）		解答番号	正解	自己採点欄
第1問 (25)	1	（2）	1	③	
		（3）	2	③	
	2	（2）	3	②	
		（3）	4	①	
	3	（2）	5	②	
		（3）	6	⑤	
	4	（5）	7	③	
	5	（5）	8	②	
小　計					
第2問 (25)	A	1 （2）	9	①	
		1 （3）*1	10	⑧	
		2 （2）	11	④	
		2 （3）	12	②	
		3 （5）	13	③	
	B	4 （5）	14	④	
		5 （5）*2	15	③	
			16	⓪	
			17	①	
小　計					

問題番号（配点）	設問（配点）		解答番号	正解	自己採点欄
第3問 (25)	1	（2）	18	②	
		（3）	19	②	
	2	（5）	20	⑤	
	3	（5）	21	④	
	4	（5）	22	③	
	5	（2）	23	①	
		（3）	24	②	
小　計					
第4問 (25)	A	1 （5）	25	③	
		2 （5）	26	②	
		3 （5）	27	②	
		4 （5）	28	④	
	B	5 （3）	29	②	
		5 （2）	30	①	
小　計					
合　計					

（注）
1　＊1は，②，⑤のいずれかを解答した場合は1点を与える。
2　＊2は，全部正解の場合のみ点を与える。

解 説

第1問　小問集合
力学と電磁気について，公式と法則の理解をみる問題。

問1 ┌─1─┐ 正解 ③ ┌─2─┐ 正解 ③

運動方程式は，（質量）×（加速度）=（力）であるから，大きさ $1\,\mathrm{N}$（ニュートン）の力は，

$$1\,\mathrm{N} = 1\,\mathrm{kg} \times 1\,\mathrm{m/s^2} = 1\,\mathrm{kg \cdot m/s^2}$$

である。力の単位を，基本単位を用いて表すと，国際単位系(SI)では，$[\mathrm{N}] = [\mathrm{kg \cdot m/s^2}]$ である。

cgs単位系で力の単位は $[\mathrm{dyn}]$ であり，大きさ $1\,\mathrm{dyn}$（ダイン）の力は，

$$1\,\mathrm{dyn} = 1\,\mathrm{g} \times 1\,\mathrm{cm/s^2} = 1\,\mathrm{g \cdot cm/s^2}$$

である。

$1\,\mathrm{kg} = 1000\,\mathrm{g}$，$1\,\mathrm{m} = 100\,\mathrm{cm}$ であるから，

$$1\,\mathrm{N} = 1000\,\mathrm{g} \times 100\,\mathrm{cm/s^2} = \underline{10^5}\,\mathrm{dyn}$$

となる。

問2 ┌─3─┐ 正解 ② ┌─4─┐ 正解 ①

半径 r の円の円周は $2\pi r$ である。等速円運動の周期が T のとき，円運動の速さ v は，

$$v = \frac{2\pi r}{T}$$

である。中心方向の加速度の大きさは，

$$\frac{v^2}{r} = \frac{4\pi^2 r}{T^2}$$

である。半径は一定のまま周期を2倍にすると，加速度の大きさは $\dfrac{1}{4}$ 倍になる。

問3 ┌─5─┐ 正解 ② ┌─6─┐ 正解 ⑤

物体が水平面から受ける垂直抗力の大きさを N とする。物体が動き出す直前では物体に最大摩擦力（大きさ $\mu_0 N$）がはたらく（図1-1）。このときの力のつりあいにより，

$$\begin{cases} 0 = N - mg \\ 0 = \mu_0 N - kd \end{cases}$$

$$\therefore\quad N = mg,\ d = \frac{\mu_0 N}{k} = \underline{\frac{\mu_0 mg}{k}}$$

となる。

物体が動いた後，物体にはたらく動摩擦力の大きさは，

$$\mu N = \mu mg$$

である（図1-2）。ゴムひもの自然の長さからの伸びを x，物体の加速度を a（ゴムひもが伸びる方向を正）とすると，物体の運動方程式は，

$$ma = \mu mg - kx$$

$$= -k\left(x - \frac{\mu mg}{k}\right)$$

である。物体が静止するまでにゴムひもがたるまないとすると，動き出してから静止するまでの運動は単振動である。よって，最も適当なグラフは ⑤ である。

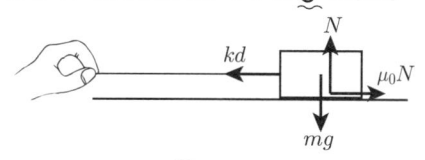

図1-1

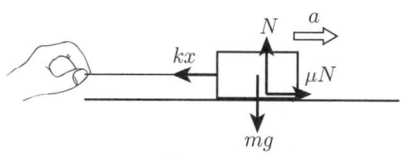

図1-2

〔補足〕　物体が静止するまでの運動は，中心が $x = \dfrac{\mu mg}{k}$，角振動数 ω が，$\omega = \sqrt{\dfrac{k}{m}}$ の単振動と同じである。よって，静止するまでの時間 T_0 は，単振動の周期 $T = \dfrac{2\pi}{\omega}$ の $\dfrac{1}{2}$ 倍に等しいので，

$$T_0 = \frac{1}{2}T = \frac{\pi}{\omega} = \pi\sqrt{\frac{m}{k}}$$

となる。物体が静止するまでの速さ v は，動き出してからの時間 t の正弦関数で表すことができる（図1-3）。

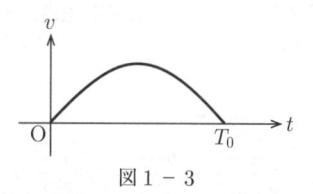

図1-3

問4 ┌─7─┐ 正解 ③

負に帯電させた塩化ビニル棒をアルミ箔を丸めた物体に近づけると，静電誘導により，物体の棒に近い側の面に正の電荷が分布し，遠い側の面に負の電荷が分布する。棒の負の電荷と物体の正の電荷の間にはたらく静電気力は引力であるが，棒の負の電荷と物体の負の電荷の間にはたらく静電気力は斥力である。前者の静電気力の方が大きいため，物体が棒から受ける静電気力の合力は引力になる（図1-4）。

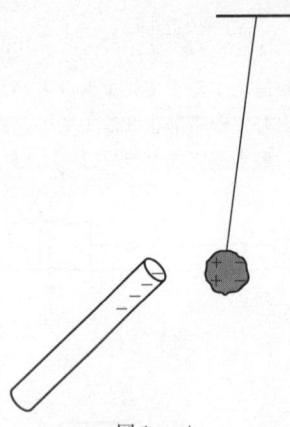

図 1 − 4

問 5 　8　正解 ②

ニクロム線 a と b は直列に接続されているので、流れる電流は共通である。また、電源の電圧は 5.0 V であるから、b の両端の電圧は、

$$5.0\,\text{V} - 3.0\,\text{V} = 2.0\,\text{V}$$

となる。

a と b の抵抗率を ρ、b の長さを L、a と b の電気抵抗を、順に R_a、R_b とすると、

$$R_\text{a} = \rho \times \frac{30\,\text{cm}}{2.0\,\text{mm}^2}$$

$$R_\text{b} = \rho \times \frac{L}{1.0\,\text{mm}^2}$$

である。a と b に流れる電流の大きさを I とすると、オームの法則により、a と b の両端の電圧は、それぞれ、

$$R_\text{a}I = 3.0\,\text{V} \qquad \cdots ①$$
$$R_\text{b}I = 2.0\,\text{V} \qquad \cdots ②$$

である。式①を式②で割って、

$$\frac{R_\text{a}}{R_\text{b}} = \frac{1.0\,\text{mm}^2}{2.0\,\text{mm}^2} \times \frac{30\,\text{cm}}{L} = \frac{3.0\,\text{V}}{2.0\,\text{V}}$$

$$\therefore \quad L = \underline{10}\ \text{cm}$$

となる。

ポイント

・運動方程式

質量 m の物体に力 $\vec{F}$ が作用するとき、生じる加速度を $\vec{a}$ として、

$$m\vec{a} = \vec{F}$$

・円運動

半径を r、角速度の大きさを ω として、

速さ　$v = r\omega$

中心方向の加速度の大きさ　$\dfrac{v^2}{r} = r\omega^2$

・単振動

物体の位置を x、角振動数を ω、振動中心を x_c として、

単振動の加速度　$a = -\omega^2(x - x_\text{c})$

周期　$T = \dfrac{2\pi}{\omega}$

単振動の振幅を A、初期位相を θ_0 として、

$$x = x_\text{c} + A\sin(\omega t + \theta_0)$$
$$v = A\omega\cos(\omega t + \theta_0)$$

・電気抵抗

抵抗率 ρ の断面積 S、長さ l の抵抗の電気抵抗 R は、

$$R = \rho\frac{l}{S}$$

・オームの法則

電気抵抗 R の抵抗にかかる電圧を V、流れる電流の大きさを I として、

$$V = RI$$

第 2 問　力学

ヨットとテニスボールの運動について、力学の法則の理解と運用力をみる問題。

A

問 1　9　正解 ①　10　正解 ⑧

ヨット A と B が氷上を運動するとき、それぞれの加速度の大きさを、順に a、b とする。運動方程式により、

$$A : ma = F,\quad a = \frac{F}{m}$$

$$B : 2mb = F,\quad b = \frac{F}{2m}$$

である。$a > b$ であるから、質量が小さい方が加速度の大きさが大きい。つまり、単位時間あたりの速度の変化の大きさが大きい。

A と B が動き始めてから終着点に着くまでに要する時間を、順に t_A、t_B とする。等加速度運動の公式により、

$$l = \frac{1}{2}at_\text{A}^2,\quad t_\text{A} = \sqrt{\frac{2l}{a}}$$

$$l = \frac{1}{2}bt_\text{B}^2,\quad t_\text{B} = \sqrt{\frac{2l}{b}}$$

である。$a > b$、$t_\text{A} < t_\text{B}$ より、A の方が先に着く。

動き始めたときの A と B の運動エネルギー、運動量の大きさはともに 0 である。運動エネルギーはされた仕事だけ変化する。A と B の運動で、された仕事は Fl で等しいので、終着点を通過するときの運動エネルギーはどちらも同じである。

また，運動量は受けた力積だけ変化する。AとBが受けた力積の大きさは，それぞれ Ft_A，Ft_B であり，$Ft_A < Ft_B$ である。よって，終着点での運動量の大きさはBの方が大きい。

問2 　11 　正解④ 　　12 　正解②

Aが氷面から受ける垂直抗力の大きさ N は，$N = mg$ であるから，その動摩擦力の大きさは，

$$\mu N = \mu mg$$

である（図2-1）。Aが終着点を通過してから静止するまでの運動で，動摩擦力がAにした仕事は，

$$\mu NL \cos 180° = -\mu mgL$$

である。運動エネルギーの変化とされた仕事の関係により，

$$0 - \frac{1}{2}mv^2 = -\mu mgL$$

$$\therefore \quad L = \frac{v^2}{2\mu g}$$

となる。

Aが終着点を通過してから静止するまでの運動で，動摩擦力からAが受けた力積（進行方向を正）は，$-\mu mgT$ である。運動量の変化と受けた力積の関係により，

$$0 - mv = -\mu mgT$$

$$\therefore \quad T = \frac{v}{\mu g}$$

となる。

【別解】 Aの加速度を α（進行方向を正）として，運動方程式により，

$$m\alpha = -\mu mg$$

$$\alpha = -\mu g$$

である。等加速度運動の公式により，

$$0 - v^2 = 2\alpha L$$

$$0 = v + \alpha T$$

$$\therefore \quad L = -\frac{v^2}{2\alpha} = \frac{v^2}{2\mu g}$$

$$\therefore \quad T = -\frac{v}{\alpha} = \frac{v}{\mu g}$$

となる。

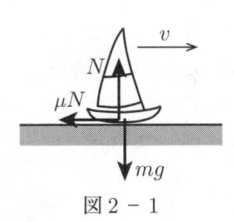

図2-1

B

問3 　13 　正解③

はね返ったテニスボールの速さは v である。テニスボールがラケットから受けた力の大きさの時間平均値を f とすると，図2の右向きを正の向きとして，運動量の変化と受けた力積の関係により，

$$(-mv) - mv = -f\Delta t$$

$$\therefore \quad f = \frac{2mv}{\Delta t}$$

となる。

問4 　14 　正解④

図3の右向きを速度の正の向きとする。はねかえり係数が1であるから，

$$1 = -\frac{-v' - (-u)}{v - (-u)}$$

$$\therefore \quad v' = v + 2u$$

となる（図2-2）。

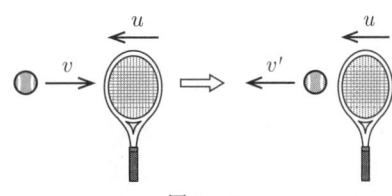

図2-2

問5 　15 　正解③ 　　16 　正解⓪
　17 　正解①

ラケットがテニスボールにした仕事を W とする。W はテニスボールの運動エネルギーの変化に等しいので，

$$W = \frac{1}{2}mv'^2 - \frac{1}{2}mv^2$$

$$= \frac{1}{2}m(v + 2u)^2 - \frac{1}{2}mv^2$$

$$= 2mu(v + u)$$

$$= 2 \times 50 \times 10^{-3}\,\mathrm{kg} \times 10\,\mathrm{m/s} \times 30\,\mathrm{m/s}$$

$$= 3.0 \times 10^1\,\mathrm{J}$$

となる。

┌─ **ポイント** ─────────────

・等加速度運動

一定の加速度を a，時刻 $t = 0$ における速度を v_0 として，

速度 　$v = v_0 + at$

変位 　$s = v_0 t + \frac{1}{2}at^2$

$v^2 - v_0^2 = 2as$

・仕事と運動エネルギー

物体に作用する一定の力の大きさを F, 物体の移動距離を s, 移動方向と力の向きのなす角を θ として, 物体がされた仕事 W は,

$$W = Fs\cos\theta$$

質量 m の物体の速さが v_0 から v_1 へ変化したとすると, 運動エネルギーの変化は,

$$\frac{1}{2}mv_1{}^2 - \frac{1}{2}mv_0{}^2 = W$$

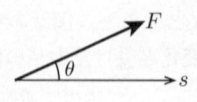

・力積と運動量

物体に作用する一定の力を $\vec{F}$, 力の作用時間を Δt として, 物体が受けた力積 $\vec{I}$ は,

$$\vec{I} = \vec{F}\Delta t$$

質量 m の物体の速度が時間 Δt の間に $\vec{v_0}$ から $\vec{v_1}$ へ変化したとすると,

$$m\vec{v_1} - m\vec{v_0} = \vec{I}$$

・はねかえり係数(反発係数)

一直線上で物体1と物体2の衝突前の速度を v_1, v_2, 衝突後の速度を $v_1{}'$, $v_2{}'$ とすると, はねかえり係数(反発係数) e は,

$$e = \frac{|v_1{}' - v_2{}'|}{|v_1 - v_2|} = -\frac{v_1{}' - v_2{}'}{v_1 - v_2}$$

第3問　熱力学

水圧, 浮力, 気体の状態変化について, 静水圧の性質と気体の法則の理解をみる問題。

問1　18　正解②　19　正解②

図3-1のように, 水柱の上面に大気からはたらく力の大きさは, p_0S, 下面に水からはたらく力の大きさは, pS である。水柱(質量は $\rho \times Sh$)にはたらく重力の大きさは, ρShg であるから, 水柱にはたらく力のつりあいは, 上向きを正として,

$$pS - p_0S - \rho Shg = 0$$

となる。これにより水中の圧力は,

$$p = p_0 + \rho hg$$

となる。水中の圧力 p は大気圧 p_0 と水圧 ρhg の和に等しい。

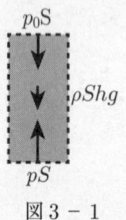

図3-1

問2　20　正解⑤

立方体の上面の水面から測った深さを d, ここでの水中の圧力を $p_上$ とすると,

$$p_上 = p_0 + \rho dg$$

である。立方体の上面(面積 L^2)に水からはたらく力の大きさを F_1 とすると,

$$F_1 = p_上 L^2$$

である。この力の向きは鉛直下向きである(図3-2)。

立方体の下面の水面から測った深さは $d + L$ であり, ここでの水中の圧力を $p_下$ とすると,

$$p_下 = p_0 + \rho(d + L)g$$

である。立方体の下面(面積 L^2)に水からはたらく力の大きさを F_2 とすると,

$$F_2 = p_下 L^2$$

である。この力の向きは鉛直上向きである(図3-2)。立方体にはたらく浮力の大きさは, $F_2 - F_1$ に等しいので,

$$F_2 - F_1 = (p_下 - p_上)L^2 = \rho L^3 g$$

となる。浮力の大きさは, 立方体が排除した水の重さに等しい。これをアルキメデスの原理という。

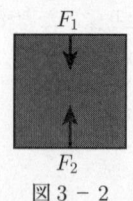

図3-2

問3　21　正解④

図3から, 気体の温度が一定のとき, 気体の圧力は体積に反比例する。これはボイルの法則を表している。

図4から, 気体の圧力が一定のとき, 気体の体積は温度(絶対温度)に比例する。これはシャルルの法則を表している。これらの結果から一定量の気体について, 気体の圧力 P, 体積 V, 温度 T について,

$$\frac{PV}{T} = 一定$$

が成り立つ。これはボイル・シャルルの法則を表している。この法則に正確に従う気体を理想気体という。

問4　22　正解③

シリンダー内部の気体の圧力を p_1 とする。シリンダーにはたらく力のつりあいにより(図3-3),

$$p_1A - p_0A - mg = 0$$

$$\therefore \quad p_1 = p_0 + \frac{mg}{A}$$

となる。

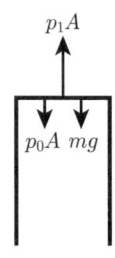

図 3 - 3

問5 23 正解① 24 正解②

シリンダー内部の気体の温度をゆっくり T_1 まで下げるとき、シリンダーはゆっくり動くので、シリンダーにはたらく力は常につりあっているとみなすことができる。したがって、気体の圧力は p_1 で一定である。気体の温度が T_1 のときの気体の体積を V_1 とすると、シャルルの法則により、

$$\frac{V_1}{T_1} = \frac{V_0}{T_0}$$

$$\therefore \quad V_1 = \frac{T_1}{T_0} V_0$$

となる。

気体の温度が T_0 のとき、容器内の水面から深さが l の位置での水中の圧力を p_2 とすると、

$$p_2 = p_0 + \rho l g$$

である。連続した水中の同じ高さの水平面での圧力は一様であるから、シリンダー内の水面の位置での水中の圧力は p_2 に等しい。この水面にシリンダー内部の気体からはたらく力と水中の圧力による力がつりあうことから、

$$p_2 = p_1$$

が成り立つ。

気体の圧力が一定であるとき、シリンダー内の水面の位置での水中の圧力も一定となり、この位置の容器内の水面からの深さは一定となる。よって、気体の温度が T_1 のとき、容器内の水面とシリンダー内の水面の高さの差は l に等しい。

┌ ポイント ┐

・ボイル・シャルルの法則

一定量の気体の圧力を p、体積を V、絶対温度を T とすると、

$$\frac{pV}{T} = \text{一定}$$

温度が一定のとき、$pV = \text{一定}$（ボイルの法則）

圧力が一定のとき、$\dfrac{V}{T} = \text{一定}$（シャルルの法則）

┌ ・アルキメデスの原理 ┐

液体中の物体にはたらく浮力は鉛直上向きであり、その大きさ F は物体が排除した液体の重さに等しい。液体の密度を ρ、物体の体積を V、重力加速度の大きさを g として、

$$F = \rho V g$$

第4問　波動

A 正弦波の反射、**B** 水面波の実験について、波動の現象の理解をみる問題。

A

問1 25 正解③

図1の位置 $x = 0$ から $x = \dfrac{\lambda}{2}$ の範囲の波は山であるから、点Pの媒質の時刻 $t = 0$ から $t = \dfrac{T}{2}$ までの振動は山の振動に対応する。また、図1の $x = \dfrac{\lambda}{2}$ から $x = \lambda$ の範囲の波は谷であるから、点Pの媒質の時刻 $t = \dfrac{T}{2}$ から $t = T$ までの振動は谷の振動に対応する。よって、点Pの媒質の変位 y_P と時刻 t の関係を表すグラフとして最も適当なものは③である（図4 - 1）。

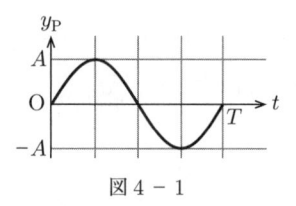

図 4 - 1

問2 26 正解②

点Pから発生した波の先頭が時間 T の間に進む距離は λ であるから、この波の伝わる速さ c は、

$$c = \frac{\lambda}{T}$$

である。時刻 $t = 0$ に点P$(x = L)$ で発生した波の先頭は時刻 $t = t_0$ に原点O$(x = 0)$ に到達したことから、

$$L = c t_0 = \frac{\lambda}{T} t_0$$

となる。

問3 27 正解②

時刻 $t = t_0$ から $t = t_0 + \dfrac{T}{2}$ までに波が進む距離は、

$$c \times \frac{T}{2} = \frac{\lambda}{2}$$

である。もし固定端がないものとすると，$t = t_0 + \dfrac{T}{2}$ には入射波の先頭は $x = -\dfrac{\lambda}{2}$ に達する。図4－2(a)に固定端がないものとして入射波を示す。固定端反射では波の変位は逆になるので，図4－2(a)の山を谷に変え，その谷を図4－2(b)のように固定端に関して対称に折り返すと反射波が得られる。図4－2(b)に $t = t_0 + \dfrac{T}{2}$ における反射波を $x = 0$ から $x = \dfrac{\lambda}{2}$ の範囲に点線で示す。この反射波と入射波を重ねた合成波は，図4－2(c)の太い実線のようになる。よって，最も適当なグラフは ② である。

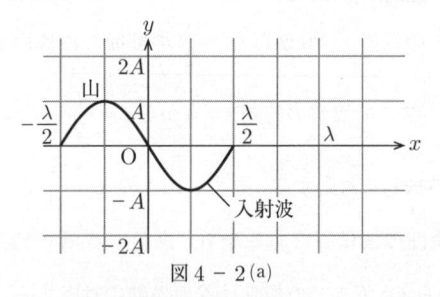

図4－2(a)

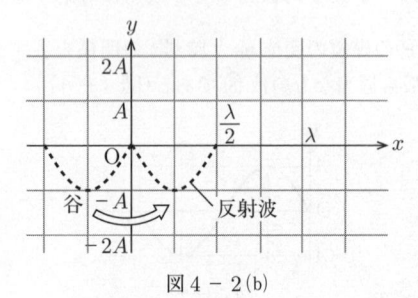

図4－2(b)

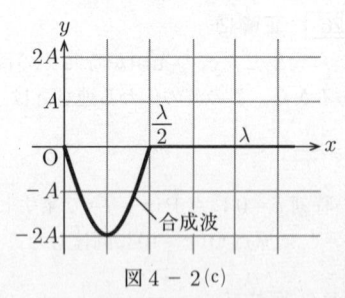

図4－2(c)

〔補足〕 点Oが自由端の場合，点Oで反射した波の変位は変わらないので，$t = t_0 + \dfrac{T}{2}$ における反射波は，図4－3に点線で示した山になる。このとき，これと入射波の谷が重なり，合成波は図4－3の太い実線のようになる。つまり，この瞬間の媒質の変位 y は0になる。

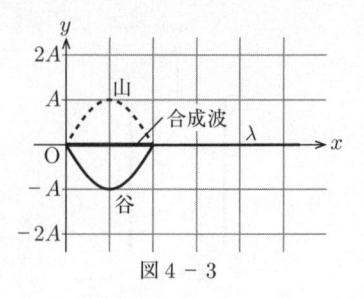

図4－3

B

問4 　28　　正解 ④

図3で点Oから水面波の山が出ようとしている。図3で水面波の山の白線が5本あることから，2.0秒間に小球は5.0回振動したことがわかる。よって，小球の振動数は，

$$\frac{5.0 \text{回}}{2.0 \text{ s}} = 2.5 \text{ Hz}$$

となる。

問5 　29　　正解 ②　　　30　　正解 ①

図4－4の時刻までに点Oから出た水面波の山は一番外側の白線の山に広がったので，水面波は5目盛りの距離を伝わったことになる。また，図4－4の時刻において点O′から水面波の山が出ようとしている。点Oと点O′の距離はおよそ1.7目盛りであり，これは図4－4の時刻までに小球が移動した距離に等しい。よって，小球の速さは水面波の伝わる速さのおよそ，

$$\frac{1.7}{5} ≒ \frac{1}{3} \text{倍}$$

である。

小球が移動する前方に伝わる波の波長は，図4のように，水面波の山の間隔が狭くなることから，小球が静止している場合の波長より短くなる。水面波の伝わる速さは一定であるから，前方に伝わる波の周期は T より短くなる。これはドップラー効果により，動く波源から出た波の波長が変化して，伝わる波の振動数が変化することを示している。

〔補足〕 小球の速さを v，水面波の速さを c，小球の振動数（波源の振動数）を f とすると，小球が移動する前方に伝わる波の波長 λ_1 は，

$$\lambda_1 = \frac{c - v}{f}$$

である。

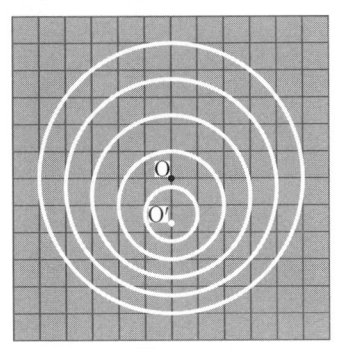

図 4 － 4

【別解】 図4の最も外側の白線（1番目）と外側から4番目の白線の山に着目する（図4－5の実線の白線）。図4－5の外側の実線の白線の中心は点Oであり，点Oから出た水面波の山を表している。この白線の円の半径は5目盛りである。また，図4－5の内側の実線の白線の中心は点O''であり，点O''から出た水面波の山を表している。この白線の円の半径は2目盛りである。これらの半径の差は3目盛りである。つまり，点O''から水面波の山が出る時刻において，点Oから出た水面波の白線の山の半径は3目盛りである。よって，小球が点Oから点O''へ移動する時間に水面波は3目盛りの距離を伝わったことになる。この時間で小球は点Oから点O''へ1目盛分だけ移動したから，小球の速さは水面波の伝わる速さの$\dfrac{1}{3}$倍である。

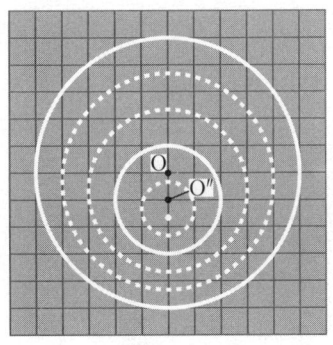

図 4 － 5

ポイント

・波の基本式

波の周期をT，波長をλとして，

$$波の振動数 \quad f = \frac{1}{T}$$

$$波の速さ \quad c = \frac{\lambda}{T} = f\lambda$$

・波の反射

自由端反射では位相は変わらない。

固定端反射では位相が逆転する（変位が逆になる）。

第 3 回
実 戦 問 題

解答・解説

（解答・配点）

問題番号（配点）	設問（配点）		解答番号	正解	自己採点欄	問題番号（配点）	設問（配点）		解答番号	正解	自己採点欄
第1問（30）	1	（3）	1	②		第3問（25）	1	（2）	16	②	
		（4）	2	③				（3）	17	②	
	2	（3）	3	③			2	（2）	18	②	
		（3）	4	②				（3）	19	①	
	3	（3）	5	②			3	（5）	20	①	
		（4）	6	①			4	（5）	21	⑥	
	4	（5）*1	7	④			5	（2）	22	②	
	5	（5）*2	8	④				（3）	23	③	
	小　　　計						小　　　計				
第2問（20）	1	（4）	9	③		第4問（25）	1	（5）	24	②	
	2	（4）	10	④			2	（5）*3	25	④	
	3	（4）	11	②					26	⑤	
	4	（2）	12	②					27	⑦	
		（2）	13	④			3	（2）	28	②	
		（2）	14	①				（3）	29	④	
		（2）	15	①			4	（2）	30	②	
	小　　　計							（3）	31	④	
							5	（5）	32	③	
							小　　　計				
							合　　　計				

（注）
1　＊1は，②を解答した場合は2点を与える。
2　＊2は，②を解答した場合は2点を与える。
3　＊3は，全部正解の場合のみ点を与える。

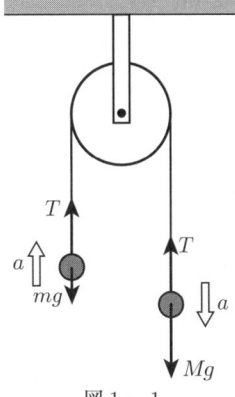

解　説

第1問　小問集合

力学，波動，熱，電磁気の各分野の基本的な知識と法則の理解をみる問題。

問1　1　正解②　2　正解③

おもり1が糸から受ける張力の大きさをT，おもり1の加速度を，鉛直上向きを正としてaとする。おもり1の運動方程式（鉛直上向きを正）は，

$$ma = T - mg \qquad\qquad\cdots①$$

である（図1-1）。糸は伸び縮みしないから，おもり2の加速度は，鉛直下向きを正としてaである。おもり2の質量をMとすると，おもり2の運動方程式（鉛直下向きを正）は，

$$Ma = Mg - T \qquad\qquad\cdots②$$

である（図1-1）。

$M = m$のとき，式①と式②により，$a = 0$となり，力がつりあうため，式①により，

$$0 = T - mg$$
$$\therefore \quad T = \underline{mg}$$

となる。

Mをmに比べて十分に大きくすると，おもり1とおもり2の加速度の大きさはgに近づくので，$a = g$として，式①により，

$$mg = T - mg$$
$$\therefore \quad T = \underline{2mg}$$

となる。

〔補足〕　式①と式②を連立すると，

$$a = \frac{M - m}{M + m}g$$

$$T = \frac{2Mm}{M + m}g$$

となる。$M = m$のとき，$a = 0$，$T = mg$である。また，Mがmに比べて十分に大きいとき，$\dfrac{m}{M}$を無視して，

$$a = \frac{1 - \dfrac{m}{M}}{1 + \dfrac{m}{M}}g \fallingdotseq g$$

$$T = \frac{2m}{1 + \dfrac{m}{M}}g \fallingdotseq 2mg$$

となる。

図1-1

問2　3　正解③　4　正解②

ばね定数kの軽いばねの端に質量mのおもりを取り付けたばね振り子の周期Tは，

$$T = 2\pi\sqrt{\frac{m}{k}}$$

である。おもりの質量を$4m$にすると，周期は，

$$2\pi\sqrt{\frac{4m}{k}} = 2 \times 2\pi\sqrt{\frac{m}{k}} = \underline{2 \times T}$$

となる。

月面での重力加速度の大きさは地表面での重力加速度の大きさのおよそ$\dfrac{1}{6}$倍であるが，ばね振り子の周期は重力加速度に関係しない。よって，質量mのおもりを取り付けたばね振り子を月面で振動させても，ばね振り子の周期はTに等しい。

問3　5　正解②　6　正解①

図3の時刻$t = 0\,\mathrm{s}$における正弦波の波形を，図1-2の薄い実線のようにx軸の負の向きに進めると，$x = 0\,\mathrm{m}$の変位は$y = 0$から$y > 0$に変化する。図4の$x = 0\,\mathrm{m}$の変位は，時刻$t = 0\,\mathrm{s}$において$y = 0$で，少し時間が経過すると$y > 0$となり整合する。

図3から正弦波の波長は$2.0\,\mathrm{m}$，図4から正弦波の周期は$4.0\,\mathrm{s}$である。よって，正弦波の伝わる速さVは，

$$V = \frac{2.0\,\mathrm{m}}{4.0\,\mathrm{s}} = \underline{0.50\,\mathrm{m/s}}$$

となる。

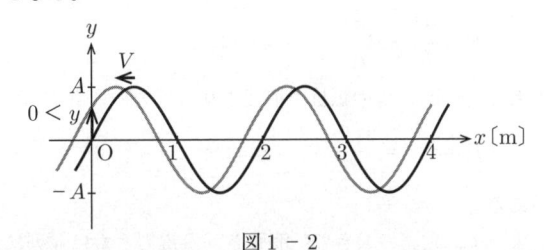

図1-2

問4　7　正解④

十分に時間が経過すると，左右の水の温度は等しくなる。その温度をTとする。水の比熱をcとすると，熱量保存則により，

$$100\,\text{g} \times c \times (30℃ - T) = 200\,\text{g} \times c \times (T - 15℃)$$

$$\therefore \quad T = 20℃$$

となる。

左右の水の温度差が大きいほど，その間で熱は速く流れる。時刻$t = 0\,\text{s}$における温度差（$30℃ - 15℃ = 15℃$）が最も大きいから，このときの水の温度の時間変化率の大きさが最も大きくなる。時間変化率の大きさは，温度の時間変化のグラフの接線の傾きの大きさに等しいから，④が最も適当なグラフである。図1-3には右側の水の温度も示してある。

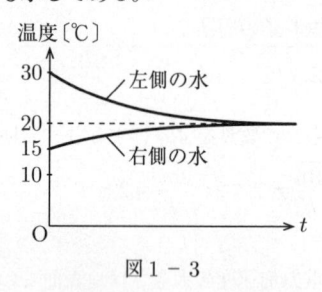

図1-3

問5　8　正解④

抵抗値がともにRの二つの抵抗を直列に接続した場合，合成抵抗R_1は，

$$R_1 = R + R = 2R$$

である。このとき，両端を流れる電流の大きさI_1は，

$$I_1 = \frac{V}{R_1} = \frac{V}{2R}$$

である。また，二つの抵抗で消費される電力の合計P_1は，

$$P_1 = I_1 V = \frac{V^2}{2R}$$

である。

抵抗値がともにRの二つの抵抗を並列に接続した場合，合成抵抗R_2は，

$$R_2 = \left(\frac{1}{R} + \frac{1}{R}\right)^{-1} = \frac{R}{2}$$

である。このとき，両端を流れる電流の大きさI_2は，

$$I_2 = \frac{V}{R_2} = \frac{2V}{R}$$

である。また，二つの抵抗で消費される電力の合計P_2は，

$$P_2 = I_2 V = \frac{2V^2}{R}$$

である。

よって，電流の大きさ，消費される電力ともに並列に

接続した方が大きい。

┌─ **ポイント** ─────────

・**運動方程式**

質量mの物体に力$\vec{F}$が作用するとき，生じる加速度を$\vec{a}$として，

$$m\vec{a} = \vec{F}$$

・**波の基本式**

波の周期をT，波長をλとして，

波の振動数　$f = \dfrac{1}{T}$

波の速さ　$V = \dfrac{\lambda}{T} = f\lambda$

・**熱と温度**

物体の質量をm，比熱をc，温度変化をΔTとして，

熱容量　mc

物体が吸収した熱量　$Q = mc\Delta T$

・**熱量保存則**

2物体の間で熱が流れるとき，

（高温物体が失った熱量）＝（低温物体が得た熱量）

・**オームの法則と消費電力**

電気抵抗Rの抵抗にかかる電圧をV，流れる電流の大きさをIとして，

$$V = RI$$

抵抗で消費される電力Pは，

$$P = IV = RI^2 = \frac{V^2}{R}$$

これは，単位時間あたりに抵抗で生じるジュール熱に等しい。

└──────────────────

第2問　力学

糸振り子の衝突実験について，力学の法則の理解と運用力をみる問題。

問1　9　正解③

小球1と2の質量をm，重力加速度の大きさを$g = 10\,\text{m/s}^2$とする。小球1を静かに放した位置の最下点からの高さを，$h = 18\,\text{cm} = 0.18\,\text{m}$とすると，力学的エネルギー保存則により，

$$\frac{1}{2}mv_0{}^2 = mgh$$

$$\therefore \quad v_0 = \sqrt{2gh} = \sqrt{2 \times 10\,\text{m/s}^2 \times 0.18\,\text{m}}$$
$$= \sqrt{3.6}\,\text{m/s} \fallingdotseq 1.9\,\text{m/s}$$

となる（図2-1）。

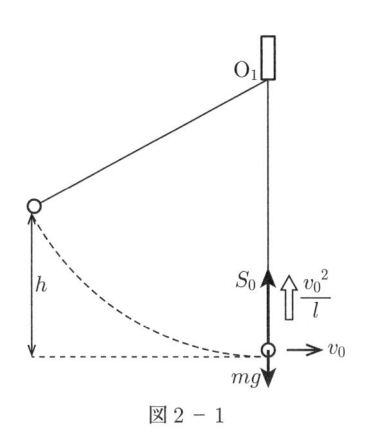

$$S_0 \quad \Uparrow \frac{v_0{}^2}{l}$$

$$mg\quad \longrightarrow v_0$$

図 2 − 1

問2 10 正解 ④

　小球 1 が小球 2 に衝突する直前で，小球 1 の加速度の大きさは $\frac{v_0{}^2}{l}$ である。円運動の中心方向の運動方程式により（図 2 − 1），

$$m\frac{v_0{}^2}{l} = S_0 - mg$$

$$\therefore \quad S_0 = m\frac{v_0{}^2}{l} + mg$$

となる。

問3 11 正解 ②

　衝突直後の小球 1 と 2 の速度を，図の水平右向きを正として，それぞれ v_1，v_2 とする（図 2 − 2）。衝突では常に運動量保存則が成り立つので，

$$mv_1 + mv_2 = mv_0$$
$$v_1 + v_2 = v_0 \qquad \cdots ①$$

である。

　衝突前後で運動エネルギーの和が保存する衝突は弾性衝突であるから，はねかえり係数は 1 である。これより，

$$1 = -\frac{v_1 - v_2}{v_0}$$
$$v_2 - v_1 = v_0 \qquad \cdots ②$$

が成り立つ。式①と式②を連立すると，

$$v_1 = 0, \quad v_2 = v_0$$

となる。この場合，衝突後，小球 2 の力学的エネルギー保存則により，小球 2 は最下点から高さ $h = 18\,\mathrm{cm}$ まで上がることになる。しかし，実際にはそうならなかったので，衝突前後で運動エネルギーの和は保存しない。よって，最も適当なものは②である。

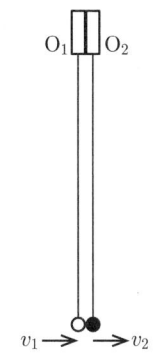

$$v_1 \longrightarrow \qquad \longrightarrow v_2$$

図 2 − 2

問4 12 正解 ② 13 正解 ④
　　　 14 正解 ① 15 正解 ①

　衝突後に小球 1 と 2 が上がる最下点からの高さを，それぞれ，

$$h_1 = 2.0\,\mathrm{cm} = \frac{1}{9}h$$

$$h_2 = 8.0\,\mathrm{cm} = \frac{4}{9}h$$

とする。力学的エネルギー保存則により，

$$mgh_1 = \frac{1}{2}mv_1{}^2$$

$$\therefore \quad v_1 = \sqrt{2gh_1} = \frac{1}{3}\sqrt{2gh} = \frac{1}{3}v_0$$

$$mgh_2 = \frac{1}{2}mv_2{}^2$$

$$\therefore \quad v_2 = \sqrt{2gh_2} = \frac{2}{3}\sqrt{2gh} = \frac{2}{3}v_0$$

となる。ここで，小球 2 は小球 1 から図の水平右向きに力積を受けるので，明らかに $v_2 > 0$ である。また，v_1 は式①を満たすので $v_1 > 0$ であることに注意しよう。衝突後の小球 1 の速度の向きは水平右向きである。

　小球 1 と 2 のはねかえり係数 e は，

$$e = -\frac{v_1 - v_2}{v_0} = \frac{1}{3}$$

となる。

〔補足〕　衝突により失われた力学的エネルギーは，

$$\frac{1}{2}mv_0{}^2 - \left(\frac{1}{2}mv_1{}^2 + \frac{1}{2}mv_2{}^2\right)$$
$$= mgh - (mgh_1 + mgh_2)$$
$$= mg(h - h_1 - h_2)$$
$$= \frac{4}{9}mgh$$

である。

第3問　波動

　干渉, うなりの実験について, 音波の性質と理解をみる問題。

問1　16　正解②　17　正解②

　空気中を伝わる音波は, 空気が振動する方向と波が伝わる方向が平行であり, 縦波である。音波は疎密波である。

　20℃の気温では, 音速はおよそ340 m/s である。

〔補足〕 気温 t〔℃〕の空気中での音速 V は,

$$V = 331.5 + 0.6t \,〔\text{m/s}〕$$

である。

問2　18　正解②　19　正解①

　反射板の位置では, 音波は固定端反射をするので, 空気の変位の振幅は0になる。図3－1(a)(b)に反射板付近の合成波の変位の様子を示す。空気の変位の正の向きを図の右向きとすると, 図3－1(a)のときには反射板の位置の空気の密度は大きくなり, 図3－1(b)のときには反射板の位置の空気の密度は小さくなる。空気の変位の振幅が0になる位置では, 空気の密度変化の振幅は大きい。

　図2において反射板とマイクの間の距離が0 cm の付近では電圧が大きくなることから, 空気の密度変化の振幅が大きいところでマイクの電圧が大きいことがわかる。

　音波は伝わる距離が大きくなると, 波面が広がり振幅は小さくなる。したがって, 反射板で反射してマイクに届く音波の振幅は, スピーカーから直接マイクに届く音波の振幅より小さい。

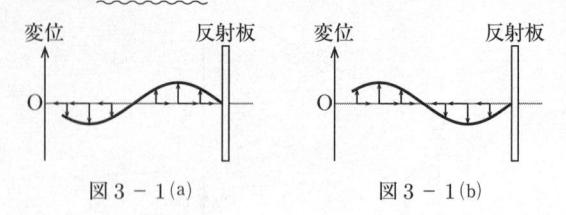

図3－1(a)　　　　　　図3－1(b)

問3　20　正解①

　反射板とスピーカーの間で, スピーカーから反射板に向かう音波と反射板で反射した音波が干渉し, 密度変化の振幅が極大になる位置, つまり空気の変位の振幅が極小になる位置が一定の間隔で並ぶ。この位置の間隔は定在波（定常波）の節の間隔と同様に, 音波の波長の $\frac{1}{2}$ 倍に等しい。

　図2から, 反射板とマイクの間の距離がおよそ10 cm 増えると電圧が極大になる。このことから反射板からスピーカー側におよそ10 cm 離れるごとに電圧が極大になる位置があるといえる。よって, 密度変化の振幅が極大になる位置の間隔, つまり空気の変位の振幅が極小になる位置の間隔はおよそ10 cm であることがわかる。音波の波長を λ とすると,

$$\frac{\lambda}{2} = 10 \text{ cm}$$

$$\therefore \quad \lambda = 20 \text{ cm} = 0.2 \text{ m}$$

となる（図3－2）。

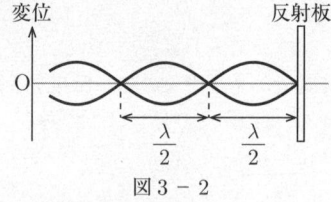

図3－2

〔補足〕 スピーカーから直接マイクに届く音波の経路長を L_1 とする。マイクの電圧がある極大になるとき, スピーカーから反射板を経由してマイクに届く音波の経路長を L_2 とすると, 経路差は $L_2 - L_1$ である（図3－3）。ここから反射板の位置をスピーカーから遠ざけていき, 次に現れるマイクの電圧が極大になるとき, スピーカーから反射板を経由してマイクに届く音波の経路長を L_2' とすると, 経路差は $L_2' - L_1$ である（図3－3）。このときの経路差の増加分は波長 λ に等しいので,

$$(L_2' - L_1) - (L_2 - L_1) = L_2' - L_2 = \lambda$$

となる。したがって, このときの反射板の移動距離は,

$$\frac{L_2' - L_2}{2} = \frac{\lambda}{2}$$

となる。

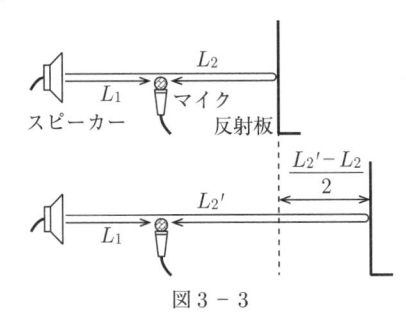

図3 − 3

問4 　21 　正解 ⑥

　音速を V，反射板が移動する速さを u とする。ドップラー効果により，スピーカーから遠ざかる反射板に届く音波の振動数 f_1 は，

$$f_1 = \frac{V - u}{V} f_0$$

となる。

　反射板が発する音波の振動数は f_1 に等しい。マイクから遠ざかる反射板が発した音波がマイクに届くときの振動数 f_2 は，ドップラー効果により，

$$f_2 = \frac{V}{V + u} f_1 = \frac{V - u}{V + u} f_0$$

となる。よって，$f_2 < f_1 < f_0$ である。

問5 　22 　正解 ② 　23 　正解 ③

　スピーカーから直接マイクに届く音波の振動数と反射板からマイクに届く音波の振動数はわずかに異なり，これらが重なるとうなりが生じる。図3から電圧が極大になる時間の間隔はおよそ1秒である。この時間はうなりにより音が大きくなる時間の間隔に等しいので，うなりの周期はおよそ 1 s である。

　振動数 f_0 と f_2 の音波が重なったときのうなりの振動数は，

$$|f_0 - f_2|$$

であり，その周期は，

$$\frac{1}{|f_0 - f_2|}$$

となる。

第4問　電磁気

　バンデグラフを素材として，電場と電位，および荷電粒子の運動について，電磁気の知識と法則の理解をみる問題。

問1 　24 　正解 ②

　種類の異なる2物体を擦り合わせたり，接触させたりした後に離すと，一方の物体から他方の物体へ電子が移り，物体が正と負に帯電する。

　ゴム製のベルトと塩化ビニルを材質とする下部ローラーを接触させた後に離すと，表1の帯電列によれば，ベルトが正の電荷に帯電する。このベルトが上部ローラーへ移動し，正の電荷に帯電したベルトが上部集電板の近くにくると，上部集電板の電子がベルトの正電荷に引き寄せられ，上部集電板とベルトの間で放電が起こり，電子がベルトへ移動する。その結果，電極は正に帯電する。

問2 　25 　正解 ④ 　26 　正解 ⑤ 　27 　正解 ⑦

　上部集電板と電極の間に流れる電流を一定として，その大きさを 9.0×10^{-8} A とする。このとき，5.0 秒間に移動した電荷の電気量の大きさは，

$$9.0 \times 10^{-8} \text{A} \times 5.0 \text{s} = 4.5 \times 10^{-7} \text{C}$$

である。この電荷が電極に蓄えられたことになる。

問3 　28 　正解 ② 　29 　正解 ④

　導体殻の表面のすぐ外側における電場の大きさ E は，導体殻の中心に正の電気量 Q の点電荷がある場合につくられる電場の大きさに等しいことから，

$$E = k_0 \frac{Q}{a^2}$$

である(図4 - 1)。また，この位置における電位 V は，無限遠方を基準として，

$$V = k_0 \frac{Q}{a}$$

となる。

E と V の関係より，

$$E = \frac{V}{a} = \frac{1.0 \times 10^4 \,\text{V}}{0.20\,\text{m}} = 5.0 \times 10^4 \,\text{V/m}$$

となる。

〔補足〕 導体殻の内部の電場の大きさは0になる。これは導体殻に分布する電荷がつくる電場が導体殻内部で重なり合い，電場の和が $\vec{0}$ になるからである。

導体殻の中心から距離 $x\,(x > a)$ だけ離れた位置の電場の大きさを $E(x)$ とする。ガウスの法則により，

$$E(x) \times 4\pi x^2 = 4\pi k_0 Q$$

$$E(x) = k_0 \frac{Q}{x^2}$$

となる。

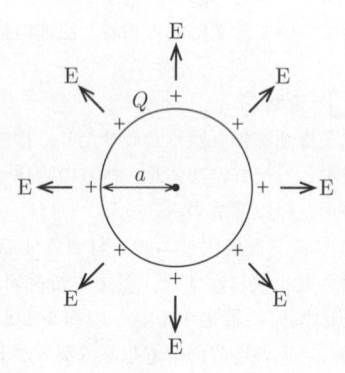

図4 - 1

問4 ┃ 30 ┃ 正解 ② ┃ 31 ┃ 正解 ④

導体殻の中心から距離 $x\,(x \geqq a)$ だけ離れた位置の電位 $V(x)$ は，導体殻の中心に正の電気量 Q がある場合の電位に等しいので，無限遠方を基準として，

$$V(x) = k_0 \frac{Q}{x}$$

である。導体殻の内部の電場の大きさは0であるから，導体殻内部は等電位である。その電位は $k_0 \dfrac{Q}{x}$ である。これをグラフにすると図4 - 2のようになる。最も適当なものは ② である。電位は連続であることに注意しよう。

電気量 q の荷電粒子が点 X にあるとき，静電気力による位置エネルギーは qV_X である。また，荷電粒子が

点 Y にあるとき，静電気力による位置エネルギーは0である。点 Y における荷電粒子の速さを v とすると，力学的エネルギー保存則により，

$$\frac{1}{2}mv^2 = qV_X$$

$$\therefore \quad v = \sqrt{\frac{2qV_X}{m}}$$

となる。

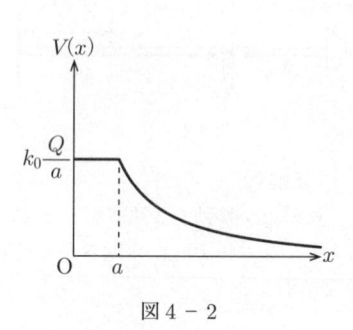

図4 - 2

問5 ┃ 32 ┃ 正解 ③

導体殻1と2が等電位であることから，

$$k_0 \frac{Q_1}{a} = k_0 \frac{Q_2}{10a}$$

$$\therefore \quad Q_2 = 10\,Q_1$$

となる。

導体殻1と2の表面のすぐ外側における電場の大きさを，それぞれ E_1，E_2 とすると，

$$E_1 = k_0 \frac{Q_1}{a^2}$$

$$E_2 = k_0 \frac{Q_2}{(10a)^2} = k_0 \frac{Q_1}{10a^2}$$

である。よって，$E_1 > E_2$ となり，導体殻1の表面における電場の方が大きい。

┃ ポイント ┃

・クーロンの法則

電気量 Q の点電荷が距離 r だけ離れた位置につくる電場の大きさ E は，クーロンの法則の比例定数を k_0 とすると，

$$E = k_0 \frac{|Q|}{r^2}$$

電位 V は，無限遠方を基準とすると，

$$V = k_0 \frac{Q}{r}$$

・**静電気力による位置エネルギー**

電位 V の位置で電気量 q の荷電粒子がもつ位置エネルギー U は,

$$U = qV$$

第 4 回
実 戦 問 題

解答・解説

（解答・配点）

問題番号（配点）	設問（配点）		解答番号	正解	自己採点欄	問題番号（配点）	設問（配点）		解答番号	正解	自己採点欄
第1問（25）	1	（5）	1	⑥		**第3問**（25）	A	1（5）	15	②	
	2	（5）	2	②				2（4）	16	④	
	3	（5）	3	⑤				3（4）	17	③	
	4	（5）	4	②				4（4）	18	①	
	5	（5）	5	⑥			B	5（4）	19	③	
小　　計								6（4）	20	③	
第2問（25）	A	1（3）	6	③		小　　計					
		（3）	7	④		**第4問**（25）	A	1（5）	21	④	
		2（3）	8	③				2（4）	22	⑥	
		3（3）	9	⑤				3（4）	23	③	
		（3）	10	③				（4）	24	④	
		4（4）	11	④			B	4（4）*	25	②	
	B	5（3）*	12	①					26	①	
			13	②					27	②	
		6（3）	14	④				5（4）	28	④	
小　　計						小　　計					
						合　　計					

（注）　＊は，全部正解の場合のみ点を与える。

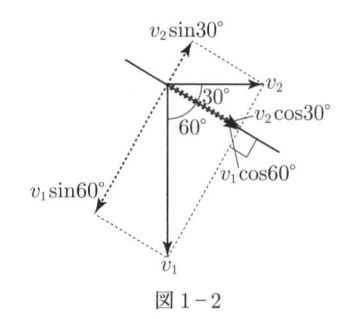

図1-2

解　説

第1問　小問集合

力学，熱，波動，電磁気について基本的な知識や法則の理解度をみる問題。

問1　[1]　正解⑥

Aさんの速度を$\vec{v_A}$，Bさんの速度を$\vec{v_B}$とすると，それらの速さは，

$$|\vec{v_A}| = |\vec{v_B}| = 1.5 \text{ m/s}$$

である。Aさんから見たBさんの速度（Aさんに対するBさんの相対速度）を$\vec{u}$とすると，

$$\vec{u} = \vec{v_B} - \vec{v_A}$$

となるので，これらの速度の関係は図1-1のようになる。したがって，

$$|\vec{u}| = \sqrt{2} \times 1.5 \text{ m/s} = 1.4 \times 1.5 \text{ m/s} = 2.1 \text{ m/s}$$

となる。つまり，$\vec{u}$は西向きで速さは2.1 m/sである。

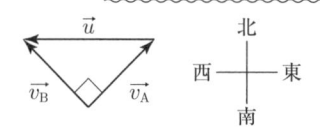

図1-1

問2　[2]　正解②

小球の衝突直前の速さをv_1，衝突直後の速さをv_2とする。衝突の直前と直後において，小球の速度の斜面に平行な方向の成分は変化していないから，図1-2より，

$$v_1 \cos 60° = v_2 \cos 30°$$

が成り立つ。これより，

$$v_2 = \frac{\cos 60°}{\cos 30°} v_1 = \frac{\frac{1}{2}}{\frac{\sqrt{3}}{2}} v_1 = \frac{1}{\sqrt{3}} v_1$$

である。小球と斜面の間の反発係数（はね返り係数）をeとすると，

$$e = \frac{v_2 \sin 30°}{v_1 \sin 60°} = \frac{\frac{1}{\sqrt{3}} v_1 \times \frac{1}{2}}{v_1 \times \frac{\sqrt{3}}{2}} = \frac{1}{3}$$

となる。

問3　[3]　正解⑤

1個のおもりにはたらく重力の大きさは$2.5 \text{ kg} \times 9.8 \text{ m/s}^2$で，おもりは鉛直下向きに1.0 m落下するので，2個のおもりが20回落下する間に重力が2個のおもりにした仕事の総和Wは，

$$W = 2 \times 2.5 \text{ kg} \times 9.8 \text{ m/s}^2 \times 1.0 \text{ m} \times 20$$
$$= 9.8 \times 10^2 \text{ J}$$

となる。水槽と羽根車の熱容量の和をCとすると，仕事Wが水と水槽と羽根車の得た熱量に等しいことから，

$$9.8 \times 10^2 \text{ J}$$
$$= \{600 \text{ g} \times 4.2 \text{ J/(g·K)} + C\} \times 0.35 \text{ K}$$
$$\therefore \quad C = 2.8 \times 10^3 \text{ J/K} - 2.52 \times 10^3 \text{ J/K}$$
$$\fallingdotseq 3 \times 10^2 \text{ J/K}$$

となる。

〔補足〕　ジュールの実験

羽根車を回して水分子の熱運動を活発化させ，水と水槽と羽根車の温度を上昇させる実験（ジュールの実験）によって，力学的な仕事が熱に変わる場合の量的な関係が明らかになった。

問4　[4]　正解②

一般に，屈折率の異なる媒質の境界面に波が入射するとき，媒質中の波の速さが異なることから，波の進む向きが変化する。この現象を屈折という。実験Ⅰにおいて，入射光の延長線上からずれた位置に輝点が生じたのは，透明な物質の側面A，Bで屈折してレーザー光の進む向きが変化したためである。

物質の屈折率は空気の屈折率より大きく，物質中から側面Bに入射して屈折するとき，入射角より屈折角が大きいことから，入射角を大きくしていくと，入射角がある角度θ_Cになるときに屈折角が90°に達する。入射角をθ_Cより大きくすると，屈折光は生じず，境界面で反射光のみが生じる。このような現象を全反射という。また，屈折角が90°になるときの入射角θ_Cを臨界角という。実験Ⅱでは，物質の上面から入射する光の入射角iを小さくしていくと，物質中を進んで側面Bに入射する光の入射角i'が大きくなっていく。その入射角i'が

臨界角を超えると，物質の後方にある壁面にも，側面B
と壁面の間の机面にも輝点が生じなくなる。

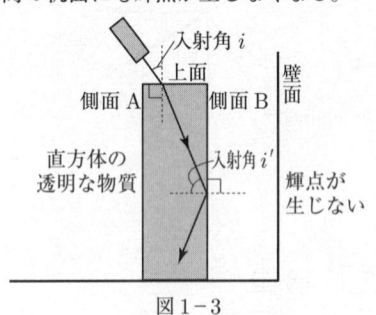

図1-3

〔補足〕 一般に，物質の屈折率は空気の屈折率より大き
いため，レーザー光の経路は図1-4のようになる。

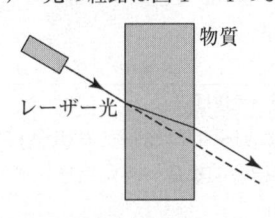

図1-4

空気中から物質に光が進むときは，入射角より屈折角
が小さくなる。また，二つの屈折面（物質の左右の側面）
が平行であるとき，物質の左の側面に入射する入射波と，
物質の右の側面から出る屈折波は平行になる。

問5　5　正解⑥

平行板コンデンサーの極板 A，B の間には，一様な
電場（電界）が形成される。一様な電場においては，図7
のように等電位線は極板と平行で，一定の電位差ごとの
等電位線は等間隔になる。図8のように，A の電荷を
変化させずに，導体である金属板を挿入すると，コンデ
ンサーの電気容量が大きくなり，AB 間の電圧は小さく
なる。したがって，AB 間の一定の電位差ごとの等電位
線の数は減少する。また，金属板全体は等電位であるた
め，金属板の内部に等電位線はない。さらに，A の電気
量は変化しないので，AB 間の金属板以外の部分の空間
では，電場は変化していない（図1-5）。そのため，一
定の電位差ごとの等電位線の間隔は，図7と同じである。
よって，最も適当な図は⑥である。

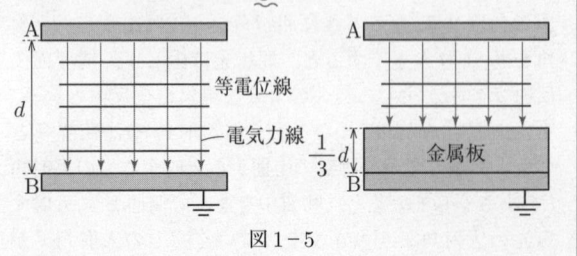

図1-5

第2問　電磁気

コンデンサーの接続，ホイートストンブリッジ回路に
ついて，電磁気の基本的な知識や法則の理解度をみる問
題。

A

問1　6　正解③　　7　正解④

図2-1のよう
に，S_1 のみを閉じ
たので，C_1 と C_2 が
直列に接続された回
路を考える。はじめ，
コンデンサーに電荷
はなかったので，S_1
を閉じた後も C_1 の
上側の極板と C_2 の
下側の極板の電気量
の和は 0 である。S_1

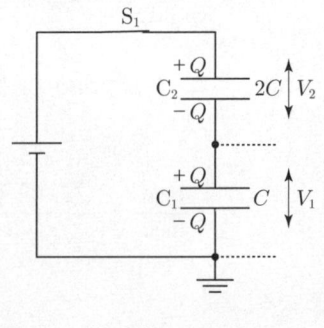

図2-1

のみを閉じて十分に時間が経過したとき，C_1 の上側の
極板に電気量 Q が蓄えられたことから，C_1 と C_2 には
どちらも同じ大きさ Q の電気量が蓄えられる。

C_1，C_2 の極板間の電位差をそれぞれ V_1，V_2 とすると，

$$Q = CV_1, \quad V_1 = \frac{Q}{C}$$

$$Q = 2CV_2, \quad V_2 = \frac{Q}{2C}$$

である。直流電源の電圧は，$V_1 + V_2$ であるから，

$$V_1 + V_2 = \frac{Q}{C} + \frac{Q}{2C} = \frac{3Q}{2C}$$

となる。

〔補足〕 コンデンサーの直列接続

はじめ電荷がなかったコンデンサーを直列に接続して充電すると，それぞれのコンデンサーに蓄えられる電気量はすべて等しくなる。

問2 ☐8☐ 正解 ③

S_1 を開くと，C_2 の電荷は移動できなくなる。その後，S_2 を閉じた後は，図 2-2 のように，C_1 と C_3 が並列に接続された回路を考えるとよい。

S_2 を閉じて十分に時間が経過すると，C_1 と C_3 の極板間の電位差は同じ値になる。その電位差を V とする。S_2 を閉じる前後で，図 2-2 の破線で囲まれた部分の電気量の総和は一定なので，

$$Q = CV + 3CV$$

$$V = \frac{Q}{4C}$$

となる。C_3 に蓄えられている電気量を Q_3 とすると，

$$Q_3 = 3CV = 3C \times \frac{Q}{4C} = \frac{3}{4}Q$$

となる。

〔補足〕 コンデンサーのつなぎかえの問題では，孤立した部分で電気量の総和が一定に保たれることを利用することが多い。**問2**では，C_1 と C_3 の間で電荷が移動して，それぞれに蓄えられる電気量は変化するが，図 2-2 の破線で囲まれた部分の電気量の総和は一定である。

問3 ☐9☐ 正解 ⑤ ☐10☐ 正解 ③

S_2 を開くことで，C_3 の電荷は移動できなくなり極板の電荷は変化していないことから，C_3 に蓄えられた電気量は**問2**の Q_3 のままで変化しない。また，空気の比誘電率は1であるから，図 2-3 のように，C_3 の極板間から比誘電率3の誘電体を抜き去ると，C_3 の電気容量は $3C$ から $\frac{1}{3}$ 倍の C に変化する。

誘電体を抜き去った後の C_3 の極板間の電位差を V' とし，誘電体を抜き去る前と抜き去った後について，C_3 に蓄えられた電気量を表すと，

$$\text{抜き去る前} \quad : \frac{3}{4}Q = 3CV$$

$$\text{抜き去った後} : \frac{3}{4}Q = CV'$$

が成り立つ。この2式より，

$$V = \frac{Q}{4C} \qquad V' = \frac{3Q}{4C} \qquad \cdots\cdots①$$

である。よって，

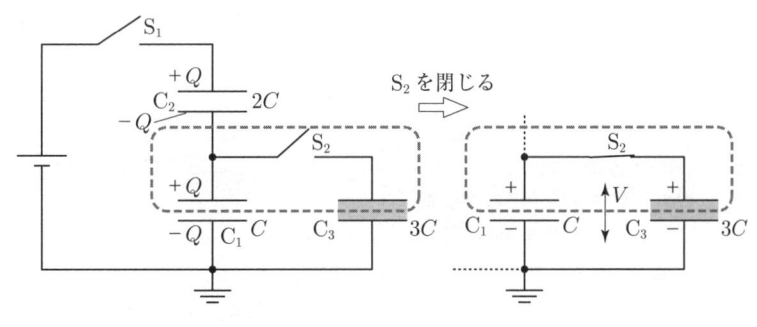

図 2-2

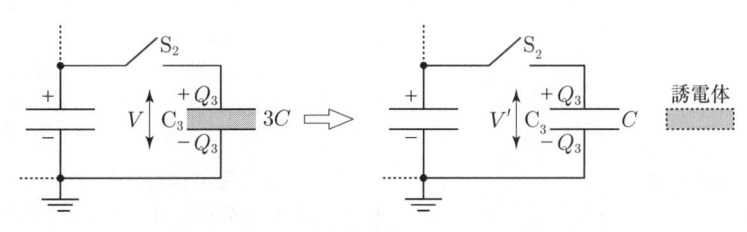

図 2-3

$$\frac{V'}{V} = \frac{\dfrac{3Q}{4C}}{\dfrac{Q}{4C}} = \underset{\sim}{3\,\text{倍}}$$

となる。

誘電体をゆっくりと抜き去ることによる，C_3 に蓄えられた静電エネルギーの変化を ΔU_3 とすると，式①を用いて，

$$\Delta U_3 = \frac{1}{2}\left(\frac{3}{4}Q\right)V' - \frac{1}{2}\left(\frac{3}{4}Q\right)V$$

$$= \frac{1}{2}\left(\frac{3}{4}Q\right)(V'-V)$$

$$= \frac{1}{2}\left(\frac{3}{4}Q\right)\left(\frac{3Q}{4C}-\frac{Q}{4C}\right) = \underset{\sim}{\frac{3Q^2}{16C}}$$

となる。誘電体はなめらかに移動できるので，誘電体をゆっくりと抜き去る間に誘電体を抜く外力がした仕事は，ΔU_3 に等しい。

〔補足〕 静電エネルギーと外力の仕事

直流電源などにつながっていない孤立したコンデンサーの極板間隔を外力を加えてゆっくりと変化させたり，問3のように極板間の誘電体に外力を加えてゆっくりと抜き差しをしたりするとき，その外力がした仕事の分だけコンデンサーの静電エネルギーが変化する。

〔参考〕 誘電体を満たしたときの電気容量

一般に，極板間が真空のコンデンサーの極板間を誘電体で満たすと，電気容量は増大する。例えば，チタン酸バリウムを満たすと，電気容量は約 5000 倍にまで増大する。

B

問4 11 正解④

液体（R_X）の温度が 0℃のとき，検流計に電流が流れないようにした可変抵抗 R の抵抗値は，表 1 より，80.0 Ωである。このときの R_X の抵抗値を R_0 とする。また，このとき抵抗値が 10.0 Ωと 20.0 Ωの抵抗を流れる電流をそれぞれ I_1，I_2 とすると，R_X と可変抵抗 R に流れる電流はそれぞれ I_1，I_2 となる（図 2－4）。

図 2－4 のように，回路上に点 A，B を考え，AP 間，PB 間，AQ 間，QB 間の電位差をそれぞれ V_{AP}，V_{PB}，V_{AQ}，V_{QB} とする。検流計に電流が流れないようにしたとき，点 P，Q の電位は等しく，

$$V_{AP} = V_{AQ}$$
$$V_{PB} = V_{QB}$$

となる。また**オームの法則**により，

$$V_{AP} = 10.0\ \Omega \times I_1$$
$$V_{AQ} = 20.0\ \Omega \times I_2$$

$$V_{PB} = R_0\, I_1$$
$$V_{QB} = 80.0\,\Omega \times I_2$$

が成り立つ。以上により，

$$10.0\,\Omega \times I_1 = 20.0\,\Omega \times I_2$$
$$R_0\, I_1 = 80.0\,\Omega \times I_2$$
$$\frac{I_2}{I_1} = \frac{10.0\,\Omega}{20.0\,\Omega} = \frac{R_0}{80.0\,\Omega}$$
$$\therefore\quad R_0 = \underset{\sim}{40.0\,\Omega}$$

となる。この抵抗の比の関係式をホイートストンブリッジの式という。

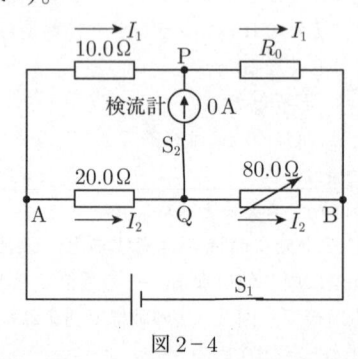

図 2－4

問5 12 正解① 13 正解②

図 2－5 のように，S_1 だけを閉じている場合，R_X の温度が 0℃で S_2 を閉じたとしても検流計に電流が流れないようにしたとき，R の抵抗値は 80.0 Ωであり，**問4**と同様に点 P，Q の電位は等しく，

$$V_{AP} = V_{AQ}$$
$$V_{PB} = V_{QB}$$

である。また，このとき 20.0 Ωの抵抗と R に流れる電流の大きさは等しく，オームの法則より，各抵抗に加わる電圧は抵抗値に比例する。これらのことから，

$$V_{AP} : V_{PB} = V_{AQ} : V_{QB}$$
$$= 20.0\,\Omega : 80.0\,\Omega$$
$$= 1 : 4$$

となる。

題意より，R_X の抵抗値は温度が上昇すると増加する。S_2 を開いたまま R_X の温度を 0℃からわずかに上昇させて，R_X の抵抗値が 0℃のときの k 倍（$k > 1$）になったとすると，AB 間の電位差は変化しないが，

$$V_{AP} : V_{PB} = 1 : 4k$$

となり，R_X の温度が 0℃のときより PB 間の電位差が大きくなる。つまり，図 2－6 のグラフのように，点 P の電位は R_X の温度が 0℃のときよりも高くなる。一方で，点 Q の電位は変化しない。したがって，この後に S_2 を閉じた直後には，電位の高い点 P から電位の低い点 Q に向けて電流が流れる。

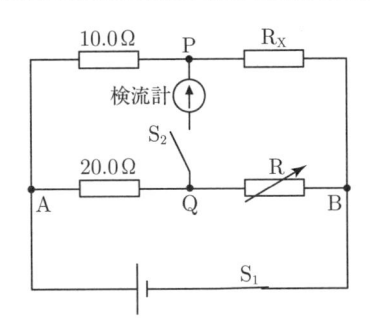

図 2-5

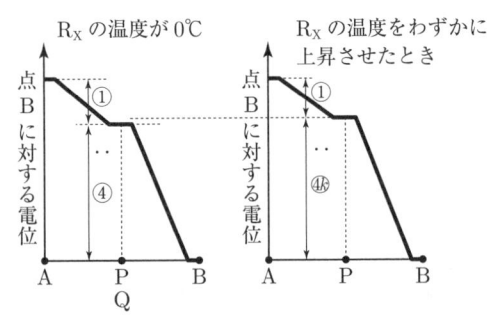

図 2-6

〔補足〕 電流が流れ出す向き

　電位が異なる2点間を導線でつなぐと, 電位の高い点から電位の低い点に向けて電流が流れ出す。

　流れ出した後に定常電流が流れるようになると, 電流の値はキルヒホッフの法則などから求めることができる。

問6　14　正解④

　Rの抵抗値をR, R_Xの抵抗値をR_Xとすると, S_2を閉じても検流計に電流が流れないとき, 問4と同様に考えて, ホイートストンブリッジの式により,

$$\frac{10.0\,\Omega}{20.0\,\Omega} = \frac{R_X}{R}$$

$$R_X = \frac{1}{2}R$$

である。表1の温度が0℃, 10℃のときのRの抵抗値を用いて, 問題文の式より,

$$\frac{1}{2} \times 83.4\,\Omega = \frac{1}{2} \times 80.0\,\Omega \times (1 + \alpha \times 10)$$

$$\therefore \quad \alpha\,[1/\mathrm{K}] = 4.25 \times 10^{-3}\,/\mathrm{K}$$

となる。選択肢のうち最も近い値は, $4.2 \times 10^{-3}\,/\mathrm{K}$ である。

〔参考〕 表1の温度が0℃, 50℃のときのRの抵抗値を用いると,

$$\frac{1}{2} \times 96.8\,\Omega = \frac{1}{2} \times 80.0\,\Omega \times (1 + \alpha \times 50)$$

$$\therefore \quad \alpha\,[1/\mathrm{K}] = 4.20 \times 10^{-3}\,/\mathrm{K}$$

となる。なお, 縦軸にR_Xの抵抗値, 横軸に温度をとったグラフは, 図2-7のようになる。

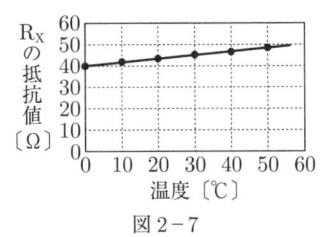

図 2-7

ポイント

・平行板コンデンサーの電気容量

$$C = \varepsilon \frac{S}{d}$$

C : 電気容量

ε : 誘電率

S : 極板面積

d : 極板間隔

・誘電体を満たしたコンデンサー

$$C = \varepsilon_r C_0$$

C : 極板間に誘電体を満たした場合の電気容量

ε_r : 誘電体の比誘電率

C_0 : 極板間が真空の場合の電気容量

・静電エネルギー

$$U = \frac{1}{2}QV = \frac{1}{2}CV^2 = \frac{Q^2}{2C}$$

U : 静電エネルギー

Q : 電気量, V : 電圧

C : 電気容量

・オームの法則

$$V = RI$$

V : 電圧

R : 抵抗値

I : 電流

　抵抗値Rは次式で与えられる。

$$R = \rho \frac{l}{S}$$

ρ : 抵抗率

l : 抵抗線の長さ

S : 抵抗線の断面積

・ホイートストンブリッジの式

図2−8で，検流計を流れる電流が0のとき，

$$\frac{R_1}{R_2} = \frac{R_3}{R_4}$$

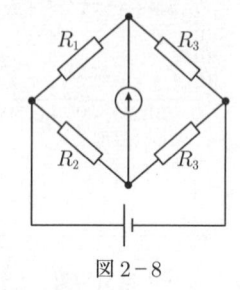

図2−8

・抵抗率の温度変化

$$\rho = \rho_0(1 + \alpha t)$$

ρ ：抵抗率

ρ_0 ：0℃のときの抵抗率

α ：抵抗率の温度係数

t ：セ氏温度

第3問　波動

ドップラー効果，回折格子について，波動の基本的な知識や法則の理解度をみる問題。

A

問1 ［15］ 正解②

電波の伝わる速さは c なので，Aから発射する電波の波長 λ は，波の基本的な関係式より，

$$\lambda = \frac{c}{f}$$

となる。

問2 ［16］ 正解④

Bに電波があたっているときのある時刻における位置をOとする。Bが静止しているAに近づくとき，位置Oを通過した電波は1s間（単位時間）に距離 $c \times 1s$ の位置Pまで進む。一方，この間にBは位置Oから距離 $v \times 1s$ の位置O′まで進む（図3−1）。よって，Bが単位時間あたりに受け取る波の数 f_1（Bが観測する振動数）は，O′P間にある波の数に等しい。波長は λ なので，

$$f_1 = \frac{c + v}{\lambda}$$

である。この式に，**問1**の結果を代入して，

$$f_1 = \frac{c + v}{\lambda} = \frac{c + v}{c}f$$

となる。

1s間にBを通過した波

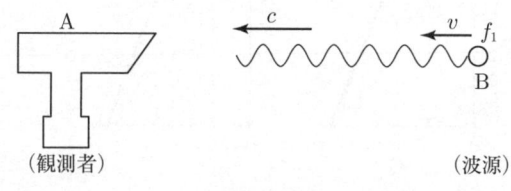

図3−1

次に，Bによって反射されてAに戻る電波を考える。図3−2のように，Bを振動数 f_1 の波源と考えると，Aが観測する振動数 f_2 は，波源が速さ v で観測者に近づく場合なので，ドップラー効果の式より，

$$f_2 = \frac{c}{c - v}f_1 = \frac{c}{c - v} \times \frac{c + v}{c}f = \frac{c + v}{c - v}f$$

となる。

図3−2

〔別解〕　f_1 は，Bを観測者と考えた場合に，Bが観測する電波の振動数と等しい。観測者が波源に速さ v で近づく場合なので，ドップラー効果の式より，

$$f_1 = \frac{c + v}{c}f$$

である。

問3 ［17］ 正解③

問2の結果の式より，$f_2 > f$ である。よって，単位時間あたりのうなりの回数 Δf は，

$$\Delta f = f_2 - f = \frac{c + v}{c - v}f - f = \frac{2v}{c - v}f$$

である。これより，

$$v = \frac{\Delta f}{2f + \Delta f}c = \frac{\Delta f}{f\left(2 + \dfrac{\Delta f}{f}\right)}c$$

となる。ここで，Δf は f に比べて十分に小さく，$\dfrac{\Delta f}{f}$ は2に対して無視できるので，

$$v = \frac{\Delta f}{f\left(2 + \dfrac{\Delta f}{f}\right)}c \fallingdotseq \frac{\Delta f}{2f}c$$

のように近似することができる。この式に数値を代入して，

$$v = \frac{\Delta f}{2f}c$$

$$= \frac{2.0 \times 10^3\,\text{Hz}}{2 \times 1.0 \times 10^{10}\,\text{Hz}} \times 3.0 \times 10^8\,\text{m/s} = \underline{30\,\text{m/s}}$$

となる。

〔参考〕 $|x|$ が1に比べて十分に小さいときの近似式 $(1 + x)^n \doteqdot 1 + nx$ を用いると，v は c に比べて十分に小さいので，

$$\Delta f = \frac{2v}{c - v}f = \frac{2 \times \dfrac{v}{c}}{1 - \dfrac{v}{c}}f = 2 \times \frac{v}{c}\left(1 - \frac{v}{c}\right)^{-1}f$$

$$\doteqdot 2 \times \frac{v}{c}\left(1 + \frac{v}{c}\right)f = 2\left\{\frac{v}{c} + \left(\frac{v}{c}\right)^2\right\}f$$

となる。さらに，v は c に比べて十分に小さいので，$\left(\dfrac{v}{c}\right)^2$ を無視すると，

$$\Delta f = 2f\left\{\frac{v}{c} + \left(\frac{v}{c}\right)^2\right\} \doteqdot \frac{2v}{c}f$$

のように近似することができる。これより，

$$v = \frac{\Delta f}{2f}c$$

となる。

B

問4 $\boxed{18}$ **正解①**

回折格子の格子定数(隣り合う筋と筋の間隔)を d とする。1次の明点の方向では，回折格子の隣り合うスリットで回折した光の経路差は $d\sin\theta_0$ と表される。よって，

$$d\sin\theta_0 = 1 \times \lambda$$

が成り立つ。この式より，問題文で与えられた近似式を用いて，

$$d = \frac{\lambda}{\sin\theta_0} \doteqdot \frac{\lambda}{\tan\theta_0} = \frac{L\lambda}{a} \qquad \cdots\cdots①$$

となる。

問5 $\boxed{19}$ **正解③**

$L = 30\,\text{cm} = 0.30\,\text{m}$, $\lambda = 6.3 \times 10^{-7}\,\text{m}$, $a = 1.9\,\text{cm} = 0.019\,\text{m}$ のとき，式①より，

$$d = \frac{0.30\,\text{m} \times 6.3 \times 10^{-7}\,\text{m}}{0.019\,\text{m}} \qquad \cdots\cdots②$$

となる。また，別の波長のレーザー光を用いたとき，その波長を λ' として，式①を用いて，

$$\lambda' = d\frac{a}{L}$$

である。$a = 1.6\,\text{cm} = 0.016\,\text{m}$ であるから，式②と数値を代入して，

$$\lambda' = \frac{0.30\,\text{m} \times 6.3 \times 10^{-7}\,\text{m}}{0.019\,\text{m}} \times \frac{0.016\,\text{m}}{0.30\,\text{m}}$$

$$= 5.3\cdots \times 10^{-7}\,\text{m}$$

となる。表1より，このレーザー光の色は緑となる。

問6 $\boxed{20}$ **正解③**

m を整数とすると，回折光が強め合う条件を表す式は，

$$d\sin\theta = m\lambda$$

$$\sin\theta = \frac{m\lambda}{d}$$

である。$30° \leqq \theta \leqq 45°$ であるから，

$$\sin 30° \leqq \frac{m\lambda}{d} \leqq \sin 45°$$

が成り立つ。式②と数値を代入して，

$$\frac{1}{2} \leqq \frac{m \times 6.3 \times 10^{-7}\,\text{m}}{\left(\dfrac{0.30\,\text{m} \times 6.3 \times 10^{-7}\,\text{m}}{0.019\,\text{m}}\right)} \leqq \frac{1}{\sqrt{2}} = \frac{\sqrt{2}}{2} = \frac{1.4}{2} = 0.70$$

となる。よって，$7.8\cdots \leqq m \leqq 11.0\cdots$ であるから，強め合う方向の数は，この式を満たす整数 m の個数に等しいから，8, 9, 10, 11 の $\underline{4}$ 個である。

ポイント

・**波の基本的な関係式**

$$v = f\lambda = \frac{\lambda}{T} \qquad \left(f = \frac{1}{T}\right)$$

v：波の速さ，λ：波長

T：周期，f：振動数

・**ドップラー効果**

$$f = \frac{V - v_\text{O}}{V - v_\text{S}}f_0$$

f ：観測する波の振動数

V ：波の速さ

v_S ：波源の速度　　v_O：観測者の速度

　　(速度は波源から観測者の向きを正)

f_0：波源の振動数

・**うなり**

$$n = |f_1 - f_2|$$

n ：単位時間あたりのうなりの回数

$f_1,\ f_2$：わずかに異なる二つの音の振動数

・**回折格子で明点となる条件**

$$d\sin\theta = m\lambda$$

d ：格子定数

θ ：入射光と回折光のなす角度

m ：整数(0, 1, 2, …)

λ ：単色光の波長

人工衛星の運動，空気入れの空気の断熱変化について，力学と熱力学の基本的な知識や法則の理解度をみる問題。

A

問1　□21□　正解④

人工衛星にはたらく万有引力の大きさは $G\dfrac{Mm}{r^2}$ であり，この力の向きは地球の中心向きである。これが向心力となり，人工衛星は地球の中心を回転中心として等速円運動をする。円運動の向心加速度の大きさは $\dfrac{v^2}{r}$ と表されるので，人工衛星の円運動の中心方向の**運動方程式**は，

$$m\frac{v^2}{r} = G\frac{Mm}{r^2} \qquad\cdots\cdots①$$

となる。

問2　□22□　正解⑥

式①より，$v = \sqrt{\dfrac{GM}{r}}$ である。人工衛星の周期 T は，

$$T = \frac{2\pi r}{v} = \frac{2\pi r}{\sqrt{\dfrac{GM}{r}}} = \frac{2\pi}{\sqrt{GM}}r^{\frac{3}{2}}$$

である。よって，

$$T^2 = \frac{4\pi^2}{GM}r^3 \qquad\cdots\cdots②$$

となる。

問3　□23□　正解③　　□24□　正解④

式②より，

$$\frac{T^2}{r^3} = \frac{4\pi^2}{GM} \quad（一定）$$

となり，これはこの人工衛星の円軌道についての**ケプラーの第3法則**と同等である。

地球の半径を R，静止衛星の地表からの高度を h とする。静止衛星の軌道半径は $R+h$，周期は 24 時間である。第1宇宙速度で飛んでいる国際宇宙ステーションの軌道半径は R，周期を $\sqrt{2}$ 時間とすると，ケプラーの第3法則より，

$$\frac{24^2}{(R+h)^3} = \frac{(\sqrt{2})^2}{R^3}$$

が成り立つ。これより，

$$\frac{R+h}{R} = \sqrt[3]{\frac{24^2}{2}} = \sqrt[3]{288} = 2 \times \sqrt[3]{36}$$
$$= 2 \times 3.3 = 6.6$$

となる。よって，$h = 5.6R$ である。

静止衛星が日本の真上の上空を通る円軌道を飛ぶためには，日本から地軸に垂線を下ろし，その交点を等速円運動の回転中心として，周期を地球の自転周期と同じ 24 時間にしなければならない。しかし，人工衛星は地球の中心方向に地球から万有引力を受けているから，その等速円運動の回転中心は地球の中心となる。そのため，日本から地軸に垂線を下ろし，その交点を円運動の回転中心とすることは不可能である。よって，どんな高度も，静止衛星は日本の真上の上空を通る円軌道を飛ぶことはできない。また，日本の真上の上空を楕円軌道で飛ぶこともできない。

B

問4　□25□　正解②　　□26□　正解①
　　□27□　正解②

状態 A と B の気体の圧力をそれぞれ p_A，p_B とする。図3から読み取ると，$p_A = 1.0 \times 10^5\,\mathrm{Pa}$，$p_B = 3.2 \times 10^5\,\mathrm{Pa}$ である。また，状態 A，B の気体の体積をそれぞれ $V_A = 2.0 \times 10^{-4}\,\mathrm{m^3}$，$V_B = 1.0 \times 10^{-4}\,\mathrm{m^3}$，状態 A，B の気体の絶対温度をそれぞれ T_A，T_B とする。状態 A の気体のセ氏温度は 27℃ であるから，

$$T_A = (273 + 27)\,\mathrm{K} = 300\,\mathrm{K}$$

である。

ボイル・シャルルの法則より，

$$\frac{p_A V_A}{T_A} = \frac{p_B V_B}{T_B}$$

$$T_B = \frac{p_B V_B}{p_A V_A} T_A$$

となる。これに数値を代入して，

$$T_B = \frac{3.2 \times 10^5\,\mathrm{Pa} \times 1.0 \times 10^{-4}\,\mathrm{m^3}}{1.0 \times 10^5\,\mathrm{Pa} \times 2.0 \times 10^{-4}\,\mathrm{m^3}} \times 300\,\mathrm{K}$$
$$= 480\,\mathrm{K}$$

となる。状態 B の気体のセ氏温度は，

$$(480 - 273)℃ = 207℃ \fallingdotseq 2.1 \times 10^2℃$$

である。

問5　□28□　正解④

気体の物質量を n，気体定数を R とする。状態 A から状態 B に気体が断熱変化をするとき，熱力学第1法則により，気体がされた仕事 W は気体の内部エネルギーの変化に等しいので，

$$W = \frac{3}{2}nR(T_B - T_A)$$

である。

状態 A，B での理想気体の状態方程式はそれぞれ，

$$p_A V_A = nRT_A$$

$$p_B V_B = nRT_B$$

である。これより，

$$W = \frac{3}{2}(p_B V_B - p_A V_A)$$

$$= \frac{3}{2}(3.2 \times 10^5 \,\text{Pa} \times 1.0 \times 10^{-4} \,\text{m}^3$$
$$\qquad\qquad - 1.0 \times 10^5 \,\text{Pa} \times 2.0 \times 10^{-4} \,\text{m}^3)$$

$$= \underline{18} \,\text{J}$$

となる。

〔参考〕 気体がされた仕事 W は，図 4 − 1 の斜線部分の面積に相当する。この面積を台形 ABCD の面積で近似すると，

$$W \fallingdotseq \frac{1}{2}(p_A + p_B)(V_A - V_B)$$

$$= \frac{1}{2}(1.0 + 3.2) \times 10^5 \,\text{Pa} \times (2.0 - 1.0) \times 10^{-4} \,\text{m}^3$$

$$= 21 \,\text{J}$$

となり，最も近い値を選ぶと 18 J となる（斜線部分の面積は台形の面積よりやや小さい）。

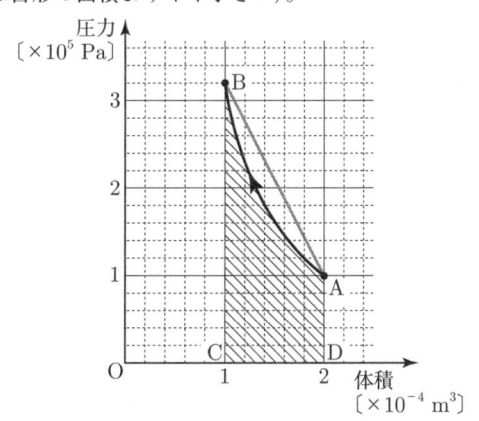

図 4−1

・**万有引力**

$$F = G \frac{m_1 m_2}{r^2}$$

F ：2 物体の間ではたらく万有引力の大きさ
r ：2 物体の間の距離
m_1, m_2：2 物体の質量
G ：万有引力定数

・**等速円運動**

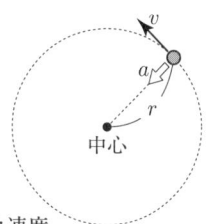

$$v = r\omega$$

$$a = \frac{v^2}{r} = r\omega^2$$

$$T = \frac{2\pi r}{v} = \frac{2\pi}{\omega}$$

v ：速さ，r：半径，ω：角速度
a ：向心加速度の大きさ
T ：周期

・**ケプラーの第 3 法則**

惑星の楕円軌道の長半径(半長軸)を a，周期を T とすると，すべての惑星について，

$$\frac{T^2}{a^3} = \text{一定}$$

が成り立つ。

・**気体の法則**

気体の圧力を p，体積を V，絶対温度を T，物質量を n，気体定数を R とする。

ボイル・シャルルの法則

$$\frac{pV}{T} = \text{一定}$$

理想気体の状態方程式

$$pV = nRT$$

・**熱力学第 1 法則**

気体がされた仕事を W，吸収した熱量を Q とすると，気体の内部エネルギーの変化 ΔU は，

$$\Delta U = Q + W$$

である。

・**単原子分子理想気体の内部エネルギー**

$$U = \frac{3}{2}nRT$$

U ：単原子分子理想気体の内部エネルギー
n ：物質量
R ：気体定数
T ：絶対温度

第 5 回
実 戦 問 題
解答・解説

（解答・配点）

問題番号（配点）	設問	（配点）	解答番号	正解	自己採点欄	問題番号（配点）	設問	（配点）	解答番号	正解	自己採点欄
第1問 (30)	1	（3）	1	②		第3問 (25)	1	（4）	17	②	
		（3）	2	①			2	（4）	18	③	
	2	（3）	3	③			3	（4）	19	③	
		（3）	4	③			4	（4）	20	③	
	3	（3）	5	②			5	（3）	21	⑤	
		（3）	6	①				（3）	22	①	
	4	（3）	7	②				（3）	23	③	
		（4）	8	②			小　　　計				
	5	（5）	9	③		第4問 (20)	1	（5）	24	③	
小　　　計							2	（5）	25	②	
第2問 (25)	1	（2）	10	③			3	（5）	26	④	
		（3）	11	④			4	（5）	27	②	
	2	（5）	12	③		小　　　計					
	3	（5）	13	③		合　　　計					
	4	（4）	14	①							
	5	（3）	15	⑤							
		（3）	16	④							
小　　　計											

解　説

第1問　小問集合

力学，波動，熱，電磁気の各分野の基本的な知識と法則の理解をみる問題。

問1　1　正解②　2　正解①

物体2の質量を M，衝突前の速さを v とする。衝突後，一体となった物体の速さが $\frac{1}{2}v$ であるとき，運動量保存則により，

$$(m + M) \times \frac{1}{2}v = Mv$$

$$\therefore \quad M = \underline{m}$$

となる。

物体1と物体2の運動エネルギーの和は，衝突前では，$\frac{1}{2}Mv^2 = \frac{1}{2}mv^2$ である。衝突後では，

$$\frac{1}{2}(m + M)\left(\frac{v}{2}\right)^2 = \frac{1}{4}mv^2$$

となる。よって，物体1と物体2の運動エネルギーの和は減少する。

一体化する衝突は完全非弾性衝突であり，衝突により力学的エネルギーは失われる。

問2　3　正解③　4　正解③

小球にはたらく力は図1-1のようになる。小球にはたらく糸の張力の水平成分は，$S\sin30° = \frac{1}{2}S$，鉛直成分は，$S\cos30° = \frac{\sqrt{3}}{2}S$ である。円運動の中心方向の加速度の大きさは $\frac{v^2}{r}$ であるから，その方向の**運動方程式**は，

$$m\frac{v^2}{r} = \frac{1}{2}S \qquad \cdots①$$

となる。

小球にはたらく力の鉛直方向のつりあいにより，

$$\frac{\sqrt{3}}{2}S - mg = 0$$

$$\therefore \quad S = \frac{2}{\sqrt{3}}mg$$

となる。

〔補足〕　式①より，小球の速さは，

$$m\frac{v^2}{r} = \frac{1}{2} \times \frac{2}{\sqrt{3}}mg$$

$$\therefore \quad v = \sqrt{\frac{gr}{\sqrt{3}}}$$

である。

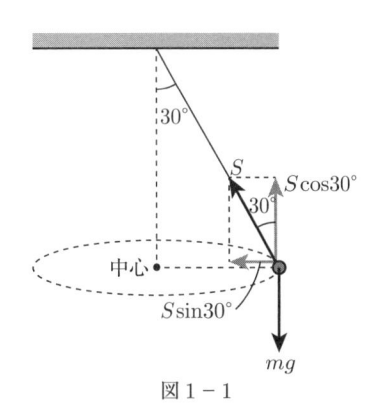

図1-1

問3　5　正解②　6　正解①

図3から，正弦波の波長 λ は 4.0 m である（図1-2）。

図3の正弦波1と2を，それぞれ距離 $\frac{\lambda}{4} = 1.0$ m だけ進めると，正弦波は図1-3のようになり，その合成波は太線のようになる。位置 $x = 1.0$ m，3.0 m には定在波（定常波）の節が生じ，その間隔は，

$$\frac{\lambda}{2} = \underline{2.0 \text{ m}}$$

である。位置 $x = 2.0$ m には定在波の腹が生じることがわかる。

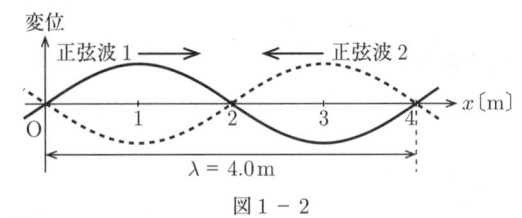

図1-2

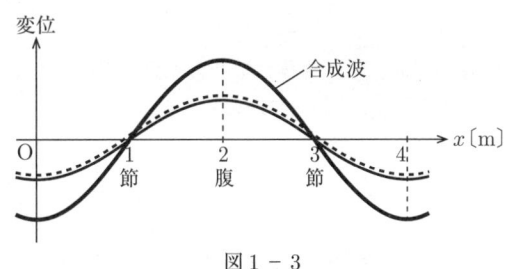

図1-3

問4　7　正解②　8　正解②

容器1の気体の物質量は n，絶対温度は T であるから，容器1の単原子分子理想気体の内部エネルギーは $\frac{3}{2}nRT$ である。また，容器2の気体の物質量は $2n$，絶対温度は $2T$ であるから，容器2の単原子分子理想気

体の内部エネルギーは,

$$\frac{3}{2} \times 2nR \times 2T = 6nRT$$

である。

コックを開いて十分に時間が経過したとき、容器内の気体の絶対温度を T_e とする。容器1と容器2内の気体の内部エネルギーの和は保存するので,

$$\frac{3}{2}(n + 2n)RT_e = \frac{3}{2}nRT + 6nRT$$

$$\therefore \quad T_e = \frac{5}{3}T$$

となる。

問5 ☐9☐ 正解③

スイッチを閉じて十分に時間が経過したとき、コンデンサーの電圧は V になるので、コンデンサーに蓄えられた静電エネルギーは $\frac{1}{2}CV^2$ である。また、コンデンサーに蓄えられた電気量の大きさは CV である。

比誘電率が2の誘電体をコンデンサーの極板の間に満たすとき、コンデンサーの電気容量は $2C$ になる。スイッチを開いてから誘電体を満たしたので、コンデンサーに蓄えられた電気量の大きさは CV のままである。よって、コンデンサーの電圧は,

$$\frac{CV}{2C} = \frac{1}{2}V$$

となる。

ポイント

・運動量保存則

2物体の質量を m_1, m_2, 速度を $\vec{v_1}$, $\vec{v_2}$ とすると、2物体に外力が作用しないとき,

$$m_1\vec{v_1} + m_2\vec{v_2} = \text{一定}$$

・円運動

物体の質量を m, 物体にはたらく力の大きさを F, 円運動の半径を r, 角速度の大きさを ω として,

速さ $\quad v = r\omega$

向心加速度の大きさ $\quad \dfrac{v^2}{r} = r\omega^2$

運動方程式 中心方向成分 $\quad m\dfrac{v^2}{r} = F$

または, $\quad mr\omega^2 = F$

・コンデンサー

電気容量を C, 電圧を V として、コンデンサーに蓄えられる電気量の大きさ Q と静電エネルギー U は,

$$Q = CV$$

$$U = \frac{Q^2}{2C} = \frac{1}{2}CV^2 = \frac{1}{2}QV$$

第2問 力学

スキージャンプについて、力学の法則の理解と運用力をみる問題。

問1 ☐10☐ 正解③ ☐11☐ 正解④

小物体にはたらく力が重力だけのとき、小物体の加速度の x 成分は 0, y 成分は $-g$ である。よって、着地点Pに着地するまでの小物体の位置座標 (x, y) は、時刻 t において,

$$x = v_0 t \qquad \cdots ①$$

$$y = -\frac{1}{2}gt^2 \qquad \cdots ②$$

となる。

式①より,

$$t = \frac{x}{v_0}$$

であり、これを式②に代入すると小物体の放物線軌道は,

$$y = -\frac{g}{2}\left(\frac{x}{v_0}\right)^2$$

となる。

着地点Pの位置座標を (x_P, y_P) とする(図2-1)。着地点Pは斜面上の点であるから、$y_P = -x_P$ である。これと,

$$y_P = -\frac{g}{2}\left(\frac{x_P}{v_0}\right)^2$$

を連立して、x_P と y_P を求めると,

$$-x_P = -\frac{g}{2}\left(\frac{x_P}{v_0}\right)^2$$

$$x_P\left(\frac{gx_P}{2v_0^2} - 1\right) = 0$$

$$x_P = \frac{2v_0^2}{g} > 0$$

$$y_P = -\frac{2v_0^2}{g}$$

となる。よって、OP間の距離 L は,

$$L = \sqrt{x_P^2 + y_P^2} = \frac{2\sqrt{2}v_0^2}{g}$$

となる。

〔補足〕 点 P に着地する時刻を t_P とすると,

$$x_P = v_0 t_P = \frac{2v_0^2}{g}$$

$$t_P = \frac{2v_0}{g}$$

となる。

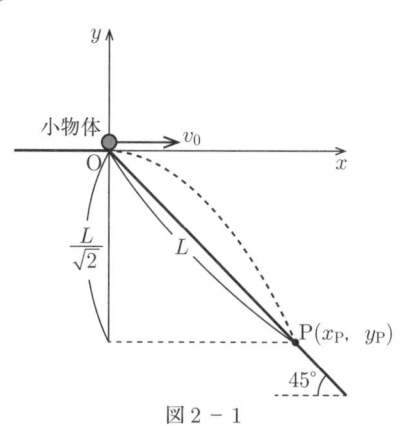

図 2 − 1

問2 12 正解 ③

点 O と着地点 P の高低差は $\dfrac{L}{\sqrt{2}}$ である(図 2 − 1)。点 O を基準とした点 P での小物体にはたらく重力による位置エネルギーは $-mg\dfrac{L}{\sqrt{2}}$ である。力学的エネルギー保存則により,

$$K - mg\frac{L}{\sqrt{2}} = \frac{1}{2}mv_0^2 + 0$$

$$\therefore \quad K = \frac{1}{2}mv_0^2 + \frac{1}{\sqrt{2}}mgL$$

となる。

問3 13 正解 ③

図 2 − 2 のように,小物体に力積を与えた直後の速度の y 成分を u_0 とする。運動量は受けた力積だけ変化するので,y 成分について,

$$mu_0 - 0 = I$$

である。ここでは重力による力積は無視している。これより,

$$u_0 = \frac{I}{m}$$

であるから,

$$\tan\alpha = \frac{u_0}{v_0} = \frac{I}{mv_0}$$

となる。

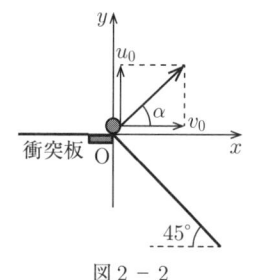

図 2 − 2

問4 14 正解 ①

力積 I を大きくするほど,u_0 は大きくなるので,小物体が点 O から放物運動して斜面上の着地点 Q に落下するまでの時間は長くなる。速度の x 成分は v_0 で一定であるので,着地点 Q の x 座標は大きくなる。また,着地点 Q の y 座標の絶対値は x 座標に等しいので,OQ 間の距離 L' は大きくなる。よって,力積 I を大きくすると,L' は単調に増加し,上限値はない。

〔補足〕 小物体が点 O を通過した時刻を $t = 0$ とする。小物体が着地点 Q に達するまでの位置座標 $(x,\ y)$ は,時刻 t において,

$$x = v_0 t$$

$$y = u_0 t - \frac{1}{2}gt^2$$

であるから,

$$y = \frac{u_0}{v_0}x - \frac{1}{2}g\left(\frac{x}{v_0}\right)^2$$

となる。着地点 Q の位置座標を $(x_Q,\ y_Q)$ とすると,$y_Q = -x_Q$ であるから,

$$y_Q = \frac{u_0}{v_0}x_Q - \frac{1}{2}g\left(\frac{x_Q}{v_0}\right)^2 = -x_Q$$

より,

$$x_Q = \frac{2v_0^2}{g}\left(1 + \frac{u_0}{v_0}\right) = \frac{2v_0^2}{g}\left(1 + \frac{I}{mv_0}\right)$$

$$y_Q = -\frac{2v_0^2}{g}\left(1 + \frac{I}{mv_0}\right)$$

となる。よって,OQ 間の距離 L' は,

$$L' = \sqrt{x_Q^2 + y_Q^2} = \frac{2\sqrt{2}v_0^2}{g}\left(1 + \frac{I}{mv_0}\right)$$

となる。力積 I を大きくすると,L' は単調に増加し,上限値はない。

問5 15 正解 ⑤ 16 正解 ④

空気の抵抗力が速度に比例するときの正の比例定数を k とする。小物体にはたらく空気の抵抗力の向きは速度と逆向きであるから,その $x,\ y$ 成分は,それぞれ $-kv_x,\ -kv_y$ である。加速度の $x,\ y$ 成分を,それぞれ $a_x,\ a_y$ とすると,小物体の運動方程式は,

$$ma_x = -kv_x$$
$$ma_y = -kv_y - mg$$

である。これより，

$$a_x = -\frac{k}{m}v_x \qquad \cdots ③$$

$$a_y = -\frac{k}{m}v_y - g \qquad \cdots ④$$

となる。

$v_x > 0$ のとき，式③より $a_x < 0$ であるから，速度の x 成分は減少する。また，加速度の x 成分の大きさも減少して，十分に時間が経過したとき a_x と v_x は 0 に近づく。よって，$|v_x|$ の時間変化を表す最も適当なグラフは⑤である（図 2 - 3）。

時刻 $t = 0$ のとき，$v_y = 0$ であるから，式④より，加速度の y 成分の大きさは，$|a_y| = g$ となる。時間が経過するにしたがって，速度の y 成分の大きさ $|v_y|$ は増加し，加速度の y 成分の大きさ $|a_y|$ は 0 に近づく。よって，v_y は一定値（終端速度）に近づく。終端速度の y 成分を v_f とすると，運動方程式により，

$$0 = -kv_\mathrm{f} - mg$$

$$v_\mathrm{f} = -\frac{mg}{k}$$

となる。よって，$|v_y|$ の時間変化を表す最も適当なグラフは④である（図 2 - 4）。

v_x，v_y の時間変化を表すグラフの接線の傾きは，それぞれ a_x，a_y に等しい。a_x，a_y は時間変化するので，v_x，v_y の時間変化を表すグラフは曲線グラフになることに注意しよう。

〔補足〕 詳しい計算によれば，v_x，v_y は t の指数関数として表すことができる。

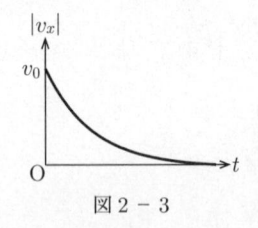

図 2 - 3

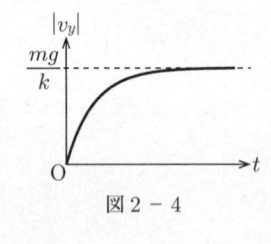

図 2 - 4

・放物運動

時刻 $t = 0$ における初速度の大きさを v_0，初速度の仰角を θ，位置を $x = y = 0$，重力加速度の大きさを g とすると（図 2 - 5），

速度　x 成分　　$v_x = v_0\cos\theta$

　　　　y 成分　　$v_y = v_0\sin\theta - gt$

位置　$x = v_0\cos\theta \cdot t$

　　　$y = v_0\sin\theta \cdot t - \frac{1}{2}gt^2$

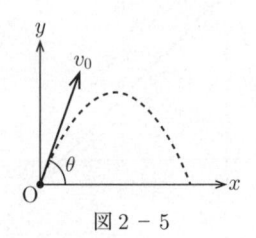

図 2 - 5

・力学的エネルギー保存則

物体の質量を m，速さを v，基準点からの高さを h，重力加速度の大きさを g とすると，重力だけが仕事をする運動では，

$$\frac{1}{2}mv^2 + mgh = 一定$$

・運動方程式

物体の質量を m，物体に作用する力を $\vec{F}$，物体に生じる加速度を $\vec{a}$ とすると，

$$m\vec{a} = \vec{F}$$

第3問　電磁気

磁場中の導体棒の運動の実験について，電磁誘導の理解をみる問題。

問1 　17　正解②

導体棒 M を x 軸の正の向きに動かすとき，導体レールと導体棒 M，および抵抗からなる閉回路を貫く磁束（鉛直上向きにかけた一様な磁場による磁束）が増加する。誘導電流の向きは，レンツの法則により，それがつくる磁束が閉回路を貫く磁束の増加を妨げる向きである。よって，抵抗に流れる電流 I の向きは a → c である（図 3 - 1）。

このとき，導体棒 M に流れる電流の向きは，導体レール cd から ab の向きである。導体棒 M が磁場から受ける力 F の向きは，フレミングの左手の法則により，x 軸の負の向きである（図 3 - 1）。

〔補足〕 この閉回路に生じる誘導起電力の大きさは，

ファラデーの電磁誘導の法則により，閉回路を貫く磁束の単位時間あたりの変化の大きさに等しい。また，抵抗に流れる電流の大きさは誘導起電力の大きさに比例する。よって，抵抗に流れる電流の大きさは，閉回路を貫く磁束の単位時間あたりの変化の大きさに比例する。

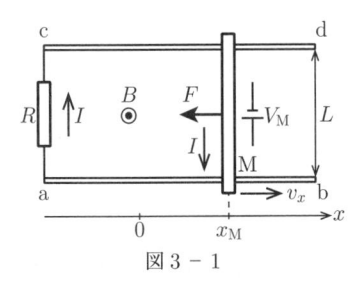

図 3 − 1

問2 [18] 正解③

抵抗に流れる電流の大きさ I_1 は，オームの法則により，

$$I_1 = \frac{V_1}{R}$$

である。抵抗で消費される電力は，

$$P = I_1 V_1 = \frac{V_1^2}{R}$$

となる。

導体棒 M が磁場から受ける力の大きさは，

$$F = L I_1 B = \frac{L V_1 B}{R}$$

となる。

問3 [19] 正解③

導体棒 M の x 座標が，

$$x_M = A_0 \cos\left(\frac{2\pi}{T_0} t\right)$$

のとき，導体棒 M の速度の x 成分 v_x は，

$$v_x = \frac{dx_M}{dt} = -\frac{2\pi A_0}{T_0} \sin\left(\frac{2\pi}{T_0} t\right)$$

となる。よって，v_x の時間変化を表す最も適当なグラフは③である（図 3 − 2）。ここで，A_0 と T_0 は単振動の振幅と周期である。

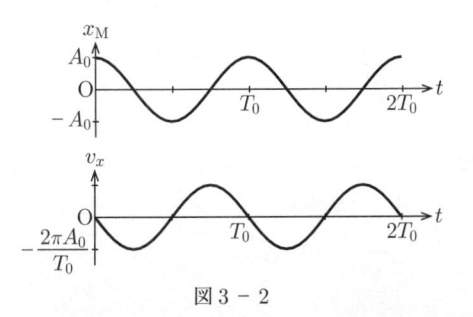

図 3 − 2

問4 [20] 正解③

導体棒 M に生じる誘導起電力を V_M とする。導体棒 M に導体レール cd から ab の向きに電流を流すときの V_M を正とすると，

$$V_M = v_x B L = -\frac{2\pi A_0 B L}{T_0} \sin\left(\frac{2\pi}{T_0} t\right) \qquad \cdots①$$

である（図 3 − 1）。

抵抗に流れる電流 I（a → c の向きを正）は，キルヒホッフの第2法則により，

$$RI = V_M$$

$$\therefore \quad I = \frac{V_M}{R} = -\frac{2\pi A_0 B L}{R T_0} \sin\left(\frac{2\pi}{T_0} t\right)$$

となる。よって，I の時間変化を表す最も適当なグラフは③である（図 3 − 3）。

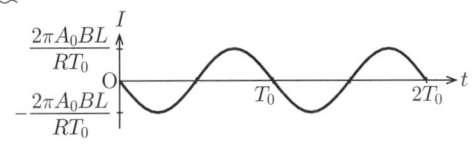

図 3 − 3

問5 [21] 正解⑤   [22] 正解①
[23] 正解③

$A = A_0$，$T = T_0$ のとき，導体棒 M に生じる誘導起電力の最大値を V_{max} とする。式①により，

$$V_{max} = \frac{2\pi A_0 B L}{T_0}$$

である。よって，抵抗での消費電力の最大値は，

$$P_0 = \frac{V_{max}^2}{R} = \frac{(2\pi B L)^2}{R} \cdot \frac{A_0^2}{T_0^2}$$

となる。P_0 は単振動の振幅の2乗に比例し，周期の2乗に反比例することがわかる。

$A = 2A_0$，$T = T_0$ として実験した場合，抵抗での消費電力の最大値は，$\dfrac{(2\pi B L)^2}{R} \cdot \dfrac{(2A_0)^2}{T_0^2}$ であり，P_0 の 4 倍になる。

$A = A_0$，$T = 2T_0$ として実験した場合，抵抗での消費電力の最大値は，$\dfrac{(2\pi B L)^2}{R} \cdot \dfrac{A_0^2}{(2T_0)^2}$ であり，P_0 の $\dfrac{1}{4}$ 倍になる。

$A = 2A_0$，$T = 2T_0$ として実験した場合，抵抗での消費電力の最大値は，$\dfrac{(2\pi B L)^2}{R} \cdot \dfrac{(2A_0)^2}{(2T_0)^2}$ であり，P_0 の 1 倍になる。

・レンツの法則

閉回路に流れる誘導電流の向きは，それがつくる磁束が閉回路を貫く磁束の変化を妨げる向きである。

・フレミングの左手の法則

左手の中指の向きを電流の向き，人差し指の向きを磁場の向きとしたとき，電流が磁場から受ける力の向きは親指の向きに対応する（図3 − 4）。

電流が磁場から受ける力の向きは，電流と磁場に垂直で，電流から磁場の向きに右ねじを回すとき，右ねじが進む向きである。

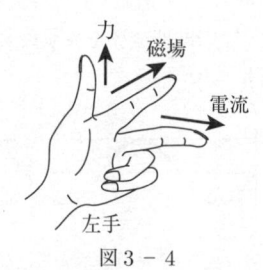

図 3 − 4

・オームの法則，消費電力

抵抗値 R の抵抗に流れる電流の大きさを I として，

抵抗にかかる電圧　$V = RI$

抵抗の消費電力　$P = IV = RI^2 = \dfrac{V^2}{R}$

P は，単位時間あたりに抵抗で生じるジュール熱に等しい。

・キルヒホッフの法則

第1法則　回路の分岐点で，

（流入電流の和）＝（流出電流の和）

第2法則　閉回路に沿って1周まわるとき，

（電圧降下の和）＝（起電力の和）

第4問　波動，原子

光の干渉と電子線の干渉について，波動性に関する現象の理解をみる問題。

問1　24　正解 ③

ヤングの実験は，光の干渉を観察することにより，光の波動性を実証した実験である。この実験はイギリスで19世紀初頭に行われた。

スクリーン上の点Pで光が強め合うとき，経路差は，整数を $m (m = 0, 1, 2, \cdots)$ として，

$$|S_1P - S_2P| = \frac{d}{L}x = m\lambda$$

である。これより明線の生じる距離 x は，

$$x = m\frac{L\lambda}{d}$$

となる。よって，点O付近で隣り合う明線の間隔を Δx とすると，

$$\Delta x = \frac{L\lambda}{d} \qquad \cdots ①$$

となる。

〔補足〕　三平方の定理を用いて，

$$S_1P = \sqrt{L^2 + \left(x + \frac{d}{2}\right)^2} = L\sqrt{1 + \left(\frac{x + d/2}{L}\right)^2}$$

$$S_2P = \sqrt{L^2 + \left(x - \frac{d}{2}\right)^2} = L\sqrt{1 + \left(\frac{x - d/2}{L}\right)^2}$$

である（図4 − 1）。L が x, d に比べて十分に大きいとき，近似して，

$$S_1P ≒ L\left\{1 + \frac{1}{2}\left(\frac{x + d/2}{L}\right)^2\right\}$$

$$S_2P ≒ L\left\{1 + \frac{1}{2}\left(\frac{x - d/2}{L}\right)^2\right\}$$

であるから，経路差は，

$$|S_1P - S_2P| = \frac{d}{L}x$$

となる。

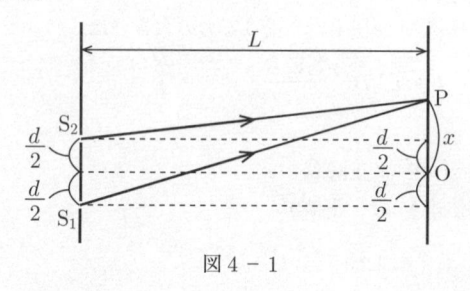

図 4 − 1

問2　25　正解 ②

電子銃から打ち出された電子の運動エネルギーを K とする。電子銃の加速電圧 V による運動で，力学的エネルギー保存則により，

$$K + (-e)V = 0$$

$$\therefore \quad K = eV$$

となる。

電子波の波長（ド・ブロイ波長）λ_E は，

$$\lambda_E = \frac{h}{p}$$

である。

〔補足〕　電子の質量を m とすると，

$$K = \frac{p^2}{2m} = eV$$

$$p = \sqrt{2meV}$$

であるから，

$$\lambda_E = \frac{h}{\sqrt{2meV}}$$

となる。

問3 26 正解④

式①により，光の波長が長いほど，ヤングの実験による明線の間隔 Δx は広くなる。電子線の干渉も同様に明線の間隔を広くするには，電子波の波長を長くすればよい。つまり，電子の運動量を小さくすればよく，このためには電子を加速する電圧を小さくすればよい。

式①により，複スリットの間隔を狭くすると，ヤングの実験による明線の間隔 Δx は広くなる。電子線の干渉も同様に明線の間隔を広くするには，電子線バイプリズムの仮想的な複スリットの間隔を狭くすればよい。このためには電子線バイプリズムの正電極と負電極の間の電場の大きさを大きくして，電子の軌道を正電極に近づけるようにすればよい。

問4 27 正解②

電子線が結晶平面で反射するとき，隣り合う結晶平面で反射した電子波の経路差は，

$$2D\sin\theta$$

である（図4－2）。電子波が結晶平面で反射して強め合うとき，

$$2D\sin\theta = n\lambda_e$$

が成り立つ。これを，ブラッグの条件という。

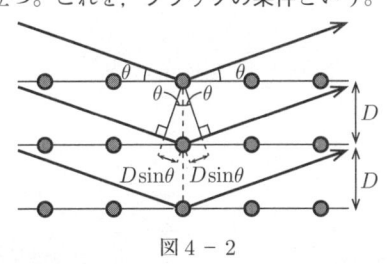

図4－2

ポイント

・ヤングの実験

二つのスリットからの光が，

強め合う条件　光路差＝波長×整数
弱め合う条件　光路差＝波長×（整数＋1/2）

・物質波（ド・ブロイ波）

プランク定数を h，粒子の運動量を p として，物質波の波長 λ は，

$$\lambda = \frac{h}{p}$$

・ブラッグの条件

結晶平面の間隔を d，波長を λ，X線や電子線の入射方向と結晶平面のなす角を θ とすると，

強め合う条件　$2d\sin\theta = n\lambda$ （$n = 1, 2, 3, \cdots$）

2024 年度

大学入学共通テスト
本試験

解答・解説

■ 2024 年度　本試験「物理」得点別偏差値表

下記の表は大学入試センター公表の平均点と標準偏差をもとに作成したものです。

平均点　62.97　　標準偏差　22.82　　　　　　　　受験者数　142,525

得 点	偏差値	得 点	偏差値	得 点	偏差値	得 点	偏差値
100	66.2	70	53.1	40	39.9	10	26.8
99	65.8	69	52.6	39	39.5	9	26.3
98	65.4	68	52.2	38	39.1	8	25.9
97	64.9	67	51.8	37	38.6	7	25.5
96	64.5	66	51.3	36	38.2	6	25.0
95	64.0	65	50.9	35	37.7	5	24.6
94	63.6	64	50.5	34	37.3	4	24.2
93	63.2	63	50.0	33	36.9	3	23.7
92	62.7	62	49.6	32	36.4	2	23.3
91	62.3	61	49.1	31	36.0	1	22.8
90	61.8	60	48.7	30	35.6	0	22.4
89	61.4	59	48.3	29	35.1		
88	61.0	58	47.8	28	34.7		
87	60.5	57	47.4	27	34.2		
86	60.1	56	46.9	26	33.8		
85	59.7	55	46.5	25	33.4		
84	59.2	54	46.1	24	32.9		
83	58.8	53	45.6	23	32.5		
82	58.3	52	45.2	22	32.0		
81	57.9	51	44.8	21	31.6		
80	57.5	50	44.3	20	31.2		
79	57.0	49	43.9	19	30.7		
78	56.6	48	43.4	18	30.3		
77	56.1	47	43.0	17	29.9		
76	55.7	46	42.6	16	29.4		
75	55.3	45	42.1	15	29.0		
74	54.8	44	41.7	14	28.5		
73	54.4	43	41.2	13	28.1		
72	54.0	42	40.8	12	27.7		
71	53.5	41	40.4	11	27.2		

（解答・配点）

問題番号（配点）	設問（配点）		解答番号	正解	自己採点欄	問題番号（配点）	設問（配点）		解答番号	正解	自己採点欄
第1問 (25)	1	（5）	1	⑤		**第3問** (25)	1	（5）	13	⑤	
	2	（3）	2	⑤			2	（5）	14	③	
		（2）	3	③			3	（5）	15	②	
	3	（5）	4	④			4	（5）	16	②	
	4	（5）	5	⑦			5	（5）	17	④	
	5	（5）	6	⑦			小　　計					
	小　　計						1	（5）	18	②	
第2問 (25)	1	（5）	7	⑥		**第4問** (25)	2	（5）	19	⑤	
	2	（3）	8	②			3	（5）	20	①	
		（3）	9	①			4	（5）	21	⑥	
	3	（5）	10	⑨			5	（5）	22	①	
	4	（5）*	11	④			小　　計					
	5	（4）	12	④			合　　計					
	小　　計											

（注）　＊は，③を解答した場合は 1 点を与える。

解　説

第1問　小問集合

剛体，気体分子運動論，光の屈折，ローレンツ力，原子核

問1 $\boxed{1}$ **正解**　⑤

板が点Aのまわりで回転をはじめる直前では，板の底面 AC 部分の点 C 側が床からほんのわずかに離れ（実際には底面 AC は床に平行），底面 AC は点 A だけで床に接していると考えればよい。このとき，図 1 − 1 のように，点 A のところに壁と床から力が作用することになる。その力の大きさを順に N_1，N_2 とする。点 A のまわりで考えると，重力のうでの長さは $\dfrac{2}{3}L$，B に加える力のうでの長さは L である。回転をはじめる直前で，点 A のまわりで板にはたらく力のモーメントのつりあいにより，F を求めると，

$$Mg \times \frac{2}{3}L - FL = 0$$

$$F = \frac{2}{3}Mg$$

となる。$F \leqq \dfrac{2}{3}Mg$ であれば，板は点 A のまわりで回転しない。

【補足】　板にはたらく力のつりあいは，

水平方向：$F - N_1 = 0$

鉛直方向：$N_2 - Mg = 0$

である。これにより，$F = \dfrac{2}{3}Mg$ のとき，$N_1 = \dfrac{2}{3}Mg$，$N_2 = Mg$ となる。

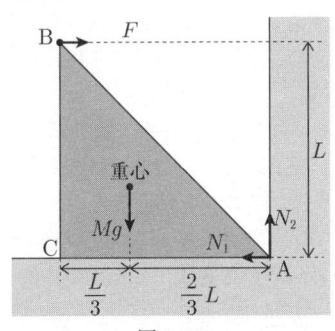

図 1 − 1

問2 $\boxed{2}$ **正解**　⑤　　$\boxed{3}$ **正解**　③

気体分子1個あたりの運動エネルギー平均値を K，ボルツマン定数を k，温度（絶対温度）を T とすると，

$$K = \frac{3}{2}kT$$

が成り立ち，K は T に比例する。これより，温度が 1500 万 K の運動エネルギーの平均値は，温度が 300K のそれの，

$$\frac{1500\,万\,K}{300K} = \frac{1500 \times 10000}{300} = \underline{50000}\,倍$$

となる。

同じ温度では質量が異なる分子でも運動エネルギーの平均値は等しい。よって，太陽の中心部（約 1500 万 K）での水素原子核とヘリウム原子核の1個あたりの運動エネルギーの平均値は等しい。つまり $\underline{1}$ 倍である。

【補足】　水素原子核とヘリウム原子核の二乗平均速度を順に $\sqrt{\overline{v^2}}$，$\sqrt{\overline{V^2}}$，質量を順に m，M とする。同じ温度 T の運動エネルギーの平均値は，

$$K = \frac{1}{2}m\overline{v^2} = \frac{1}{2}M\overline{V^2} = \frac{3}{2}kT$$

である。M は m の約4倍であるから，$\overline{V^2}$ は $\overline{v^2}$ の約 $\dfrac{1}{4}$ 倍となる。

問3 $\boxed{4}$ **正解**　④

図 1 − 2 に示したように，境界面が互いに平行であるから，水からガラスへ進む光の入射角は θ，ガラスから空気へ進む光の入射角は θ' である。ここでは境界面で反射する光は省略している。各境界面の屈折の法則により，

水とガラスの境界面：$n\sin\theta = n'\sin\theta'$　　…①

ガラスと空気の境界面：$n'\sin\theta' = n''\sin\theta''$　…②

が成り立つ。$1 = n'' < n < n'$ であるから，角度の大小関係は，$\theta' < \theta < \theta''$ となる。式①と式②により，

$$n\sin\theta = n''\sin\theta''　　　…③$$

が成り立つ。$\theta = \theta_C$ のとき，$\theta'' = 90°$ となる（図 1 − 3）。このとき，式③により，

$$n\sin\theta_C = n''\sin90°$$

$$\therefore\quad \sin\theta_C = \frac{n''}{n} = \underline{\frac{1}{n}}$$

となる。$\theta > \theta_C$ のとき，光は<u>ガラスと空気</u>の境界面で全反射する。$\theta' < \theta$ より，水とガラスの境界面で光が全反射することはない。

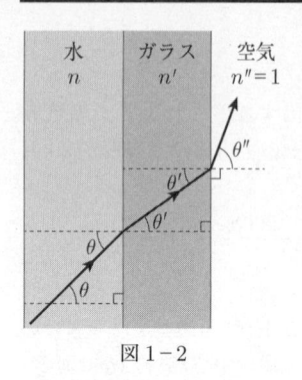

図1−2

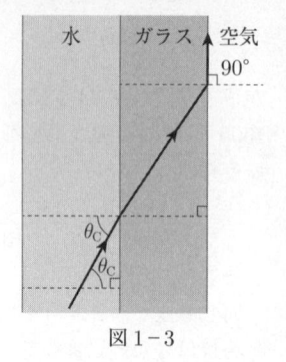

図1−3

問4 　5　 正解 ⑦

　一般に，荷電粒子に磁場からはたらくローレンツ力の向きは速度に垂直であるから，ローレンツ力は仕事をしない。つまり，磁場中の荷電粒子の運動エネルギーは一定であり，速さは一定である。

　荷電粒子が xy 平面内で円運動（等速円運動）をするとき，速度の向きは xy 平面に平行である。また，荷電粒子にはたらくローレンツ力は円運動の向心力となるが，これも xy 平面に平行である。よって，磁場の方向は xy 平面に垂直で z 軸に平行である。

　荷電粒子が x 軸に平行に直線運動（等速直線運動）をするとき，荷電粒子にローレンツ力ははたらかない。このとき，速度の向きは磁場に平行になるので磁場の方向は x 軸に平行である。

【補足】　荷電粒子の電気量を q （$q > 0$ とする），速さを v，磁場の磁束密度の大きさを B，速度と磁束密度の向きのなす角を θ とすると，荷電粒子にはたらくローレンツ力の大きさ f は，

$$f = qvB\sin\theta \quad (0 \leqq \theta \leqq 180°)$$

である（図1−4）。

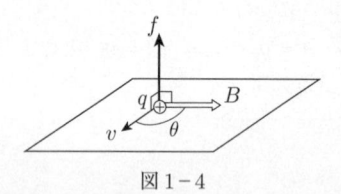

図1−4

問5 　6　 正解 ⑦

　原子核反応，

$$_1^1\text{H} + {}_6^{12}\text{C} \longrightarrow {}_7^{13}\text{N}$$

について考える。反応前の陽子 $_1^1\text{H}$ と炭素の原子核 $_6^{12}\text{C}$ の質量の合計は，表1から統一原子質量単位〔u〕で求めると，

$$1.0073\,\text{u} + 11.9967\,\text{u} = 13.004\,\text{u}$$

である。これは反応後の窒素の原子核 $_7^{13}\text{N}$ の質量 $13.0019\,\text{u}$ より大きい。よって，原子核反応により質量

の減少分に相当するエネルギーが放出される。

　時刻 t における未崩壊の窒素の原子核の個数 $N(t)$ を，その半減期 T を用いて表すと，

$$N(t) = N(0)\left(\frac{1}{2}\right)^{\frac{t}{T}}$$

である。$t = 40$ 分で個数が $\frac{1}{16}$ になることから，半減期 T は，

$$\frac{N(40\,\text{分})}{N(0)} = \left(\frac{1}{2}\right)^{\frac{40\,\text{分}}{T}} = \frac{1}{16} = \left(\frac{1}{2}\right)^4$$

$$\frac{40\,\text{分}}{T} = 4 \quad \therefore \quad T = 10\,\text{分}$$

となる。

問題講評

　力学，熱力学，光，電磁気，原子から各1問ずつ，物理の全範囲からの出題である。

問1　力のモーメントのつりあいを点Aのまわりで立てる。標準

問2　気体分子運動論の運動エネルギー平均値と絶対温度の比例関係は重要である。　2　やや易，　3　難

問3　問題文に与えられた式で屈折の法則を考えると捉えやすい。やや難

問4　荷電粒子の速度，磁場。ローレンツ力の向きの関係が問われている。図をイメージしながら考察する。やや難

問5　原子核反応は原子核の質量の変化がともなう。標準

　難易度の分類は，難（正解率0〜40％），やや難（40〜55％），標準（55〜70％），やや易（70〜85％），易（85〜100％）とする。

第2問　力学

ペットボトルロケット，仕事，運動量保存則

問1　7　 正解 ⑥

　図1のように，ノズルを開いてから短い時間 Δt の間に，速さ u でノズルから噴出した水の先端が進む距離は $u\Delta t$ である。このとき噴出した水の体積 ΔV は，

$$\Delta V = su\Delta t$$

である。

　ペットボトルの内部の水面が速さ u_0 で，時間 Δt の間に下がる距離は $u_0\Delta t$ である。このとき，ペットボトル内部から失われた水の体積は $S_0 u_0 \Delta t$ である。これと同じ体積の水がノズルから噴出したので，

$$S_0 u_0 \Delta t = \Delta V$$

$$\therefore \quad u_0 = \frac{\Delta V}{S_0 \Delta t} = \frac{s}{S_0} u$$

となる。ここで，水の体積は一定であることに注意しよう。水は非圧縮性の流体とみなしてよい。

問2 $\boxed{8}$ **正解** ② $\boxed{9}$ **正解** ①

時刻 $t = 0$ から $t = \Delta t$ の間に噴出した水の体積は ΔV であるから，その水の質量 Δm は，

$$\Delta m = \rho_0 \Delta V$$

である。このとき，圧力 p の圧縮気体がペットボトル内の水面を押す力の大きさは pS_0 である。時間 Δt の間に水面は力がはたらく向きに距離 $u_0 \Delta t$ だけ下降するから，この力の仕事 W' は正であり，

$$W' = pS_0 u_0 \Delta t = p\Delta V$$

となる（図2−1）。

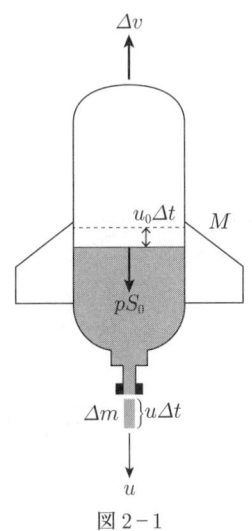

Δv

$u_0 \Delta t$ M

pS_0

Δm }$u\Delta t$

u

図2−1

問3 $\boxed{10}$ **正解** ⑨

一般に，物体の運動エネルギーは物体がされた仕事だけ変化する。

時刻 $t = 0$ での水の運動エネルギーを 0 とし，$t = \Delta t$ での噴出した水の運動エネルギーが W' に等しいものとして u を求めると，

$$\frac{1}{2} \Delta m u^2 = W'$$

$$\therefore \quad u = \sqrt{\frac{2W'}{\Delta m}}$$

となる。

問4 $\boxed{11}$ **正解** ④

図3の上向きを正の向きとして，ロケットの運動量は $M\Delta v$，噴出した水の運動量は $-\Delta mu$ である。運動量が保存するものとして，これらの和が噴出前の運動量の和

0 に等しいとすると，

$$M\Delta v - \Delta mu = 0$$

が成り立つ。

【注】 u は速さとして定義されているのでスカラーであることに注意しよう。仮に u を図3の上向きを正とする速度成分として定義すると，選択肢の③が正解になる。

問5 $\boxed{12}$ **正解** ④

推進力の大きさを F とする。ロケット全体が時間 Δt の間に推進力から受けた力の力積は，図3の上向きを正の向きとして $F\Delta t$ である。一方，**作用反作用の法則**により，噴出した水にはたらく力は図3の下向きであり，その力積は $-F\Delta t$ である。運動量は受けた力積だけ変化するので，

ロケット全体：$M\Delta v - 0 = F\Delta t$ …①

噴出した水：$-\Delta mu - 0 = -F\Delta t$ …②

が成り立つ。式①より，推進力の大きさは，

$$F = \frac{M\Delta v}{\Delta t}$$

となる。これがロケット全体にはたらく重力の大きさ Mg より大きくなる条件は，

$$\frac{M\Delta v}{\Delta t} > Mg$$

$$\therefore \quad \Delta v > g\Delta t$$

となる。

【補足】 式①＋式②により，

$$M\Delta v - \Delta mu = 0$$

となり，**問4**の**運動量保存則**を表す式が得られる。

本問の設定はペットボトルロケットを鉛直に立てた実験であり，重力を無視して考察することになっている。重力を考えなくてもよい設定とするならば，ペットボトルロケットを水平にした実験をすることもできる。この場合は，ペットボトルの内部の水面の位置に質量が無視できる仕切り板のようなものを入れる必要がある。

以下では，重力を無視しないで鉛直方向の運動を考察してみる。

図3の Δv の代わりに，鉛直上向きを正とする速度成分の変化を Δw として設定する。ロケット全体にはたらく重力の力積は $Mg\Delta t$ であるから，運動量の変化と力積の関係は，

ロケット全体：$M\Delta w - 0 = F\Delta t - Mg\Delta t$ …③

である。また，噴出した水にはたく重力の力積は $-\Delta mg\Delta t$ であるが，これは微小量の積であるから無視すると，運動量の変化と力積の関係は式②と同様に成り立つ。式②より，

$$F = \frac{\Delta mu}{\Delta t} \qquad \cdots ④$$

である。式③より Δw を求めて，式④の F を代入すると，

$$\Delta w = \frac{F\Delta t}{M} - g\Delta t = \frac{\Delta mu}{M} - g\Delta t \qquad \cdots ⑤$$

となる。ペットボトルロケットが上昇する条件として，$\Delta w > 0$ により，式⑤から，

$$\frac{\Delta mu}{M} > g\Delta t \qquad \cdots ⑥$$

が得られる。問4から，

$$\Delta mu = M\Delta v$$

を用いると，式⑥は $\Delta v > g\Delta t$ となる。

（問題講評）

　ペットボトルロケットを素材とした実験考察問題である。

問1 　$\boxed{ア}$ は，体積の次元になるものは選択肢の⑤，⑥である。正解を選ぶときに物理量の次元に注意しよう。易

問2 　$\boxed{8}$ は，質量の次元になるものは選択肢の②である。$\boxed{9}$ は，はたらく力と移動する向きに注意して，仕事は正になる。$\boxed{8}$ やや易 $\boxed{9}$ 標準

問3 　運動エネルギー変化と仕事の関係は基本公式である。標準

問4 　問題文の誘導にしたがって解答できるが，運動量の符号に注意。標準

問5 　問題文の誘導にしたがって，推進力の大きさについての条件から考える。やや難

第3問　波動

弦の振動，定在波，電流が磁場から受ける力

問1 　$\boxed{13}$ 　正解　⑤

　U 字型磁石がつくる磁極の間の磁場の向きは y 軸に平行である。また，弦を流れる電流の向きは x 軸に平行である。この電流が磁場から受ける力の向きは，電流と磁場に垂直になるから，z 軸に平行である。

　弦の中央部に力を加えて弦を固有振動させるとき，弦の中央部は定在波の腹になる。また，こまの位置は固定端であるから，定在波の節になる。

【補足】　U 字型磁石がつくる磁極の間の磁場の向きを y 軸の正の向きとする。電流が x 軸の正の向きに流れるとき，電流が磁場から受ける力の向きは，フレミングの左手の法則により，z 軸の正の向きになる（図 3 - 1）。電流が x 軸の負の向きに流れるとき，電流が磁場から受ける力の向きは，z 軸の負の向きになる。金属線に流

れる電流は交流であるから，力の向きは周期的に変化する。その変化の振動数は交流の周波数に等しい。また，この振動数は弦の振動数に等しい。

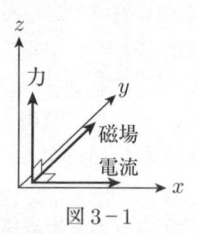

図 3 - 1

問2 　$\boxed{14}$ 　正解　③

　弦に 3 個の腹を持つ横波の定在波ができたときの様子は図 3 - 2 のようになる。この定在波の波長を λ とすると，隣り合う節の間隔は $\frac{\lambda}{2}$ であるから，

$$\frac{\lambda}{2} \times 3 = L$$

$$\therefore \quad \lambda = \frac{2}{3}L$$

となる。

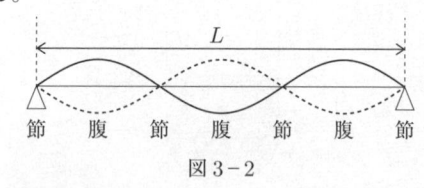

図 3 - 2

問3 　$\boxed{15}$ 　正解　②

　定在波の腹が n 個生じているときの定在波の波長を λ_n とすると，問2と同様に，

$$\frac{\lambda_n}{2} \times n = L$$

$$\lambda_n = \frac{2L}{n}$$

となる。弦を伝わる波の速さを v とすると，弦の固有振動数 f_n は，

$$v = f_n \lambda_n$$

$$f_n = \frac{v}{\lambda_n} = \frac{v}{2L} \times n \qquad \cdots ①$$

となる。図 3 - 3 のように，n をグラフの横軸，f_n をグラフの縦軸にとり，各点を通る直線を引く。この直線（式①）の傾き $\frac{v}{2L}$ は，弦を伝わる波の速さに比例する。

【補足】　弦の定在波の波長と振動数は，弦を互いに逆向きに進む波の波長と振動数に等しい。

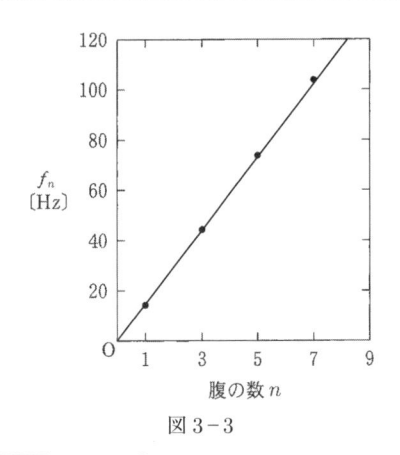

図3－3

問4 ◻16 **正解** ②

図3の右下のグラフ(図3－4)の各点を通る直線を引くと，原点を通過する直線になる。このことから f_3 は $\sqrt{S}$ に比例することが推測される。

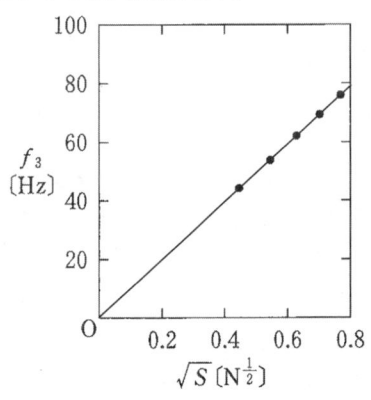

図3－4

問5 ◻17 **正解** ④

直径 d が 0.1 mm，0.2 mm，0.3 mm に対して，表1のそれぞれの固有振動数 f_1 との積 $f_1 d$ の値は，

$$f_1 d = 29.4 \text{ Hz} \times 0.1 \text{ mm} = 2.94 \text{ Hz·mm},$$
$$14.9 \text{ Hz} \times 0.2 \text{ mm} = 2.98 \text{ Hz·mm},$$
$$9.5 \text{ Hz} \times 0.3 \text{ mm} = 2.85 \text{ Hz·mm}$$

となる。この積の値はおよそ一定とみなせる。つまり，f_1 は d に反比例する。同様に，表1の固有振動数 f_3 と f_5 についても積 $f_3 d$，$f_5 d$ の値は，

$$f_3 d = 89.8 \text{ Hz} \times 0.1 \text{ mm} = 8.98 \text{ Hz·mm},$$
$$44.3 \text{ Hz} \times 0.2 \text{ mm} = 8.86 \text{ Hz·mm},$$
$$28.8 \text{ Hz} \times 0.3 \text{ mm} = 8.64 \text{ Hz·mm}$$

$$f_5 d = 146.5 \text{ Hz} \times 0.1 \text{ mm} = 14.65 \text{ Hz·mm},$$
$$73.9 \text{ Hz} \times 0.2 \text{ mm} = 14.78 \text{ Hz·mm},$$
$$47.4 \text{ Hz} \times 0.3 \text{ mm} = 14.22 \text{ Hz·mm}$$

となり，積の値はそれぞれ一定とみなせる。よって，f_n

は $\dfrac{1}{d}$ に，ほぼ比例することがわかる。

【補足】 弦の張力の大きさ S は，力のつりあいにより，おもりにはたらく重力の大きさに等しい。おもりの質量を変えないから，弦の張力の大きさは一定である。弦の線密度(単位長さあたりの質量)を ρ とすると，弦を伝わる波の速さは，

$$v = \sqrt{\frac{S}{\rho}} \qquad \cdots ②$$

のように表されることが知られている。式①と式②より，

$$f_n = \frac{n}{2L}\sqrt{\frac{S}{\rho}} \qquad \cdots ③$$

となる。

同じ材質の金属線を使う場合，弦の密度(単位体積あたりの質量)は共通である。弦の密度を ρ' とすると，半径 $\dfrac{d}{2}$，長さ L の弦の質量は，

$$\rho L = \rho' \times (\text{弦の体積}) = \rho' \times \pi\left(\frac{d}{2}\right)^2 \times L$$

が成り立つ。よって，$\rho = \dfrac{\pi \rho' d^2}{4}$ である。この ρ を式③に代入すると，

$$f_n = \frac{n}{Ld}\sqrt{\frac{S}{\pi \rho'}}$$

となる。f_n は，n と $\sqrt{S}$ に比例し，d に反比例する。

(問題講評)

弦の固有振動ついての探究活動の問題である。

問1 電流が磁場から受ける力の向きについての基本問題。U字型磁石の磁場から受ける力は，弦を指で弾いて力を加えているイメージである。標準

問2 腹が3個の定在波の図を描いて考える。易

問3 固有振動数を表す式を立てて考察する。やや易

問4 比例する関係はグラフにすると原点を通過する直線になる。やや易

問5 表1の数値の規則性をみる。やや易

第4問 電磁気

電場と電位，電流

問1 ◻18 **正解** ②

等電位線の性質は，

・電場が強いところ等電位線の間隔は狭い

・電場の向きは等電位線に垂直

・一様な電場(大きさと向きがどこでも同じ電場)の等電位線は平行線

・等電位線は交わることはない

である。選択肢①は，等電位線が交わっているので不適当である。点電荷がつくる電場は一様ではないので，選択肢⑤と⑥は不適当である。

　クーロンの法則の比例定数をk，大きさが同じで符号が逆の点電荷の電気量を，それぞれ$+Q > 0$，$-Q < 0$とする。電位の基準は無限遠方とする。各点電荷から等しい距離rの位置の電位Vは，電位の重ね合わせにより，各点電荷がつくる電位のスカラー和であるから，

$$V = k\frac{(+Q)}{r} + k\frac{(-Q)}{r} = 0\text{ V}$$

となる。図4－1のように，$V = 0$ Vの等電位線は二つの点電荷を結ぶ線分の垂直2等分線になるから，正解は選択肢②，③のどちらかである。

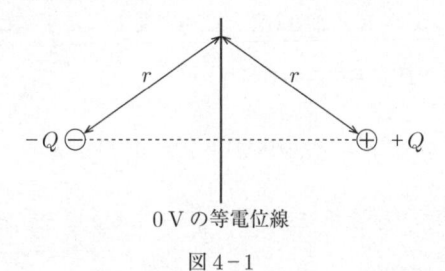

0 Vの等電位線

図4－1

　次に，二つの点電荷の中点Aと，点Aと正の点電荷の中点Bの電場の大きさを比較して，点Aと点Bの付近の等電位線の間隔について考える。二つの点電荷の間の距離を$2L$とし，正，負の点電荷がつくる電場の強さを，それぞれE_+，E_-とする。点Aでは，各点電荷がつくる電場の大きさは，

$$E_+ = E_- = k\frac{Q}{L^2}$$

である（図4－2(A)）。点Aの電場の強さE_Aは，重ね合わせにより，各点電荷がつくる電場のベクトル和であるから，

$$E_A = E_+ + E_- = 2k\frac{Q}{L^2}$$

となる。この電場の向きは図の左向きである。

　一方，点Bの正の電荷からの距離は$\dfrac{L}{2}$，負の電荷からの距離は$\dfrac{3}{2}L$であるから，

$$E_+ = k\frac{Q}{\left(\dfrac{L}{2}\right)^2} = 4k\frac{Q}{L^2}$$

$$E_- = k\frac{Q}{\left(\dfrac{3}{2}L\right)^2} = \frac{4}{9}k\frac{Q}{L^2}$$

である（図4－2(B)）。点Bの電場の強さE_Bは，重ね合わせにより，

$$E_B = E_+ + E_- = \frac{40}{9}k\frac{Q}{L^2}$$

となる。この電場の向きも図の左向きである。$E_B > E_A$であるので，点B付近の等電位線の間隔の方が点Aのそれより狭い。選択肢③は不適当である。よって，選択肢②が最も適当である（図4－3）。

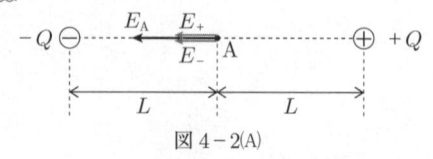

図4－2(A)

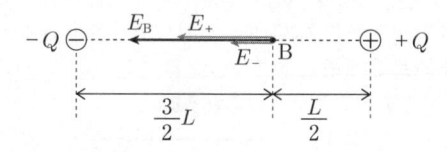

図4－2(B)

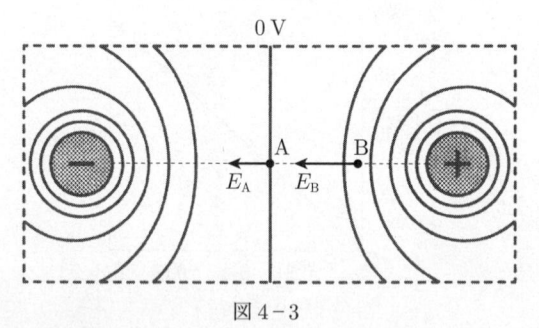

図4－3

問2　19　正解　⑤

　単位面積あたり垂直に貫く電気力線の本数は，その位置の電場の大きさに等しい。よって，電気力線は，電場（電界）が強いところほど密である。(a)は正しい。

　等電位線の間隔が狭いところほど電場は強い。(b)は誤り。

　電気力線の接線方向は電場の方向と同じであるから，等電位線と電気力線は直交する。(c)は正しい。最も適当なものは選択肢⑤である。

問3　20　正解　①

　図2において，導体紙の辺の近くで，等電位線は辺に対して垂直になっている。このことから，辺の近くの電場は辺に平行であることがわかる。電場の向きは電位が下がる向きである。

　電場の向きとその電場から正電荷にはたらく静電気力の向きは同じである。静電気力がはたらいて正電荷が移動するとき，その移動の向きと電流の向きは同じである。よって，電流と電場の向きは同じである。このことから，

辺の近くの電流はその辺に平行に流れていることがわかる。図4−4に、上下の辺の近くで電流の流れる向きと電場の向きを示しておく。

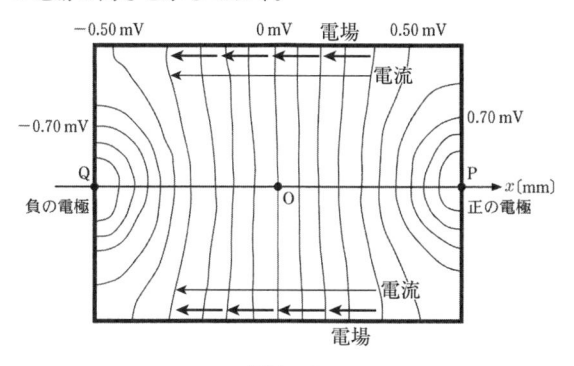

図4−4

問4 [21] 正解 **⑥**

$x = 0$ mm 付近の電位差を調べて、$x = 0$ mm の位置における電場の大きさを求める。図4−5（問題の図3）のように、$x = 0$ mm 付近の電位のデータのなるべく近くを通る直線を引く。その直線は、$(-30$ mm, -0.20 V)、$(30$ mm, 0.20 V) の2点を通過する。2点の位置 x の差 Δx は、

$$\Delta x = 30 \text{ mm} - (-30\text{mm}) = 60 \text{ mm}$$

であり、電位差 ΔV は、

$$\Delta V = 0.20 \text{ mV} - (-0.20)\text{mV} = 0.40 \text{ mV}$$

である。電場（一様とみなす）の大きさを E とすると、$\Delta V = E\Delta x$ の関係が成り立つから、

$$E = \frac{\Delta V}{\Delta x} = \frac{0.40 \text{ mV}}{60 \text{ mm}} \fallingdotseq 6.7 \times 10^{-3} \text{ V/m}$$
$$\fallingdotseq 7 \times 10^{-3} \text{ V/m}$$

となる。

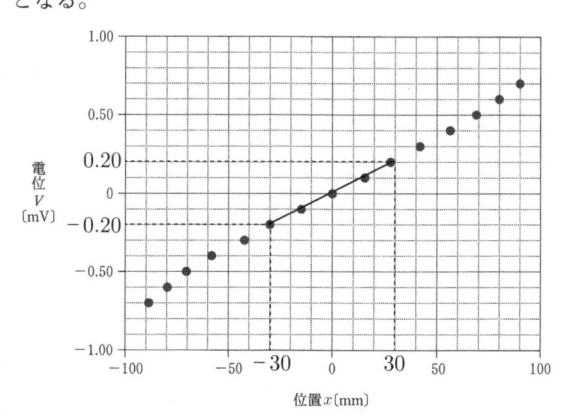

図4−5

問5 [22] 正解 **①**

図4の小さい幅を d とする。この部分の導体紙を立体的に考えて断面積 S の直方体とする（図4−6）。この

直方体の抵抗値 R は、抵抗率を ρ とすると、

$$R = \rho \frac{d}{S}$$

である。**オームの法則**により、この直方体の小さい幅に沿った方向の電位差は RI である。また、電場を一様とみなすと、この電位差は Ed に等しい。これらの関係により、ρ を求めると、

$$Ed = RI = \rho \frac{d}{S} I$$
$$\therefore \quad \rho = \frac{SE}{I}$$

となる。

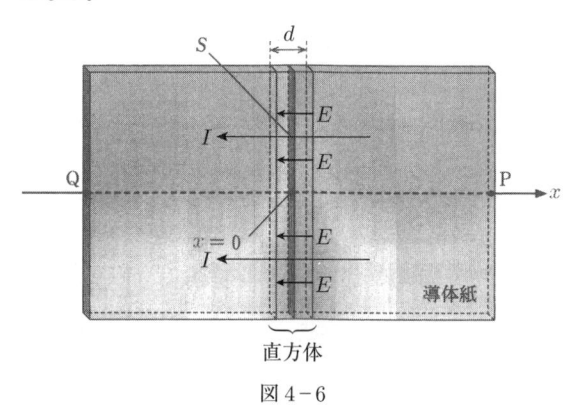

図4−6

問題講評

　等電位線と電気力線の関係の理解、導体紙上の電位の分布から電場を考察する実験問題である。

問1　二つの点電荷がつくる等電位線を選ぶ問題。この図は教科書に載っているが、選択肢**②**と**③**の等電位線の間隔の違いに着目する。標準

問2　等電位線と電気力線の基本的な性質を問う。やや易

問3　電場の向きと電流の向きの関係を考察する問題。やや難

問4　電位のグラフの傾きの大きさから場の大きさを求める。グラフの読み取りと数値の単位に注意する。標準

問5　電位差の関係をつくり抵抗率を求める。やや難

2023 年度

大学入学共通テスト
本試験

解答・解説

■ 2023 年度　本試験「物理」得点別偏差値表

下記の表は大学入試センター公表の平均点と標準偏差をもとに作成したものです。

平均点　63.39　　標準偏差　22.72　　　　　　　受験者数　144,914

得　点	偏差値	得　点	偏差値	得　点	偏差値	得　点	偏差値
100	66.1	70	52.9	40	39.7	10	26.5
99	65.7	69	52.5	39	39.3	9	26.1
98	65.2	68	52.0	38	38.8	8	25.6
97	64.8	67	51.6	37	38.4	7	25.2
96	64.4	66	51.1	36	37.9	6	24.7
95	63.9	65	50.7	35	37.5	5	24.3
94	63.5	64	50.3	34	37.1	4	23.9
93	63.0	63	49.8	33	36.6	3	23.4
92	62.6	62	49.4	32	36.2	2	23.0
91	62.2	61	48.9	31	35.7	1	22.5
90	61.7	60	48.5	30	35.3	0	22.1
89	61.3	59	48.1	29	34.9		
88	60.8	58	47.6	28	34.4		
87	60.4	57	47.2	27	34.0		
86	60.0	56	46.7	26	33.5		
85	59.5	55	46.3	25	33.1		
84	59.1	54	45.9	24	32.7		
83	58.6	53	45.4	23	32.2		
82	58.2	52	45.0	22	31.8		
81	57.8	51	44.5	21	31.3		
80	57.3	50	44.1	20	30.9		
79	56.9	49	43.7	19	30.5		
78	56.4	48	43.2	18	30.0		
77	56.0	47	42.8	17	29.6		
76	55.6	46	42.3	16	29.1		
75	55.1	45	41.9	15	28.7		
74	54.7	44	41.5	14	28.3		
73	54.2	43	41.0	13	27.8		
72	53.8	42	40.6	12	27.4		
71	53.3	41	40.1	11	26.9		

（解答・配点）

問題番号（配点）	設問（配点）		解答番号	正解	自己採点欄	問題番号（配点）	設問（配点）		解答番号	正解	自己採点欄
第1問（25）	1	（5）	1	③		第3問（25）	1	（5）*2	16	⑤	
	2	（2）	2	③			2	（5）	17	⑥	
		（3）	3	③			3	（5）*3	18	⑥	
	3	（2）	4	④			4	（5）	19	①	
		（3）	5	②			5	（5）	20	④	
	4	（5）	6	④			小　　　計					
	5	（5）	7	⑤		第4問（25）	1	（5）	21	⑧	
	小　　　計						2	（5）	22	⑦	
第2問（25）	1	（5）	8	⑥			3	（2）	23	③	
	2	（5）*1	9	①				（3）	24	⑧	
			10	⑤			4	（5）	25	④	
			11	⓪			5	（5）	26	⑤	
	3	（4）	12	②			小　　　計					
	4	（3）	13 － 14	④－⑧			合　　　計					
		（3）									
	5	（5）	15	⑨							
	小　　　計										

（注）

1　*1 は，全部正解の場合のみ点を与える。ただし，解答番号 9 で①，解答番号 10 で⑥，解答番号 11 で⓪ を解答した場合は 2 点を与える。

2　*2 は，②，④ のいずれかを解答した場合は 1 点を与える。

3　*3 は，④，⑤ のいずれかを解答した場合は 1 点を与える。

4　－（ハイフン）でつながれた正解は，順序を問わない。

解　説

第1問　小問集合

剛体，熱サイクル，運動量と力学的エネルギー，ローレンツ力，光電効果

問1 ☐1☐　正解　③

板の全長を L，人の質量を $M = 60\,\mathrm{kg}$，重力加速度の大きさを g とする。体重計 a，b から板にはたらく垂直抗力（鉛直上向き）の大きさを，それぞれ N_a，N_b とすると，板と人を一つにまとめた物体にはたらく力は図1−1のようになる。人が板の上で立つ点 P のまわりの力のモーメントのつりあいにより，

$$N_\mathrm{b} \times \frac{L}{3} - N_\mathrm{a} \times \frac{2}{3}L = 0$$

$$N_\mathrm{b} = 2N_\mathrm{a}$$

となる。また，鉛直方向の力のつりあいにより，

$$N_\mathrm{a} + N_\mathrm{b} = Mg$$

である。これらを連立して N_a，N_b を求めると，

$$N_\mathrm{a} = \frac{1}{3}Mg$$

$$N_\mathrm{b} = \frac{2}{3}Mg$$

となる。

体重計 a，b に板からはたらく力の大きさは，**作用反作用の法則**により，それぞれ N_a，N_b であり，それらの向きは鉛直下向きである。体重計 a，b の表示は，それぞれ，

$$\frac{N_\mathrm{a}}{g} = \frac{1}{3}M = \underline{20\,\mathrm{kg}}$$

$$\frac{N_\mathrm{b}}{g} = \frac{2}{3}M = \underline{40\,\mathrm{kg}}$$

となる。体重計の表示の単位が〔kg〕であるとき，この値は，体重計がそれに乗ったものから受ける垂直抗力の大きさを重力加速度の大きさで割ったものであることに注意しよう。

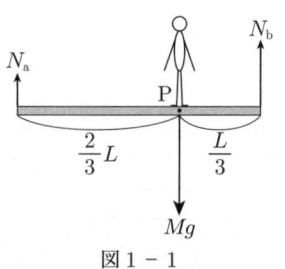

図1−1

問2　☐2☐　正解　③　☐3☐　正解　③

理想気体（以下，気体）の内部エネルギーの変化は温度変化に比例する。A → B の断熱膨張では，気体は外へ正の仕事をして内部エネルギーは減少し，気体の温度は下がる。B → C の定積変化では，気体の圧力を上げるので温度は上がり，内部エネルギーは増加する。C → A の等温変化では，気体の温度は一定であり，内部エネルギーは変化しない。

サイクルを一周すると，気体の温度は元に戻り温度変化は 0 になる。よって，サイクルを一周する間，気体の内部エネルギーは変化するがもとの値に戻る。

気体の体積が減少（増加）するとき，気体がされた仕事は正（負）である。C → A の等温変化では，気体がされた仕事 W_CA は図1−2の影部の面積に等しい（$W_\mathrm{CA} > 0$）。また，A → B の断熱膨張で，気体がされた仕事 W_AB は図1−3の影部の面積に負符号を付けたものに等しい（$W_\mathrm{AB} < 0$）。それらの大きさの関係は，

$$W_\mathrm{CA} > |W_\mathrm{AB}|$$

である。サイクルを一周する間に気体がされた仕事の総和 W_cycle は，

$$W_\mathrm{cycle} = W_\mathrm{CA} + W_\mathrm{AB} = W_\mathrm{CA} - |W_\mathrm{AB}| > 0$$

であり，正である。

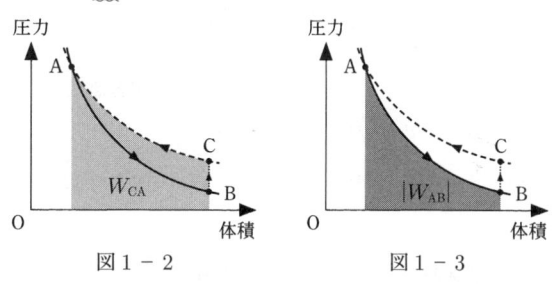

図1−2　　　　　図1−3

気体の内部エネルギーの変化を ΔU，気体が吸収した熱量を Q，気体がされた仕事を W とすると，**熱力学第1法則**は，

$$\Delta U = Q + W$$

である。サイクルを一周する間に気体が吸収した熱量の総和を Q_cycle とする。熱力学第1法則を，サイクルを一周する間で合計すると，内部エネルギーの変化の総和は 0 になるから，

$$0 = Q_\mathrm{cycle} + W_\mathrm{cycle}$$

となる。W_cycle は正であるから，Q_cycle は負である。

【補足】 C → A の等温変化では，内部エネルギーの変化は 0 であり，気体がされた仕事は正であるから，気体が吸収した熱量は負である。つまり，気体は熱を放出している。また，B → C の定積変化では，気体がされた仕事は 0 であり，内部エネルギーは増加するので，気体

が吸収した熱量は正である。

問3 $\boxed{4}$ 正解 ④ $\boxed{5}$ 正解 ②

そりが岸に固定されて動かない場合，ブロックに動摩擦力がはたらき，ブロックは静止する。このとき，運動量と運動エネルギーは，それぞれ0になる。よって，ブロックとそりの運動量の総和は保存しない。また，ブロックとそりの力学的エネルギーの総和も保存しない。このとき，ブロックとそりの間で発生する摩擦熱は，ブロックの力学的エネルギーの減少分に等しい。④が最も適当である。

そりが岸に固定されていない場合，ブロックとそりを一つにまとめた系に，水平方向の外力は作用しない。よって，水平方向のブロックとそりの運動量の総和は保存する。一方，ブロックとそりの間にはたらく動摩擦力の仕事の総和は負であるから，ブロックとそりの力学的エネルギーの総和は減少する。このとき，ブロックとそりの間で発生する摩擦熱は，ブロックとそりの力学的エネルギーの総和の減少分に等しい。②が最も適当である。

【補足】 そりが岸に固定されていない場合について考える。ここでの速さと移動距離は岸から見たものである。ブロックがそりに対して静止した瞬間のブロックとそりの速さを w，それまでにそりとブロックが移動した距離を，順に L, ℓ とする（図1－4）。$L < \ell$ である。また，ブロックがそりに移ったときの速さを v，そりとブロックの質量を，順に M, m として，**運動量保存則**により，

$$(M + m)w = 0 + mv$$

$$w = \frac{m}{M + m}v$$

となる。

そりとブロックの間ではたらく動摩擦力の大きさを R とすると，運動エネルギーとされた仕事の関係は，

そりについて：

$$\frac{1}{2}Mw^2 - 0 = RL\cos0° = RL$$

ブロックについて：

$$\frac{1}{2}mw^2 - \frac{1}{2}mv^2 = R\ell\cos180° = -R\ell$$

である。これらの式を両辺足すと，

$$\frac{1}{2}(M + m)w^2 - \frac{1}{2}mv^2 = -R(\ell - L) < 0$$

となり，ブロックとそりの力学的エネルギーの総和の変化は，動摩擦力の仕事の総和に等しい。ブロックとそりの力学的エネルギーの総和の減少分は，

$$\frac{1}{2}mv^2 - \frac{1}{2}(M + m)w^2 = \frac{1}{2}mv^2 \cdot \frac{M}{M + m}$$

となる。

問4 $\boxed{6}$ 正解 ④

一様な磁場の磁束密度の大きさを B，荷電粒子の電気量の大きさを q，質量を m とする。荷電粒子が磁場に垂直な面内で等速円運動するときの速さを v として，荷電粒子にはたらくローレンツ力の大きさ f は，$f = qvB$ である。正と負の荷電粒子の v, q は同じであるから，f は共通の大きさであることに注意しよう。荷電粒子の**運動方程式**は，軌道半径を r として，

$$m\frac{v^2}{r} = f$$

である。これより，r は m が大きい荷電粒子の方が大きくなる。よって，質量が大きい正の電気量の荷電粒子の軌道半径の方が大きい。

また，運動方程式から r を求めると，$r = \dfrac{mv}{qB}$ となり，r は m に比例する。

磁場の向きは紙面垂直表から裏である。正の電気量の荷電粒子の速度の向きが図1－5のような場合，ローレンツ力がはたらく向きから判断して，荷電粒子は反時計回りの向きに円運動をする。一方，負の電気量の荷電粒子の速度の向きが図1－6のような場合，ローレンツ力がはたらく向きから判断して，荷電粒子は時計回りの向きに円運動をする。以上により，④が最も適当である。

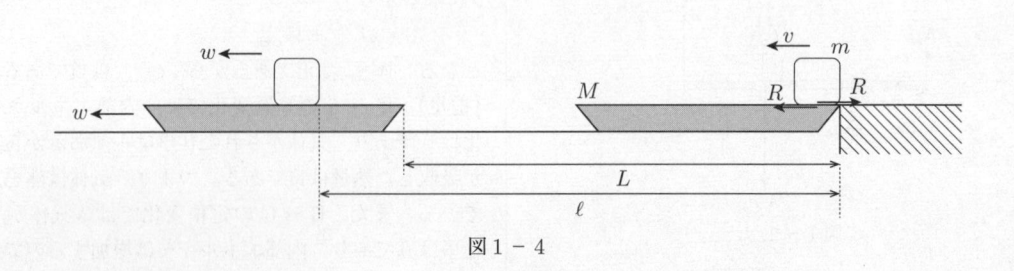

図1－4

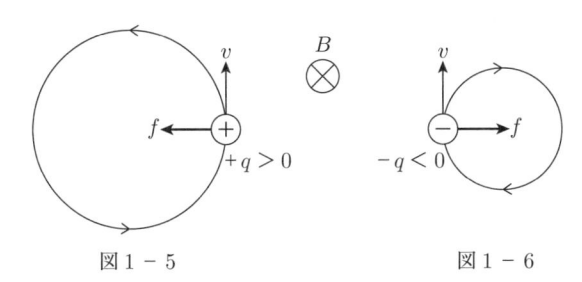

図1-5　　　　　　　　図1-6

問5 ☐7☐ 正解 ⑤

　光子のエネルギーは $h\nu$ である。金属の仕事関数を W とすると，**エネルギー保存則**により，
$$K_0 = h\nu - W$$
が成り立つ。図4の縦軸の切片は $-W$ に等しい。図4の横軸の切片 ν_0 は限界振動数であり，$\nu = \nu_0$ のとき，$K_0 = 0$ となるから，
$$0 = h\nu_0 - W$$
$$\therefore \quad h = \frac{W}{\nu_0}$$
となる。

【問題講評】

　力学2問，熱力学1問，電磁気1問，原子1問で物理の全範囲からの出題である。

問1　体重計の表示に関する身近なテーマからの問題。体重計の表示の単位が kg になっていることに注意。易

問2　時計回り（反時計回り）の熱サイクルは，サイクルを一周するとき，気体がした仕事の総和は正（負），気体がされた仕事の総和は負（正）であることは覚えておこう。☐2☐やや易，☐3☐難

問3　ブロックとそりの間の動摩擦力は内力であり，運動量は保存する。動摩擦力は非保存力であり，力学的エネルギーは保存しない。☐4☐標準，☐5☐やや難

問4　ローレンツ力の向きに注意して円運動の向きを判断する。やや難

問5　光電効果の基本問題。易

　難易度の分類は，難（正解率 0～40%），やや難（40～55%），標準（55～70%），やや易（70～85%），易（85～100%）とする。

第2問　力学

　落下運動，空気抵抗力

問1 ☐8☐ 正解 ⑥

　物体が空気中を運動するとき，物体は運動の向きと逆向きの抵抗力を空気から受ける。物体の質量を m，鉛

直下向きの加速度の大きさを a，重力加速度の大きさを g，物体が空気から受ける抵抗力の大きさを R とする（図 2-1）。初速度 0 で物体を落下させるとき，物体の運動方程式により，a を求めると，
$$ma = mg - R \qquad \cdots\cdots①$$
$$a = g - \frac{R}{m}$$
となる。物体の速さが大きくなると R は増加し，a は減少する。

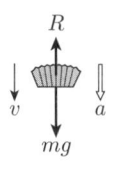

図2-1

　$R = kv$ の場合を考える。物体が終端速度（一定の速度）で運動するとき，$a = 0$ であるから，終端速度の大きさ v_f は，式①により
$$0 = mg - kv_f$$
$$v_f = \frac{mg}{k} \qquad \cdots\cdots②$$
となる。

問2 ☐9☐ 正解 ①　☐10☐ 正解 ⑤
　　　☐11☐ 正解 ⓪

　表1を見ると，$n = 3$ のとき，20 cm の落下に要する時間は，区間 40～60 cm 以降，0.13 s で一定となっている。このとき，アルミカップは終端速度で運動していると考えられるから，終端速度の大きさ v_f は，
$$v_f = \frac{20\ \text{cm}}{0.13\ \text{s}} \fallingdotseq 154\ \text{cm/s} \fallingdotseq 1.5 \times 10^0\ \text{m/s}$$
となる。

問3 ☐12☐ 正解 ②

　アルミカップ1枚の質量を m_1 とすると，n 枚のアルミカップを重ねたときの終端速度の大きさ v_f は，質量 m を nm_1 として，式②より，
$$v_f = \frac{nm_1 g}{k} = \frac{m_1 g}{k} \times n$$
となる。v_f は n に比例する。横軸を n，縦軸を v_f としてグラフを示すと，各点をつないだグラフは原点を通過する直線になる（図2-2）。図3はそのようになっていない。よって，② が最も適当である。

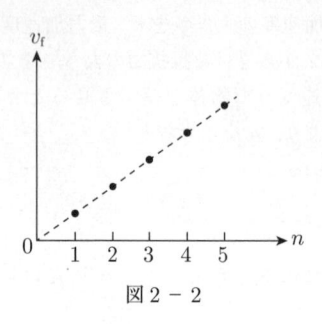

図2-2

【補足】 表1から，同様に $n = 1$，2，4，5の場合について終端速度の大きさを求めると，

$$n = 1 \qquad v_f = \frac{20\ \mathrm{cm}}{0.23\ \mathrm{s}} \fallingdotseq 86.9\ \mathrm{cm/s} \fallingdotseq 0.87\ \mathrm{m/s}$$

$$n = 2 \qquad v_f = \frac{20\ \mathrm{cm}}{0.16\ \mathrm{s}} \fallingdotseq 125\ \mathrm{cm/s} \fallingdotseq 1.3\ \mathrm{m/s}$$

$$n = 4 \qquad v_f = \frac{20\ \mathrm{cm}}{0.11\ \mathrm{s}} \fallingdotseq 182\ \mathrm{cm/s} \fallingdotseq 1.8\ \mathrm{m/s}$$

$$n = 5 \qquad v_f = \frac{20\ \mathrm{cm}}{0.10\ \mathrm{s}} = 200\ \mathrm{cm/s} = 2.0\ \mathrm{m/s}$$

となる。これらの測定値をグラフにすると，図2-3の点（●）のようになり，問題の図3のグラフが得られる。また，図2-3に示したように，測定値のすべての点のできるだけ近くを通る直線（薄い線）は原点から大きくはずれている。

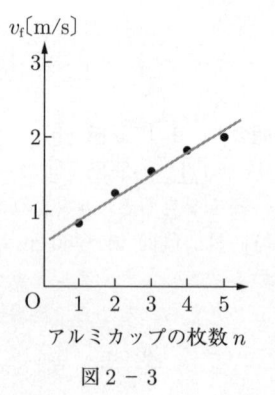

図2-3

問4 13 ・ 14 正解 ④・⑧（順不同）

$R = k'v^2$ の場合を考える。終端速度の大きさ v_f は，$m = nm_1$ として，式①により，

$$0 = nm_1 g - k'v_f^2$$
$$v_f = \sqrt{\frac{m_1 g}{k'}} \times \sqrt{n}$$

となる。v_f は $\sqrt{n}$ に比例する。このとき，横軸を $\sqrt{n}$，縦軸を v_f としてグラフを示すと，各点をつないだグラフは原点を通過する直線になる。

あるいは，

$$v_f^2 = \frac{m_1 g}{k'} \times n$$

であるから，v_f^2 は n に比例する。横軸を n，縦軸を v_f^2 としてグラフを示すと，これも各点をつないだグラフは原点を通過する直線になる。よって，④と⑧が最も適

当である。物理量の関係は直線グラフになるように描くとわかりやすい。

問5 15 正解 ⑨

加速度の大きさ a を調べるために，v-t グラフから Δt ごとの速度変化を求めることによって a-t グラフをつくる。こうして求めた a と，式①から得られる抵抗力の大きさ，

$$R = m(g - a)$$

をもとに，R と v の関係を示すグラフを描くことができる。

【補足】 物体の速さが小さいうちは，$R = kv$ がよく成り立ち，また，物体が速くなると，$R = k'v^2$ がよく成り立つ。抵抗力の大きさは物体の速さによって表し方が変わることが知られている。

【参考】 時刻 $t = 0$ で $v = 0$ とする。$R = kv$ の場合，$a = \dfrac{dv}{dt}$ と表し，式①を微分方程式として解くと，時刻 t での v は，

$$v = \frac{mg}{k}(1 - e^{-\frac{k}{m}t})$$

となる。

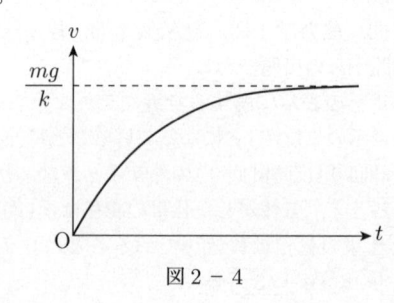

図2-4

（問題講評）

空気から受ける抵抗力に関する仮説検証，実験考察問題である。

問1 抵抗力の性質，運動方程式についての基本問題である。やや易

問2 表1において，20 cm の落下に要する時間が一定になるとき，終端速度で落下する。標準

問3 予想と結果が異なる理由を問う。図3のグラフが直線でないことをもとに答える。やや易

問4 わかりやすいグラフは直線である。やや易

問5 R と v の関係を調べる手順に関する問題。 オ は運動方程式を正しく書くことがポイント。やや難

第3問　力学，波動

円運動，ドップラー効果

問1　16　正解　⑤

等速円運動をする音源の加速度の向きは円軌道の中心方向で，その大きさは $\dfrac{v^2}{r}$ である。図3-1のように，音源にはたらく円軌道の中心方向の力（向心力）を F とすると，中心方向の**運動方程式**は，

$$m\frac{v^2}{r} = F$$

である。

向心力の向きは速度の向きに垂直である。よって，向心力の仕事は 0 である。

【補足】　向心力は，円運動する物体にはたらく中心方向の力（例えば，重力，糸の張力などの現実の力）の和である。向心力という特別な力があるわけではないことに注意しよう。

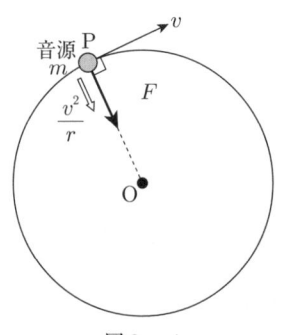

図3-1

問2　17　正解　⑥

図3-2のように，音源の速度の，直線PQ方向の成分を v_{PQ} とする。ただし，P→Q の向きを v_{PQ} の正の向きとする。ドップラー効果により，

$$f = \frac{V}{V - v_{PQ}} f_0$$

である。

点CとDを通過するとき，$v_{PQ} = 0$ であるから（図3-2），$f = f_0$ となる。音源が点CとDを通過するとき，音源は観測者に近づきも遠ざかりもしないのでドップラー効果は起こらない。

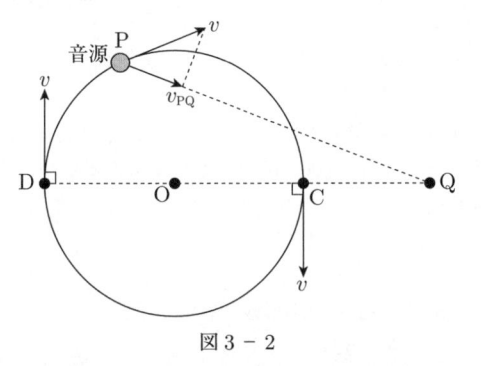

図3-2

問3　18　正解　⑥

図3-3のように，点Aを通過するとき，$v_{PQ} = v$ であるから，

$$f_A = \frac{V}{V - v} f_0 \qquad\qquad \cdots\cdots①$$

である。一方，点Bを通過するとき，$v_{PQ} = -v$ であるから，

$$f_B = \frac{V}{V + v} f_0 \qquad\qquad \cdots\cdots②$$

である。式①と式②を連立すると，

$$v = \frac{f_A - f_B}{f_A + f_B} V$$

となる。

f_A は f の最大値であり，f_B は f の最小値である。

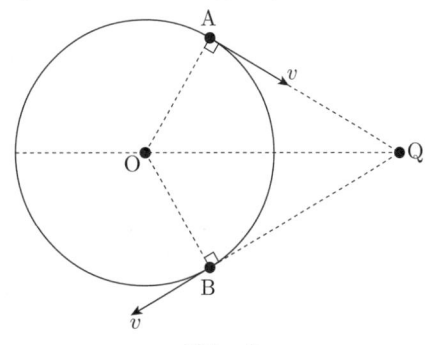

図3-3

問4　19　正解　①

図3-4のように，等速円運動をする観測者の速さを u，観測者の位置をPとする。また，観測者の速度の，直線PQ方向の成分を u_{PQ} とする。ただし，P→Q の向きを u_{PQ} の正の向きとする。観測者が測定する音の振動数 f' は，ドップラー効果により，

$$f' = \frac{V + u_{PQ}}{V} f_0$$

である。ここで，$-u \leqq u_{PQ} \leqq u$ である。

点Aにおいて，$u_{PQ} = u$ であり，f' は最大になる。その振動数 f_A' は，

$$f_A' = \frac{V + u}{V} f_0$$

となる。一方，点Bにおいて，$u_{PQ} = -u$ であり，f' は最小になる。その振動数は f_B' は，

$$f_B' = \frac{V - u}{V} f_0$$

となる。よって，① が最も適当である。

点Cと点Dにおいては，$u_{PQ} = 0$ であるから，$f' = f_0$ となる。

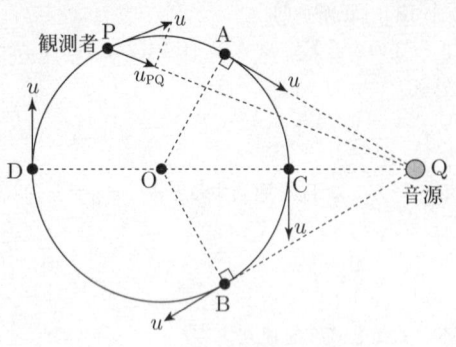

図 3 - 4

問5 20 正解 ④

図1の場合，観測者から見た音の速さは，音が進む向きによらずすべて V であるから，(a)は誤りである。

図1の場合，音源の速度の，直線 PO 方向の成分は 0 であるから，原点を通過する音の振動数は f_0 であり，音波の波長は $\dfrac{V}{f_0}$ である。(b)は正しい。

図3の場合，音源から見た音の速さは，音が進む向きによらずすべて V である。(c)は正しい。

図3の場合，音源は静止しているから，音波の波長は音が進む向きによらずすべて $\dfrac{V}{f_0}$ であるから，(d)は誤りである。

問題講評

円運動，ドップラー効果についての問題である。

問1　向心力についての知識問題。標準

問2　問題文に示されているドップラー効果の考え方を活用して解答する。やや易

問3　測定された振動数の最大値と最小値は，一直線上のドップラー効果の式と同じである。やや易

問4　観測者と音源を結ぶ方向の観測者の速度成分によって，測定される振動数が決まることをもとに考える。やや易

問5　音源が静止しているとき，音波の波長は変化しないことに注意。標準

第4問　電磁気
コンデンサーの充電と放電

問1 21 正解 ⑧

極板間の電場は一様として，電位差 V との関係により，

$$V = Ed$$

$$\therefore \quad E = \frac{V}{d}$$

となる。また，電場の大きさは単位面積当たり垂直に貫く電気力線の本数に等しいので，

$$E = \frac{4\pi k_0 Q}{S}$$

である。これら2式により，電気容量 C は，

$$\frac{V}{d} = \frac{4\pi k_0 Q}{S}$$

$$\therefore \quad C = \frac{Q}{V} = \frac{S}{4\pi k_0 d}$$

となる。

【補足】　真空の誘電率を ε_0 とすると，

$$k_0 = \frac{1}{4\pi \varepsilon_0}$$

である。これを用いて，

$$E = \frac{Q}{\varepsilon_0 S}$$

$$C = \varepsilon_0 \frac{S}{d}$$

である。

問2 22 正解 ⑦

コンデンサーの電気容量を C，抵抗の抵抗値を R とする。

スイッチを閉じて十分に時間が経過したとき，電圧計は 5.0 V を示していたことから，コンデンサーの電圧は 5.0 V に等しい。このとき，コンデンサーに蓄えられた電気量の大きさを Q_0 とすると，

$$Q_0 = C \times 5.0\,\text{V} \qquad \cdots\cdots①$$

である。

スイッチを開いた後，コンデンサーは放電し，抵抗に電流が流れる。図 4 - 1 のように，コンデンサーに蓄えられた電気量の大きさを Q，抵抗を流れる電流，つまり電流計を流れる電流の大きさを I とすると，コンデンサーと抵抗の電圧は等しいので，

$$\frac{Q}{C} = RI \qquad \cdots\cdots②$$

である。ここで，電流計の内部抵抗を無視して，その電圧降下は無視する。

スイッチを開いた瞬間 ($t = 0\,\text{s}$) に，$Q = Q_0$ であり，図3から $I = I_0 = 100\,\text{mA} = 0.100\,\text{A}$ であるから，式①，②より，

$$\frac{Q_0}{C} = RI_0 \qquad \cdots\cdots③$$

$$5.0\,\text{V} = R \times 0.100\,\text{A}$$

$$\therefore \quad R = 50\,\Omega$$

となる。

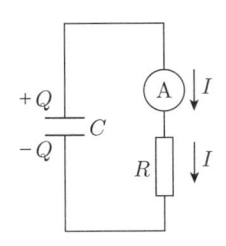

図 4 − 1

問3 　23 　正解 　③ 　　24 　正解 　⑧

　電流の大きさは，単位時間当たりに通過する電気量の大きさに等しいので，（電気量の大きさ）＝（電流の大きさ）×（時間）が成り立つ。よって，方眼紙の縦 $1\,\mathrm{cm}$ × 横 $1\,\mathrm{cm}$ の面積 $1\,\mathrm{cm}^2$ は，

$$10\,\mathrm{mA} \times 10\,\mathrm{s} = 0.010\,\mathrm{A} \times 10\,\mathrm{s} = \underline{0.1\,\mathrm{C}}$$

の電気量に対応する。

　図4の斜線部の面積 $45\,\mathrm{cm}^2$ に対応する電気量は，

$$0.1\,\mathrm{C/cm}^2 \times 45\,\mathrm{cm}^2 = 4.5\,\mathrm{C}$$

である。$t = 120\,\mathrm{s}$ 以降に放電された電気量を無視して，この電気量を Q_0 とみなす。このとき，式①より，

$$C = \frac{Q_0}{5.0\,\mathrm{V}} = \frac{4.5\,\mathrm{C}}{5.0\,\mathrm{V}} = \underline{9.0 \times 10^{-1}\,\mathrm{F}}$$

となる。

問4 　25 　正解 　④

　電流の大きさが $\frac{1}{2}$ 倍になる時間を $T = 35\,\mathrm{s}$ とすると，$t = 0$ の電流の大きさ I_0 と時間 t における電流の大きさ I の関係は，

$$I = I_0 \left(\frac{1}{2}\right)^{\frac{t}{T}}$$

$$\frac{I}{I_0} = \left(\frac{1}{2}\right)^{\frac{t}{T}}$$

のように表すことができる。T は半減期に対応する。

　$\dfrac{I}{I_0}$ が $\dfrac{1}{1000}$ 程度になる時間を t' とすると，

$$\left(\frac{1}{2}\right)^{\frac{t'}{T}} = \frac{1}{1000}$$

である。1000 はおよそ $2^{10}(= 1024)$ であるから，およそその t' は，

$$\left(\frac{1}{2}\right)^{\frac{t'}{T}} \fallingdotseq \left(\frac{1}{2}\right)^{10}$$

$$\therefore \quad t' = 10\,T = 10 \times 35\,\mathrm{s} = \underline{350\,\mathrm{s}}$$

となる。

問5 　26 　正解 　⑤

　$t = t_1$ のとき，$I = \dfrac{I_0}{2}$ である。このときまでに放電

された電気量が Q_1 であるから，コンデンサーに蓄えられた電気量は，$Q = Q_0 - Q_1$ である。式②より，

$$\frac{Q_0 - Q_1}{C} = R\frac{I_0}{2}$$

が成り立つ。また，式③を用いて，

$$\frac{Q_0 - Q_1}{C} = \frac{1}{2} \times \frac{Q_0}{C}$$

$$\therefore \quad Q_0 = 2Q_1$$

となる。

　問3では，$t = 120\,\mathrm{s}$ 以降に放電された電気量を無視して $Q_0 = 4.5\mathrm{C}$ としたが，ここで求めた $Q_0 = 2Q_1$ は実際に放電された電気量に等しいので，

$$4.5\,\mathrm{C} < 2Q_1$$

である。よって，最初の方法で求めた電気容量 9.0×10^{-1} F は，正しい値 $\dfrac{2Q_1}{5.0\,\mathrm{V}}$ より小さかった。

【参考】 　$I = -\dfrac{dQ}{dt}$ と表し，②を微分方程式として解くと，時刻 t での Q と I は，

$$Q = Q_0 e^{-\frac{t}{RC}}$$

$$I = I_0 e^{-\frac{t}{RC}}$$

となる。

（問題講評）

　コンデンサーの電気容量の理論，放電の実験から抵抗値，電気容量を求める問題である。

問1　電気容量を電気力線の本数から求める理論問題。ガウスの法則の問題である。標準

問2　図3から $t = 0$ の電流を読み取って，抵抗値を求める問題。やや易

問3　図4の斜線部の面積が放電された電気量に等しい。これを活用して電気容量を求める実験的な問題。23 標準，24 やや難

問4　指数関数的な変化の規則にしたがい，時間を求める問題。放射性崩壊の問題の考え方に類似している。やや易

問5　電気容量をより正確に求めるための考察問題。文章の読解力も必要である。やや難

2022 年度

大学入学共通テスト
本試験

解答・解説

■ 2022 年度　本試験「物理」得点別偏差値表

下記の表は大学入試センター公表の平均点と標準偏差をもとに作成したものです。

平均点　60.72　　標準偏差　19.22　　　　　　　　受験者数　148,585

得　点	偏差値	得　点	偏差値	得　点	偏差値	得　点	偏差値
100	70.4	70	54.8	40	39.2	10	23.6
99	69.9	69	54.3	39	38.7	9	23.1
98	69.4	68	53.8	38	38.2	8	22.6
97	68.9	67	53.3	37	37.7	7	22.0
96	68.4	66	52.7	36	37.1	6	21.5
95	67.8	65	52.2	35	36.6	5	21.0
94	67.3	64	51.7	34	36.1	4	20.5
93	66.8	63	51.2	33	35.6	3	20.0
92	66.3	62	50.7	32	35.1	2	19.4
91	65.8	61	50.1	31	34.5	1	18.9
90	65.2	60	49.6	30	34.0	0	18.4
89	64.7	59	49.1	29	33.5		
88	64.2	58	48.6	28	33.0		
87	63.7	57	48.1	27	32.5		
86	63.2	56	47.5	26	31.9		
85	62.6	55	47.0	25	31.4		
84	62.1	54	46.5	24	30.9		
83	61.6	53	46.0	23	30.4		
82	61.1	52	45.5	22	29.9		
81	60.6	51	44.9	21	29.3		
80	60.0	50	44.4	20	28.8		
79	59.5	49	43.9	19	28.3		
78	59.0	48	43.4	18	27.8		
77	58.5	47	42.9	17	27.3		
76	58.0	46	42.3	16	26.7		
75	57.4	45	41.8	15	26.2		
74	56.9	44	41.3	14	25.7		
73	56.4	43	40.8	13	25.2		
72	55.9	42	40.3	12	24.7		
71	55.3	41	39.7	11	24.1		

物　　理　　2022 年度　本試験　　（100 点満点）

（解答・配点）

問題番号（配点）	設問（配点）		解答番号	正解	自己採点欄	問題番号（配点）	設問（配点）		解答番号	正解	自己採点欄
第1問 (25)	1	（5）	1	②		第3問 (25)	1	（5）*2	14	⑤	
	2	（3）	2	③					15	①	
		（2）	3	③			2	（2）	16	②	
	3	（5）	4	②				（3）*2	17	③	
	4	（5）	5	②					18	①	
	5	（5）*1	6	⑦			3	（5）	19	⑤	
	小　　　計						4	（5）	20	③	
第2問 (30)	1	（5）	7	④			5	（5）	21	④	
	2	（5）*2	8	①		小　　　計					
			9	②		第4問 (20)	1	（5）	22	⑥	
	3	（5）	10	④			2	（5）	23	④	
	4	（5）	11	④			3	（5）	24	④	
	5	（5）	12	①			4	（5）	25	②	
	6	（5）	13	③		小　　　計					
	小　　　計					合　　　計					

（注）
1　＊1は，⑧を解答した場合は3点，①，③，⑤のいずれかを解答した場合は2点を与える。
2　＊2は，両方正解の場合のみ点を与える。

解　説

第1問　小問集合

問1 　$\boxed{1}$ 　正解　**②**

逆位相で振動する 2 つの波源から発生した水面波が互いに強め合う条件は，

$$\text{経路差}\quad |l_1-l_2|=\left(m+\frac{1}{2}\right)\lambda\quad(m=0,1,2,\cdots)$$

である。

【補足】 図 1 - 1 に，水面波が互いに強め合う位置を連ねた線を，経路差を付して示した。これらの曲線は双曲線であり，山と山の波面(実線)，または，谷と谷の波面(波線)が交わる位置を通過するように曲線を描けば得られる。図形的には，経路差は波源の間の距離を超えないことに注意しよう。

また，逆位相で振動する 2 つの波源から発生した水面波が互いに弱め合う条件は，

$$\text{経路差}\quad |l_1-l_2|=m\lambda$$

である。

問2 　$\boxed{2}$ 　正解　**③**　　$\boxed{3}$ 　正解　**③**

凸レンズによるスクリーン上に生じる像は倒立実像である。y 軸の正の向きを向いた光源の大きい矢印は，スクリーン上では y 軸の負の向きの矢印として見える。また，x 軸の正の向きを向いた光源の小さい矢印は，スクリーン上では x 軸の負の向きの矢印として見える。最も適当なスクリーン上の像は **③** である。

図 1 - 2(a)に示した光源の点 P から出た光線のうち，代表光線としてレンズの中心を通過する光線，光軸に平行にレンズに入射する光線，および手前の焦点 F を通

過してレンズに入射する光線を用いてスクリーン上に像(点 P′)を作図する。図 1 - 2(a)のように，点 P から出た光で凸レンズを通る光は，スクリーン上の点 P′ に向かう(図 1 - 2 の薄い影部の光)。図 1 - 2(b)のように，光を通さない板でレンズの中心より上半分を通る光を完全に遮ると，レンズの中心より下半分を通る光がスクリーン上の点 P′ に向かう(図 1 - 2(b)の薄い影部の光)。よって，遮られた光の分だけ像の全体が暗くなる。像の形は板で遮らない場合と同じであることに注意しよう。

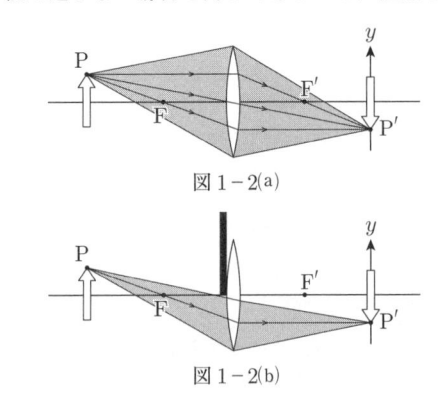

図 1 - 2(a)

図 1 - 2(b)

問3 　$\boxed{4}$ 　正解　**②**

物体にはたらく力のつりあいにより，点 Q に取り付けた糸の張力の大きさは mg に等しい。均一な円板にはたらく重力(大きさ Mg)の作用点を点 O として，円板にはたらく力は，図 1 - 3 のようになる。ここで，T は点 P に糸からはたらく張力の大きさである。

点 C のまわりでの力のモーメントのつりあいを考える。直線 OQ の水平線からの傾きを θ とすると，円板にはたらく重力と点 Q にはたらく糸の張力のうでの長さは，それぞれ $x\cos\theta$，$(d-x)\cos\theta$ である。よって，

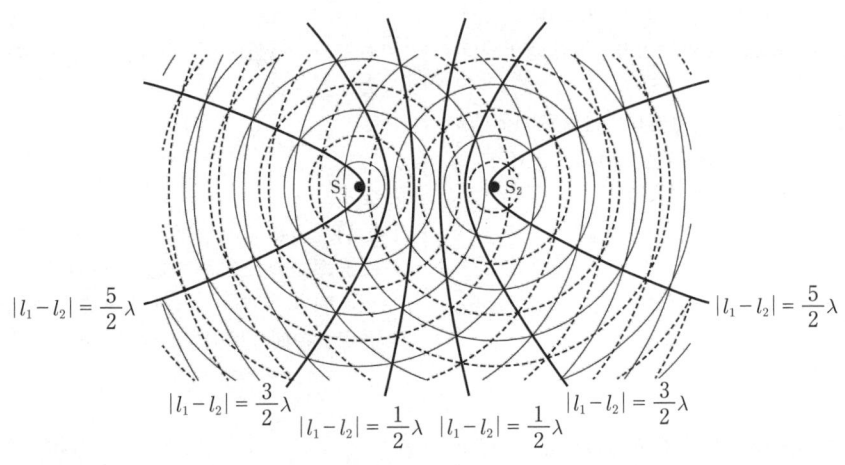

$$|l_1-l_2|=\frac{5}{2}\lambda \qquad\qquad |l_1-l_2|=\frac{5}{2}\lambda$$

$$|l_1-l_2|=\frac{3}{2}\lambda \qquad |l_1-l_2|=\frac{3}{2}\lambda$$

$$|l_1-l_2|=\frac{1}{2}\lambda \quad |l_1-l_2|=\frac{1}{2}\lambda$$

図 1 - 1

力のモーメントのつりあいにより，
$$Mgx\cos\theta - mg(d-x)\cos\theta = 0$$
$$\therefore \quad x = \frac{m}{M+m}d$$
となる。ここで，点 P は点 C の真上にあるから，点 P に糸からはたらく張力のうでの長さは 0 である。
OC : CQ = m : M となることに注意しよう。

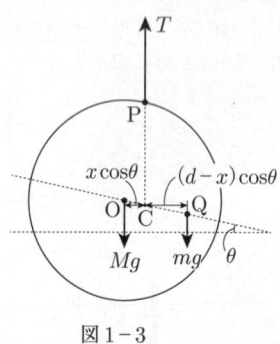

図1-3

問4　 5 　正解　②

気体の物質量を n，気体定数を R とする。

状態 A，B の気体の体積を V_1，状態 C の気体の体積を V_2，状態 A，C の気体の圧力を p_1，状態 B の気体の圧力を p_2 とする（図1-4）。また，状態 A，B，C の気体の絶対温度を，順に T_A，T_B，T_C とすると，理想気体の**状態方程式**により，

$$\frac{p_1 V_1}{T_A} = \frac{p_2 V_1}{T_B} = \frac{p_1 V_2}{T_C} = nR$$

$$T_B = \frac{p_2}{p_1}T_A, \quad T_C = \frac{V_2}{V_1}T_A$$

が成り立つ。よって，$p_1 < p_2$ より $T_A < T_B$，$V_1 < V_2$ より $T_A < T_C$ である。理想気体の内部エネルギーは気体の温度が高いほど大きいので，$U_A < U_B$，$U_A < U_C$ となる。

気体の内部エネルギー変化を ΔU，気体が外へした仕事を W とする。**熱力学第1法則**により，断熱変化では，
$$0 = \Delta U + W$$
が成り立つ。状態 B から C の断熱変化では気体の体積が増加しているから，$W > 0$ である。したがって，$\Delta U < 0$，つまり，$U_C < U_B$ である。以上により，
$$U_A < U_C < U_B$$
となる。

断熱膨張では気体の温度は下がり，$T_C < T_B$ である。よって，
$$T_A < T_C < T_B$$
となることに注意しよう。

【補足】 定積モル比熱を C_V，気体の温度変化を ΔT とすると，気体の内部エネルギー ΔU の変化は，

$$\Delta U = nC_V \Delta T$$

である。特に，単原子分子理想気体では，$C_V = \frac{3}{2}R$ である。

状態 B から C の変化は，**ポアソンの公式**，
$$pV^\gamma = 一定 \quad （\gamma は比熱比）$$
にしたがう。単原子分子理想気体では $\gamma = \frac{5}{3}$ である。

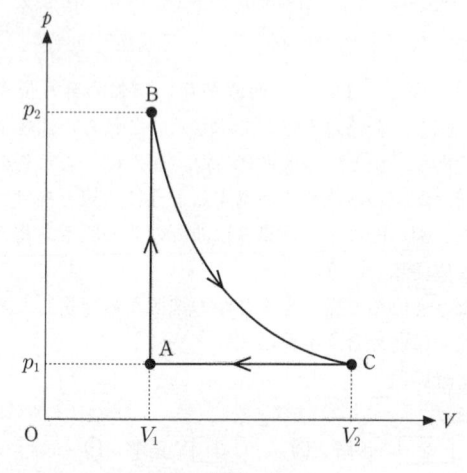

図1-4

問5　 6 　正解　⑦

図1-5のように，導線 1 の電流が導線 2 の位置につくる磁場の向きは，**右ねじの法則**により，(c)の向き（x 軸の負の向き）である。この磁場から導線 2 の電流が受ける力の向きは，**フレミングの左手の法則**により，(d)（y 軸の負の向き）である。

導線 1 の電流が導線 2 の位置につくる磁場の磁束密度の大きさ B は，

$$B = \frac{\mu_0 I_1}{2\pi r}$$

である。この磁場から導線 2 の長さ l の部分が受ける力の大きさ F は，

$$F = lI_2 B = \mu_0 \frac{I_1 I_2}{2\pi r}l$$

となる。

【補足】 導線 2 の電流が導線 1 の位置につくる磁場から，導線 1 の長さ l の部分が受ける力の向きは(b)（y 軸の正の向き）であり，その大きさは F に等しい。導線 1 と導線 2 の間には引力が作用する。

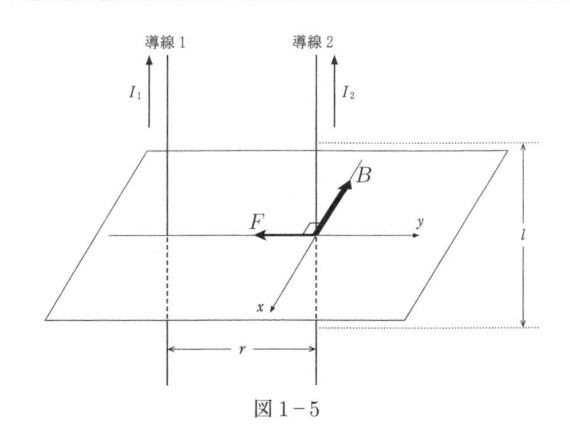

図1−5

問題講評

力学1問，波動2問，熱力学1問，電磁気1問で，原子を除く物理の全範囲からの出題である。

問1 逆位相の二つの波源から発生した水面波の干渉の問題。強め合う条件を問う。やや易

問2 凸レンズの像に関する問題。倒立実像は左右も逆になることに注意。レンズに入る光の一部を遮っても，像は暗くなるだけで像の形は遮らない場合と同じである。やや易

問3 剛体のつりあいの問題。$OC : CQ = m : M$ となることからも解答できる。やや易

問4 理想気体の内部エネルギーの大小関係についての問題。気体の温度の大小関係を考える。断熱膨張では気体の内部エネルギーは減少し，気体の温度が下がることは覚えておこう。やや難

問5 電流がつくる磁場の向きと電流にはたらく力の問題。教科書にある磁場の大きさの公式は覚えておこう。やや易

難易度の分類は，難（正解率 0 〜 40％），やや難（40 〜 55％），標準（55 〜 70％），やや易（70 〜 85％），易（85 〜 100％）とする。

第2問　力学

台車の運動，衝突

問1 ☐7☐ 正解 ④

A さんの仮説によれば，物体の速さ v は物体の質量 m に反比例するので，v と m の関係を表すグラフは双曲線である。④のグラフが最も適当である。また，④のグラフは同じ値の m に対して物体が受けている力 F が大きいほど v は大きいことから，v は F に比例することを表していると考えられる（図2−1）。

①のグラフは，図中の「m 大」と「m 小」が入れ替われ

ば適当である。

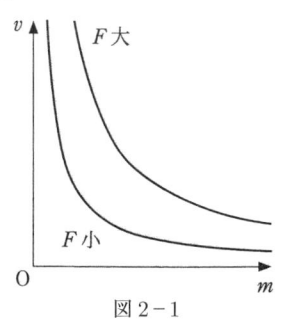

図2−1

問2 ☐8☐ 正解 ①　☐9☐ 正解 ②

力学台車を一定の力の大きさで引くためには，力学台車を引いている間，ばねばかりの弾性力の大きさを一定にすることが必要である。したがって，ばねばかりの目盛りが常に一定になるようにする。

【実験1】では力の大きさと速さの関係を調べるため，力学台車とおもりの質量の和を同じ値にするする必要がある。

問3 ☐10☐ 正解 ④

図2から速さ v は時刻 t に比例して増加している。つまり，ある質量の物体に一定の力を加えると，速さは増加する。④が最も適当である。

運動方程式により，物体に生じる加速度（単位時間あたりの速度変化）の大きさは F に比例し，m に反比例するので，A さんの仮説は誤りである。

問4 ☐11☐ 正解 ④

力学台車が受けた一定の力の大きさを F，時刻を t とする。力学台車の進行方向を正の向きとして，時刻 $t = 0$ から時刻 t までの間に物体が受けた力積は Ft である。時刻 $t = 0$ における力学台車の運動量を p_0，時刻 t における運動量を p とすると，運動量の変化は受けた力積に等しいので，

$$p - p_0 = Ft$$
$$p = p_0 + Ft$$

となる。つまり，p の変化は t に比例し，直線グラフで表すことができる。このとき p と t の関係を表す直線グラフの傾きは F であり共通である。よって，最も適当なグラフは④である。

図2から時刻 $t = 0$ における速さを読み取ると，およそ，ア 0.6 m/s，イ 0.3 m/s，ウ 0.2 m/s である。これに各質量をかけると，時刻 $t = 0$ における運動量の大きさになるから，

ア　$3.18 \text{ kg} \times 0.6 \text{ m/s} \fallingdotseq 2 \text{ kg·m/s}$

イ　$1.54 \text{ kg} \times 0.3 \text{ m/s} \fallingdotseq 0.5 \text{ kg·m/s}$

ウ　$1.01 \text{ kg} \times 0.2 \text{ m/s} \fallingdotseq 0.2 \text{ kg·m/s}$

である（図2-2）。

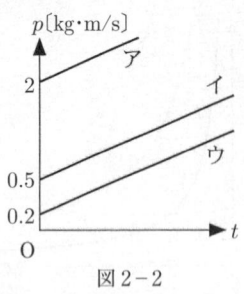

図2-2

問5 　12　　正解　①

　図2-3のように，小球が発射装置から離れるまで，台車と小球は水平方向に同じ運動をするので，小球と台車の速度の水平成分は共通である。小球が発射装置から離れる瞬間における小球の速度と台車の速度の水平成分は等しく，それを V_1 とする。台車と小球の系について水平方向の外力は作用しないから，小球の打ち上げ前後で，台車と小球の運動量の水平成分の和は保存する。**運動量保存則**により，

$$(M_1 + m_1)V = (M_1 + m_1)V_1$$
$$\therefore \quad \underline{V = V_1}$$

となる。

　摩擦を無視すると，**力学的エネルギー保存則**が成り立つ。つまり，小球と台車の運動エネルギー，小球の重力による位置エネルギー，およびばねの弾性エネルギーの合計は一定である。

【補足】　小球は発射装置から離れた後，放物運動をする。その速度の水平成分は V_1 で一定である（図2-3）。

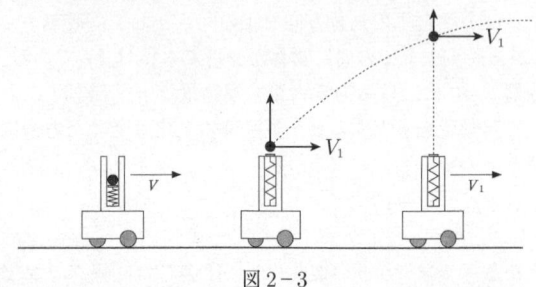

図2-3

問6 　13　　正解　③

　台車とおもりが一体となる衝突で，台車とおもりの系について水平方向の外力は作用しないから，台車とおもりの衝突前後で，台車とおもりの運動量の水平成分の和は保存する。運動量保存則により，

$$M_2 V = (M_2 + m_2)V_2$$

が成り立つ。③が最も適当である。衝突の瞬間，台車とおもりの間で水平方向の摩擦力がはたらく。この力は作用反作用の関係にあることに注意しよう。

【補足】　一体化する衝突では台車とおもりの力学的エネ

ルギー合計は減少する。したがって，全運動エネルギーは保存されない。失われた運動エネルギーは衝突の際に発生した熱や音のエネルギー，あるいは物体を変形させる仕事に使われる。

（問題講評）

　台車の運動，衝突に関する仮説検証，実験考察問題である。

問1　運動と力の関係について仮説検証の問題である。グラフ選択。やや易

問2　台車の運動と力の関係を調べる実験の条件を問う。**問2**は【実験1】についての条件が問われていることに注意。　9　は①を選んでしまった人が多いようである。難

問3　実験結果から判断できる根拠を問う。やや易

問4　問題文の運動量と力積の関係のヒントを活用して解答する。③を選んでしまった人が多いようである。難

問5　問題文の運動量保存則のヒントを活用して解答する。②を選んでしまった人が多いようである。難

問6　一体化する衝突の問題である。運動量保存則がポイントである。やや易

第3問　電磁気

　電磁誘導

問1　14　　正解　⑤　　15　　正解　①

　台車に取り付けた磁石が図1のコイルを通過するとき，電磁誘導によりコイルに誘導起電力が生じる。図2はこれによる電圧の時間変化を示している。図2では同様な電圧の時間変化が2回生じているが，1回目は図1の左のコイルを磁石が通過したときのもので，2回目は右のコイルを磁石が通過したときのものである。図2の電圧が最大になる時間の間隔は，図から読み取ると，

$$0.70\,\mathrm{s} - 0.30\,\mathrm{s} = 0.40\,\mathrm{s}$$

である（図3-1）。この時間で台車はコイルの中心間の距離 $0.20\,\mathrm{m}$ を移動したから，台車の速さは，

$$\frac{0.20\,\mathrm{m}}{0.40\,\mathrm{s}} = 0.50\,\mathrm{m/s} = \underline{5 \times 10^{-1}\,\mathrm{m/s}}$$

となる。

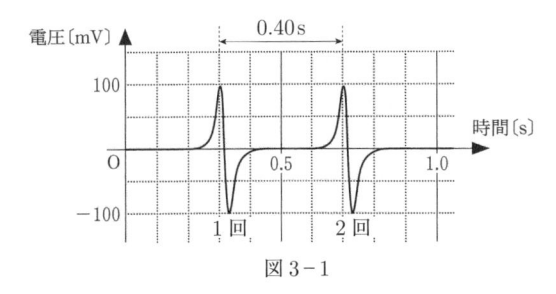

図3-1

問2　 16 　正解　②　　 17 　正解　③
　 18 　正解　①

　台車がコイルに近づくとき，台車の磁石のN極から出る磁束線がコイルを図の右向きに貫き，その磁束は増加する。**レンツの法則**により，コイルには磁束の増加を妨げようとする誘導電流が流れる。その向きは図3-2の太い矢印の向きである。この電流がつくる磁場の磁力線(図3-2の薄い線)は，コイルから図の左に出る。図3-2のように，これをつくるような等価な磁石を考えると，図の左がN極の磁石になる。同種の磁極は互いに反発する力を及ぼすので，台車の速さを<u>小さくする</u>磁気力を及ぼす。

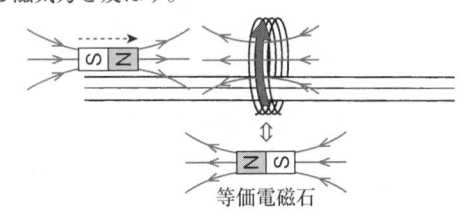

等価電磁石

図3-2

　台車がコイルから遠ざかるとき，台車の磁石のS極に入る磁束線がコイルを図の右向きに貫き，その磁束は減少する。レンツの法則により，コイルには磁束の減少を妨げようとする誘導電流が流れる。その向きは図3-3の太い矢印の向きである。この電流がつくる磁場の磁力線(図3-3の薄い線)は，コイルから図の右に出る。図3-3のように，これをつくるような等価な磁石を考えると，図の右がN極の磁石になる。異種の磁極は互いに引き合う力を及ぼすので，台車の速さを<u>小さくする</u>磁気力を及ぼす。

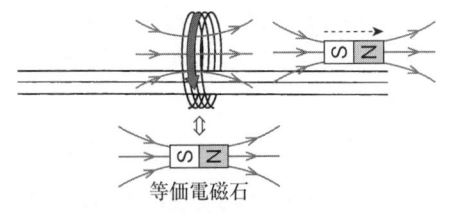

等価電磁石

図3-3

　台車がコイルに近づくとき，遠ざかるとき，いずれも

台車の運動を妨げる向きに磁気力がはたらき，台車は減速する。もし仮に運動する向きに磁気力がはたらくと，台車の運動エネルギーは増加し，しかもコイルを流れる電流によりジュール熱が発生して，エネルギーが増加することになる。エネルギー保存則により，無からエネルギーが発生することはないので，このようなことは起こらない。

　運動方程式は，(質量)×(加速度)＝(力)であるから，質量が大きいほど，また，力が小さいほど加速度は小さくなる。つまり，速度変化は小さくなる。

　オシロスコープの内部抵抗が大きいほど，コイルを流れる電流は小さくなり，それがつくる磁場も小さくなる。したがって，台車の磁石に及ぼす磁気力は小さくなり，台車の運動はほぼ等速直線運動とみなすことができる。

　また，空気抵抗力が台車の加速度に与える影響は，台車の質量が大きいほど小さくなる。

問3　 19 　正解　⑤

　⑤が最も適当である。台車の磁石を磁極をそろうように重ねると，磁場が大きくなり，コイルを貫く磁束が大きくなる。したがって，その時間変化率も大きくなる。よって，**ファラデーの電磁誘導の法則**により電圧の大きさも大きくなる。

　電圧が極大になる時間の間隔は0.4sで変わらないから，台車の速さは変えていないことに注意しよう(図3-4)。

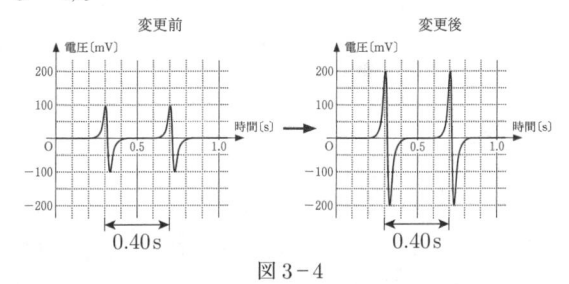

図3-4

問4　 20 　正解　③

　図6の最初の電圧の符号の時間変化が，図6の後の二つのもの，および図5のものと逆である。コイル1，2，3を同様な磁束線が順次貫くので，AさんとBさんの装置では，<u>コイル1の巻き方が逆である</u>。

問5　 21 　正解　④

　図3-5のように，図7のコイルを上から順に，コイルa，b，cとする。台車がコイルa，b，cの順に通過するとき，板が傾いているから台車の速さは時間とともに大きくなる。各コイルの中心間の距離は等しいから，台車がコイルaとbの間を通過する時間より，コイルbとcの間を通過する時間の方が短い。よって，図3-6

のように，電圧の極大の時間間隔は，1回目と2回目の時間間隔 T_{12} より，2回目と3回目の時間間隔 T_{23} の方が短い。

また，磁石がコイルを通過する速さが大きくなると，コイルを貫く磁束の変化の速さも大きくなるので，電圧の極大値はしだいに大きくなる。よって，④ が最も適当である。

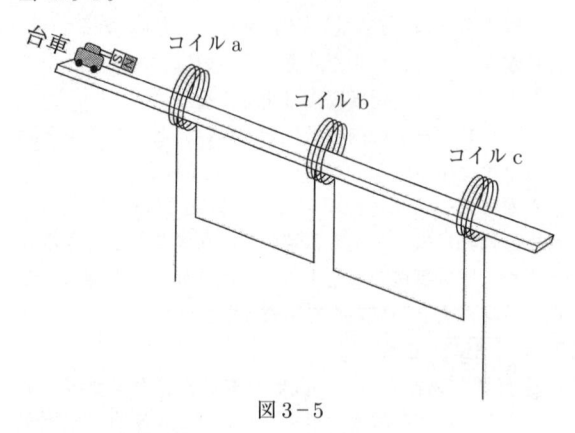

図3-5

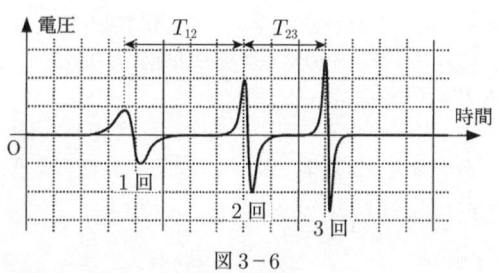

図3-6

問題講評

台車に取り付けた磁石がコイルを通過するときに起こる電磁誘導についての実験問題である。

問1 コイルに生じる電圧の時間変化から台車の運動を推察して速さを求める。標準

問2 レンツの法則の現れとして運動を妨げる力がはたらくことに注意しよう。加速度と質量の関係は，運動方程式をもとに誤解がないように考える。 16 難 17 18 難

問3 もし，台車の速さを2倍にすれば電圧の最大値は2倍になり，電圧が極大になる時間間隔は $\frac{1}{2}$ 倍になるはずである。標準

問4 コイルに流れる電流の向きは同じでも，巻き方を逆にすると電圧の符号は逆になる。易

問5 電圧の極大の大きさと極大の時間間隔に着目する。やや易

第4問 原子
水素原子のボーア模型

問1 22 正解 ⑥

速さ v，半径 r の等速円運動の角速度の大きさ ω は，

$$\omega = \frac{v}{r}$$

である。

等速円運動の速度変化を $\Delta\vec{v}$ とすると，その大きさは，

$$|\Delta\vec{v}| = |\vec{v_2} - \vec{v_1}|$$

である。$\vec{v_2}$ の始点を $\vec{v_1}$ のベクトルの始点を平行移動して，$\Delta\vec{v}$ を図4-1(a)のように作図する。このときの速度の向きの角度変化は $\omega\Delta t$ である。これが十分に小さいとすると，$\Delta\vec{v}$ の大きさは，図4-1(b)に破線で示した弧の長さに等しいとみなすことができる。$|\vec{v_1}| = |\vec{v_2}| = v$ なので，

$$|\Delta\vec{v}| \doteqdot v\omega\Delta t = \frac{v^2}{r}\Delta t$$

となる。

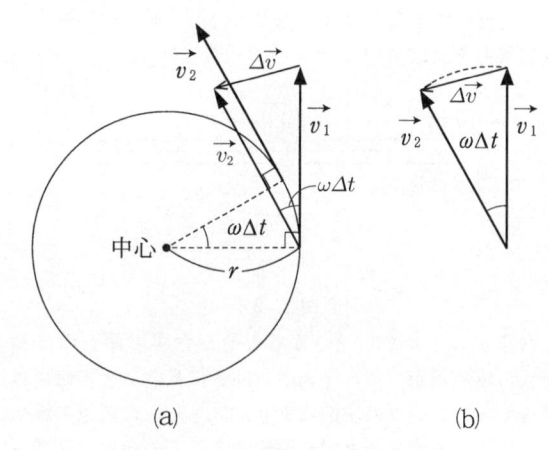

(a)　　　　　　　　　　(b)

図4-1

【補足】 等速円運動の加速度の大きさは，

$$\frac{|\Delta\vec{v}|}{\Delta t} = \frac{v^2}{r}$$

となる。この加速度の向きは円軌道の中心方向である。

問2 23 正解 ④

水素原子中の電子と陽子の間の距離を r とする。表1の物理定数の記号を用いて，電子と陽子の間にはたらく万有引力の大きさ F は，

$$F = G\frac{mM}{r^2}$$

である。また，電子と陽子の間にはたらく静電気力の大きさ f は，

$$f = k_0 \frac{e^2}{r^2}$$

である。これらの力の大きさの比は，

$$\frac{F}{f} = \frac{GmM}{k_0 e^2}$$

$$= \frac{6.7 \times 10^{-11}\,\text{N·m}^2/\text{kg}^2 \times 9.1 \times 10^{-31}\,\text{kg} \times 1.7 \times 10^{-27}\,\text{kg}}{9.0 \times 10^9\,\text{N·m}^2/\text{C}^2 \times (1.6 \times 10^{-19}\,\text{C})^2}$$

$$\fallingdotseq 4.5 \times 10^{-40}$$

となる。よって，F は f のおよそ 10^{-40} 倍である。万有引力の大きさは，静電気力の大きさに比べて無視できるほど小さい。

問3 　 24 　 **正解** ④

電子の円運動の中心方向の**運動方程式**は，

$$m \frac{v^2}{r} = k_0 \frac{e^2}{r^2}$$

である。これから，

$$v^2 = \frac{k_0 e^2}{mr} \qquad \cdots ①$$

である。電子のエネルギー E は，電子の運動エネルギーと静電気力による位置エネルギーの和であるから，

$$E = \frac{1}{2}mv^2 + \left(-k_0 \frac{e^2}{r} \right)$$

である。これに式①を代入すると，

$$E = \frac{1}{2}k_0 \frac{e^2}{r} - k_0 \frac{e^2}{r} = -\frac{1}{2}k_0 \frac{e^2}{r} \qquad \cdots ②$$

となる。

式②に，与えられた電子の軌道半径 $r = \dfrac{h^2}{4\pi^2 k_0 m e^2} n^2$ を代入すると，電子のエネルギー準位 E_n は，

$$E_n = -2\pi^2 k_0{}^2 \times \frac{me^4}{n^2 h^2}$$

となる。

【補足】　**ボーアの量子条件**により，

$$mvr = n\frac{h}{2\pi}$$

$$v = \frac{nh}{2\pi mr} \qquad \cdots ③$$

である。式③を式①へ代入して，r について解くと，

$$\left(\frac{nh}{2\pi mr} \right)^2 = \frac{k_0 e^2}{mr}$$

$$r = \frac{h^2}{4\pi^2 k_0 m e^2} n^2$$

となる。

問4 　 25 　 **正解** ②

ボーアの振動数条件により，水素原子中の電子が高い

エネルギー準位 E の状態から低い準位 E' の状態へ移るとき，そのエネルギー差に等しいエネルギーをもつ光子が1個放出される。振動数 ν の光子のエネルギーは $h\nu$ であるから，

$$h\nu = E - E'$$

$$\therefore \quad \nu = \frac{E - E'}{h}$$

となる。

（問題講評）

ボーアの水素原子模型の理解をみる力学との融合問題である。

問1　円運動の中心方向の加速度の公式を導くことが問われている。速度変化の大きさは，覚えている加速度の大きさに Δt をかけることにより求めることもできる。④を選んでしまった人が多いようである。やや難

問2　万有引力と静電気力の大きさのおよその比を求める数値計算の問題。やや難

問3　水素原子のエネルギー準位を式で求める問題。解答は式の一部を求めるもので，エネルギーが半径に反比例することに気付けば，詳しい計算をしなくても正解は選べる。やや難

問4　ボーアの振動数条件から振動数を求める問題。標準

— MEMO —

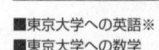